Henning Wagner

Alternative Antriebe – E-Mobilität

Fachkundige Person für Arbeiten unter Spannung

nach DGUV I 209-093 / Stufe 3S / 3E

3. Auflage 2022

Dr.-Ing. Paul Christiani GmbH & Co. KG

Bestell-Nr. 101531
ISBN 978-3-95863-331-5

3. Auflage 2022

Zum Autor

Der Autor **Henning Wagner** hat vor seinem Maschinenbau-Studium zwei Berufe erlernt und in diesen jahrelang als Motorrad-Mechaniker und Werkzeugmacher gearbeitet. Nach seinem Maschinenbau-Studium unterrichtete er als Berufsschullehrer/Studiendirektor 35 Jahre lang Fahrzeugtechnik, insbesondere Fachklassen für Kfz-Elektriker, Kfz-Mechatroniker im Schwerpunkt Fahrzeugkommunikationstechnik und dann im Schwerpunkt System- und Hochvolt-Technik sowie in der Meisterschule für das Kraftfahrzeugtechnikerhandwerk.

Als Fachberater für Fahrzeugtechnik war der Autor im Auftrag seines Regierungspräsidiums und des Ministeriums für Kultus, Jugend und Sport Baden-Württemberg über 20 Jahre lang sehr engagiert in der Lehrerfortbildung und Mitglied in Lehrplan-Kommissionen, der Umsetzungskommission zur Einführung der Lernfelder und im Landesfachausschuss zur Koordinierung der Abschlussprüfungen der Kfz-Mechatroniker.
Sein besonderes Engagement galt der Weiterentwicklung des Laborunterrichts in der Berufstheorie des Berufsschulunterrichtes.

Aufgrund seines Werdegangs legt der Autor sehr häufig selbst Hand an in der Werkstatt, um die Kfz-Technik aus der Sicht des Werkstattpersonals, d. h. der Auszubildenden, mitzuerleben und seinen Unterricht und damit dieses Buch so praxisnah wie möglich auf dem neuesten Stand der Technik zu gestalten.

Um sich noch stärker der Thematik E-Mobilität und Hochvolt-Technik widmen zu können, hat der Autor das „(Privat-) Institut für Hochvolt-Technik Henning Wagner“ (https://www.hochvolt-technik.de) gegründet, entwickelt HV-Lehrmittel, führt Planungen und Beratungen durch. Seit Sommer 2018 ist er aus dem Schuldienst ausgetreten und führt jetzt hauptberuflich HV-Schulungen der Stufe 1, 2 und 3 nach den Vorgaben der DGUV I 200-005 und 209-093 bei Industrie-Unternehmen wie Daimler Truck AG, Harman Becker Automotive GmbH, Deutz AG, MAFI und TREPEL GmbH, APS-technology GmbH, … sowie für die Hessische Landesstelle für Technologiefortbildung etc. sehr erfolgreich durch.

Inhalt

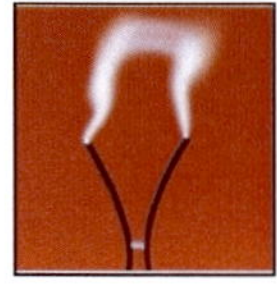

1 Verankerung der HV-Qualifizierung AuS in der DGUV I 209-093 (bisher: DGUV-Information 200-005)

Seit 2010 gibt es von der Berufsgenossenschaft (BG) eine Informationsschrift, anfangs die BGI 8686, dann bis Juli 2021 die DGUV I 200-005 und seit August 2021 die DGUV Information 209-093 für den beruflichen Umgang mit Hochvolt-Fahrzeugen, in der in verständlichem Deutsch wichtige Inhalte aus z. B. der DGUV Vorschrift 3 (früher BGV A3) oder der VDE 0105-100 oder der ECE R 100, ... zusammengefasst sind, die von jedem Mitarbeiter und jedem Arbeitgeber unbedingt eingehalten werden müssen.
Wie im Kapitel 5 *Rechtliche Vorschriften* des Fachbuches „Alternative Antriebe – E-Mobilität" (4. Auflage in Vorbereitung) für die Fachkundige Person Hochvolt Stufe 2S/2E deutlich hervorgehoben wird, gibt der Gesetzgeber, hier die Deutsche Gesetzliche Unfallversicherung in der DGUV I 209-093 eine stufenförmige Qualifizierung der Mitarbeiter zu ihrem gesundheitlichen Schutz, d. h. zur Abwendung von Gefahren vor, die aus dem Umgang mit elektrischen HV-Systemen im Kfz erwachsen können.

Coverabbildung der DGUV I 209-093, hrsg. durch die Deutsche Gesetzliche Unfallversicherung e.V. (DGUV), Glinkastr. 40, 10117 Berlin. www.dguv.de.

Bild 01: Deckblatt Broschüre DGUV Information 209-093

Alle Hochvolt-Qualifikationen sind in dieser DGUV Information verankert. Hier sind die Qualifikations-Stufen, die Mindest-Lehrgangszeiten und die Mindestinhalte aufgelistet, die je nach elektrischer und Kfz-technischer Vorbildung absolviert werden müssen, um abgestuft bestimmte Arbeiten an Hochvolt-Fahrzeugen und deren Systemen durchführen zu dürfen. Ohne die richtige Qualifikation darf man an diesen Fahrzeugen nicht arbeiten, tut man es trotzdem, kann es schwerwiegende Folgen für den Mitarbeiter haben und man ist bei einem Unfall nicht versichert.

„Hochvolt" ist ein Kunstwort, das man sich ausgedacht hat, um eine Respekt-Wirkung zu erzeugen, denn „Hochvolt" ist derselbe Spannungsbereich, der in der Elektrotechnik „Niederspannung" genannt wird. „Hochvolt" wird mit „HV" abgekürzt. Diese Abkürzung passt auch gut im Englischen mit „High Voltage". „Niederspannung" hört sich für einen Kfz-Mitarbeiter so an, als ob die Spannung niedriger als 12 bis 24 V sei. Hochvolt-Fahrzeuge arbeiten alle mit Spannungen oberhalb von 60 V Gleichspannung (DC) und 30 V Wechselspannung (AC) bis max. 1500 V DC und 1000 V (AC).
Diese hohe Spannung ist für den Nutzer der Fahrzeuge unter normalen Nutzungsbedingungen vollkommen unbedenklich, da sehr viele Schutzmaßnahmen in die HV-Fahrzeuge eingebaut sind, die die Fahrzeuge HV-eigensicher machen. Die gleichen Fahrzeuge können aber für den Mitarbeiter in der Entwicklung, Herstellung und im Service beim Arbeiten an den HV-Systemen sehr gefährlich sein.
Nur unter Einhaltung der Vorschriften und mit der Fähigkeit, die Gefahr zu erkennen und zu beurteilen, ist es dem Mitarbeiter mit genügend elektrotechnischem Wissen und Verständnis

sowie mit genügend Praxis-Erfahrung möglich, gefahrfrei an diesen Fahrzeugen zu arbeiten. Deswegen verlangt der Gesetzgeber, dass dieser Personenkreis eine Hochvolt-Qualifikation besitzt und nachweisen kann. Deswegen gibt es mit der untersten Stufe S eine Minimal-Einweisung als Sensibilisierung der Mitarbeiter nach dem Motto: „Hände weg von Orange!". Setzt sich ein Mitarbeiter über die angesprochenen Anforderungen hinweg, handelt er grob fahrlässig. Noch fahrlässiger handelt ein Vorgesetzter, der seine Mitarbeiter an solchen HV-Fahrzeugen arbeiten lässt, ohne sie vorher entsprechend geschult zu haben.

In der DGUV I 209-093 findet man für jede Vorbildung und Tätigkeit Flussdiagramme, die für den Einzelfall sehr übersichtlich und verständlich sind. Möchte man aber einen Gesamtüberblick haben, eignet sich das folgende Stufenmodell.
Alle Qualifikationen, die in der DGUV I 209-093 berücksichtigt sind, findet man in dem Stufenmodell.

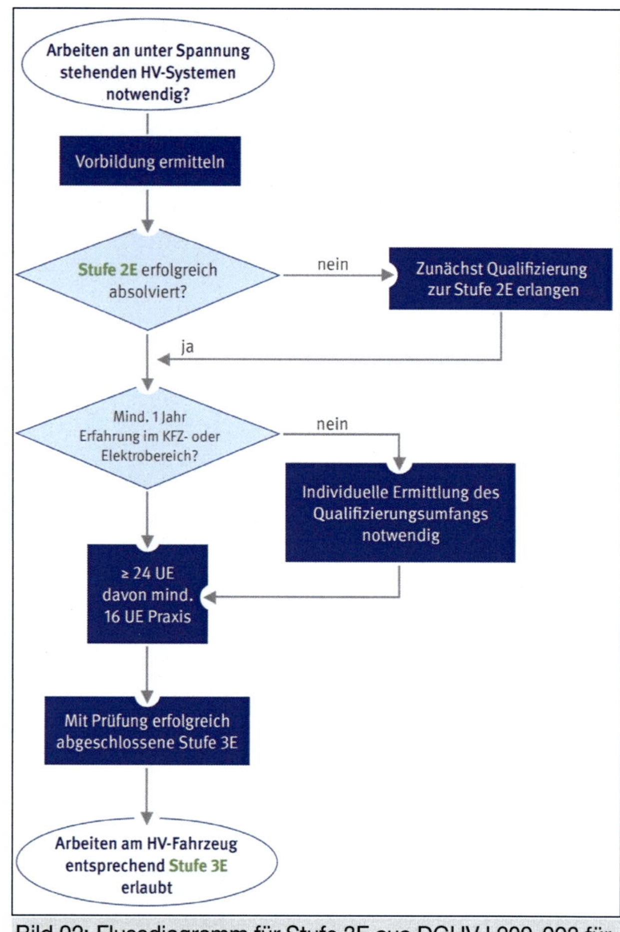

Bild 02: Flussdiagramm für Stufe 3E aus DGUV I 209-093 für Arbeiten unter Spannung vor SoP

Welche Änderungen haben sich durch die Überarbeitung in der neuen DGUV I 209-093 ergeben? – Die wesentliche 3-Stufigkeit der „richtigen" Qualifikationen ist geblieben, jedoch hat man unter die Stufe 1S und 1E mit der „***Fachkundig unterwiesenen Person***" FuP (bisher EuP: „Elektrotechnisch unterwiesene Person") eine Stufe S bzw. E daruntergesetzt, die eine Sensibilisierung für die Bedienung solcher Fahrzeuge darstellt. Diese Sensibilisierung, das aufmerksam Machen der Mitarbeiter, dass unter der Motorhaube bzw. unter Verkleidungen und Deckeln elektrische Bauteile sitzen, von denen bei unsachgemäßer Handhabung Gefahren ausgehen können, ist neu. Für diese Sensibilisierung, die vor der neuen DGUV in Stufe 1 angesiedelt war, wird kein zeitlicher Umfang angesetzt.
Diese Einweisung zur **Sensibilisierten Person** dürfen alle Mitarbeiter aus den Stufen darüber durchführen, auch die FuP. Eine Teilnehmer-Bescheinigung ist für diese Einweisung nicht vorgeschrieben. Es ist jedoch aus rechtlichen Gründen ratsam, eine Teilnehmerliste zu führen und sich diese von den Teilnehmern unterschreiben zu lassen, dass sie sensibilisiert sind. Gut ist auch, die Inhalte dieser Einweisung schriftlich festzuhalten.

Die technischen Inhalte der Stufen 1 bis 3 werden im Folgenden ausführlich behandelt. Der rechtliche Hintergrund wird im Kapitel 3 „Recht" intensiver bearbeitet.

Eine weitere Änderung betrifft den **Begriff „HV-eigensicher" und „nicht HV-eigensicher"**. Diese Unterscheidung gibt es nicht mehr. In den beiden Vorgänger-Versionen der DGUV I 209-093 ging man davon aus, dass Nutzfahrzeuge aufgrund ihrer offenen Bauweise (Rahmen mit Pritsche oder kastenförmige Aufsätze) grundsätzlich als „nicht HV-eigensicher" einzustufen sind. Der Hersteller konnte sie aber eigensicher herstellen. Welche Maßnahmen zur HV-

Übersicht Qualifikationen für Arbeiten an Hochvolt-Systemen in Kraftfahrzeugen nach DGUV Information 209-093 in Form eines Stufenmodells

Qualifikation im Service an Serienfahrzeugen	Voraussetzung		Qualifikation in Entwicklung & Fertigung
Stufe 3S			**Stufe 3E**
Fachkundige Person AuS Arbeiten an unter Spannung (AuS) stehenden HV-Systemen • Fehlersuche • Bauteile unter Spannung tauschen			**Fachkundige Person AuS** Arbeiten an unter Spannung (AuS) stehenden HV-Systemen • Fehlersuche • Bauteile unter Spannung tauschen
Zeitlicher Umfang ≥ 24 UE **davon 16 UE Praxis**	**Stufe 2S**	**Stufe 2E**	**Zeitlicher Umfang ≥ 24 UE** **davon 16 UE Praxis**
	mind. 18 Jahre alt Erste Hilfe im Betrieb (HLW) gesundheitl. Eignung G25 mind. 1-jährige prakt. Erfahrung: aus Kfz- oder Elektro-Technik		
Stufe 2S			**Stufe 2E**
Fachkundige Person FHV Arbeiten an HV-Systemen im spannungsfreien Zustand			**Fachkundige Person FHV** Arbeiten an HV-Systemen im spannungsfreien Zustand
		z.B. ingenieur- oder natur-wissenschaftl. Studium	**Einstieg D:** Mitarbeiter mit theoretischen elektrotech. Grundkenntnissen **Zeitlicher Umfang: individuell** **davon 16 UE Praxis**
Einstieg C: Elektrofachkräfte **Zeitlicher Umfang: individuell** **davon 8 UE Praxis**	z.B. Industrieelektroniker, Elektromonteure, Elektroingenieure		**Einstieg C:** Elektrofachkräfte **Zeitlicher Umfang ≥ 24 UE** **davon 16 UE Praxis**
Einstieg B: Personen mit elektrotech. Vorkenntnissen im Kfz-Bereich **Zeitlicher Umfang ≥ 16 UE** **davon 8 UE Praxis**	z.B. Kfz-Elektriker, Kfz-Mechatroniker, Kfz-Mechaniker vor 2013, Karosserie- u. Fahrzeugbauer u. instandhaltungstechnik vor 2014, Land- u. Baumaschinenmechatroniker		**Einstieg B:** Personen mit elektrotech. Vorkenntnissen im Kfz-Bereich **Zeitlicher Umfang ≥ 48 UE** **davon 16 UE Praxis**
Einstieg A: Personen ohne elektrotech. Vorkenntnisse mit techn. Ausbildung **Zeitlicher Umfang ≥ 80 UE** **davon 8 UE Praxis**	z.B. Kfz-Mechaniker, -Meister vor 1973, Maschinenbauer, Karosseriebauer vor 2002		**Einstieg A:** Personen ohne elektrotech. Vorkenntnisse mit techn. Ausbildung **Zeitlicher Umfang ≥ 100 UE** **davon 16 UE Praxis**
Stufe 1S			**Stufe 1E**
Fachkundig unterwiesene Person (FUP) • Allgemeine Arbeiten (Teilnahme-Bescheinigung)	- Karosseriearbeiten, - Öl-, Radwechsel - Arbeiten an der konventionellen Bremsanlage in der Nähe von Radnabenmotoren, - Arbeiten neben den HV-Leitungen an der Lenkung, dem Verbrennungsmotor, den Achsen, - Arbeiten am konventionellen Bordnetz - Arbeiten nach Tabellen laut Hersteller-Vorgabe **Zeitlicher Umfang ≥ 2 UE**		**Fachkundig unterwiesene Person (FUP)** • Allgemeine Arbeiten (Teilnahme-Bescheinigung)
Stufe S			**Stufe E**
Sensibilisierte Person • **Bedienen von HV-Fahrzeugen**	- Testfahrer - Wagenwäsche innen und außen - Nachfüllen von Flüssigkeiten - Bedienelemente - Ladevorrichtung		**Sensibilisierte Person** • **Bedienen von HV-Fahrzeugen**

Bild 03: Stufenmodell für die Qualifikation zum Arbeiten an Hochvoltsystemen in Fahrzeugen nach DGUV I 209-093
In dem Diagramm gibt es in der Mitte eine vertikale Trennlinie. Auf der linken Seite sind die Qualifikationen und Zeiten für Mitarbeiter, die nach SoP im Service-Bereich (S) und auf der rechten Seite, die vor SoP in der Entwicklung und Fertigung arbeiten. Bei Arbeiten vor SoP (Start of Production) geht man von einem größeren Gefahrenpotential aus. Deswegen sind längere Qualifikationszeiten vorgeschrieben.

Eigensicherheit führen, wird im Kapitel 4.3 „Schutzmaßnahmen vor den Gefahren des elektrischen Stroms" beschrieben. Es hat sich aber in den letzten Jahren herausgestellt, dass alle Fahrzeug-Hersteller aus rechtlichen Gründen ihre Fahrzeuge nur „HV-eigensicher" auf den Markt bringen, so dass auf diese Unterscheidung verzichtet werden kann.
Das heißt aber trotzdem, dass ein Fahrzeug durch einen schweren Unfall seine HV-Eigensicherheit verlieren kann und so z.B. die höchste Qualifikations-Stufe 3S oder 3E zur Arbeit an diesem Fahrzeug erfordert.

Die dritte wesentliche Änderung betrifft die **vorgeschriebenen Zeiten des Praxisanteils** während der Qualifikationsmaßnahmen. Hier wurde der Zeit-Anteil deutlich erhöht, zum Teil verdoppelt auf z. B. meist 16 Unterrichtseinheiten. Eine UE entspricht 45 Minuten. Das ist gut so, weil hier bisher die Praxis zu kurz kam. Hier fragt sich allerdings der Autor, wie man das technische Hintergrundwissen, die Systemkenntnis eines HV-Fahrzeugs bei 16 UE, davon 8 UE Praxis bei Stufe 2S mit Einstieg B oder 24 UE, davon 16 UE Praxis bei Stufe 2E mit Einstieg C für Elektrofachkräfte vermitteln will. Das bedeutet doch, man hat nur 8 UE bei Stufe 2E für diese Vermittlung. Eine Elektrofachkraft hat zwar viel elektrotechnisches Wissen aber meist kein Wissen über die HV-Systeme im Kfz, häufig gar kein kraftfahrzeug-technisches Fachwissen. Diese Zeiten reichen aus Erfahrung auch für elektrotechnisch vorgebildete Mitarbeiter für die Theorie nicht.

Bei **Stufe 3** hat sich der größere Praxis-Anteil von 16 UE so ausgewirkt, dass insgesamt jetzt 24 UE anstatt zuvor nur 8 UE vorgeschrieben sind. Das passt deutlich besser. Trotzdem ist es so, dass die Hersteller werksintern deutlich höhere Stundenzahlen für Ihre Qualifikationsmaßnahmen als der Gesetzgeber ansetzen.

Bisher wurde der „Fachkundige für Arbeiten an HV-Systemen …" in der DGUV I 200-005 mit der „Elektrofachkraft für festgelegte Tätigkeiten" aus der DGUV Vorschrift 3 (§ 2 (3) und in der Durchführungsanweisung zu § 2 Abs.3) synonym betitelt und behandelt. Auch die Zertifikate lauteten häufig auf „Elektrofachkraft". Das findet man in der neuen DGUV I 209-093 nicht mehr. Aber es gibt im Vorwort eine **Anmerkung**: «Nach den Festlegungen der DGUV Vorschrift 3 und 4 „Elektrische Anlagen und Betriebsmittel" dürfen elektrotechnische Arbeiten (Errichten, Ändern und Instandhalten) nur von Elektrofachkräften oder unter deren Leitung und Aufsicht ausgeführt werden. Bei der nachfolgend beschriebenen **„Fachkundigen Person Hochvolt" (FHV) handelt es sich um eine „Elektrofachkraft"** nach DGUV Vorschrift 3 und 4 für das elektrotechnische Teilgebiet Hochvoltsysteme.»[1]

Daher entspricht die Qualifikation der Stufe 2 und 3 dieser bisherigen Definition der „Elektrofachkraft für festgelegte Tätigkeiten". Ein Kfz-Mechatroniker hat in seiner Ausbildung sehr viele elektrotechnische Inhalte (ca. 50 % der Gesamtausbildung). Trotzdem ist er kein Elektriker. Das bedeutet, durch seine Ausbildung und seine Hochvolt-Qualifikation darf er an dem Hochvolt-System je nach beinhalteter Stufe elektrotechnische Arbeiten durchführen. Er ist damit „Elektrofachkraft für festgelegte Tätigkeiten". Diese „festgelegte Tätigkeit" ist die gesamte Elektrotechnik am Fahrzeug. Er darf mit dieser Qualifikation aber nicht an der Haus-/Gebäude-/Maschinenelektrik arbeiten. Er ist mit der Qualifikation aufs Fahrzeug eingeschränkt. Solche elektrotechnischen Zusatzqualifikationen gibt es auch in anderen Berufen: z. B. in der Sanitärtechnik oder in Maschinenbau-Berufen.

[1] Zitat aus DGUV I 209-093 vom August 2021, Vorwort S. 6

2 Warum wird diese zusätzliche Qualifikation benötigt? In welchen Situationen kann es im Kraftfahrzeug notwendig sein, unter Spannung arbeiten zu müssen?

Im Folgenden werden typische Situationen geschildert, in denen es sowohl im Servicewerkstatt-Bereich und in der Unfallrettung als auch in der Entwicklung als unumgängliche Notwendigkeit zu so genanntem „Arbeiten unter Spannung“ (AuS) kommt.

2.1 Reparaturen an der HV-Batterie von HV-eigensicheren Fahrzeugen

NiMH-Batterien sind lange nicht so gefährlich wie Li-Ionen-Akkus (ausführliche Informationen hierzu im Fachbuch „Alternative Antriebe – E-Mobilität“). Deshalb sind ihre Gehäuse nicht fest verschlossen sondern aufschraubbar. Die Abbildung zeigt eine NiMH-Batterie eines Toyota Prius. An diesen HV-Batterien können z. B. folgende Fehler auftreten: Steuergerät, Schütze, Freischaltstecker, Module oder Modulverbindungsleiste können defekt sein. Diese Einzelbauteile gibt es bei Toyota als Ersatzteile, also werden sie bei Defekten auch ausgetauscht; im Gegensatz zu Li-Ionen-Batterien, bei denen bisher meist der gesamte Akku getauscht wird.

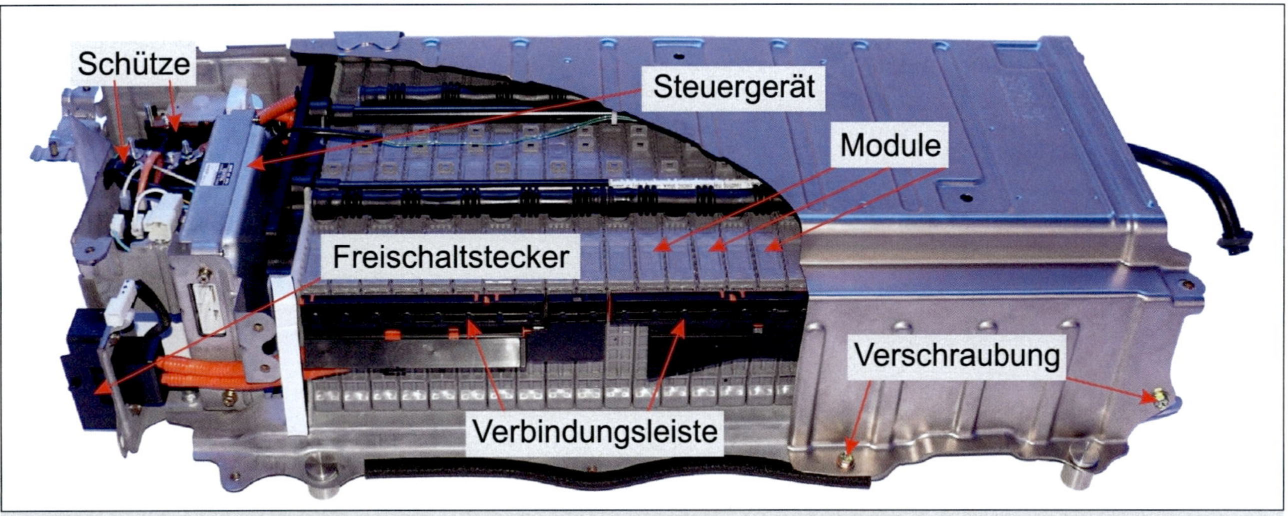

Bild 01: NiMH-Hochvolt-Batterie eines Toyota Prius II

Bei der Fehlerdiagnose mit dem Werkstatttester haben die Module der HV-Batterie unterschiedliche Spannungen, auch der Innenwiderstand ist z. B. bei drei Modulen erhöht.

- Das ist ein typischer Fehler, der durch eine korrodierte Verbindungsleiste hervorgerufen wird.

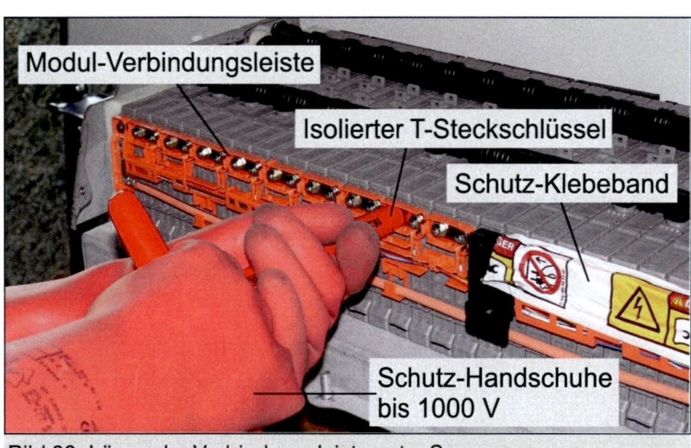

Bild 02: Lösen der Verbindungsleiste unter Spannung

Der korrekt abgezogene Freischaltstecker trennt den HV-Akku in zwei Teile, die jetzt immer noch jeweils ca. 100 V Spannung anliegen haben. An diesen zwei Hälften muss jetzt die Abdeckung der Verbindungsleiste geöffnet werden. Hierzu muss bereits die persönliche Schutzausrüstung angezogen sein, weil jetzt „unter

HV-Spannung gearbeitet“ wird. Das Abschrauben der Leiste muss mit einem isolierten Werkzeug erfolgen.

- Muss ein defekter Service Disconnect ausgetauscht werden, muss der „Fachkundige AuS“ genau an die gleiche gefährliche Stelle, die Anschlussleitungen an der Trennstelle der Verbindungsleiste lösen und gegen den neuen Stecker mit Leitungen tauschen.

Hier sind zwei Beispiele eines Toyota Prius II und Prius III gezeigt.

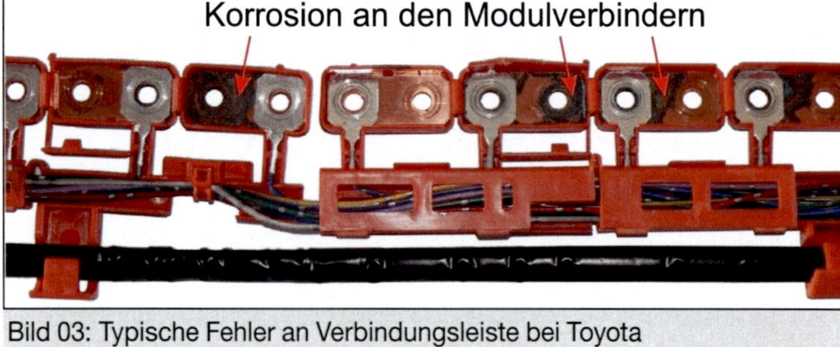

Bild 03: Typische Fehler an Verbindungsleiste bei Toyota

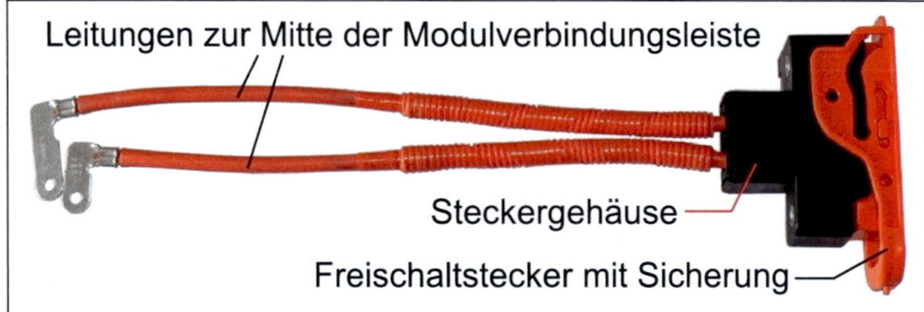

Bild 04: Service Disconnect eines Toyota Prius II

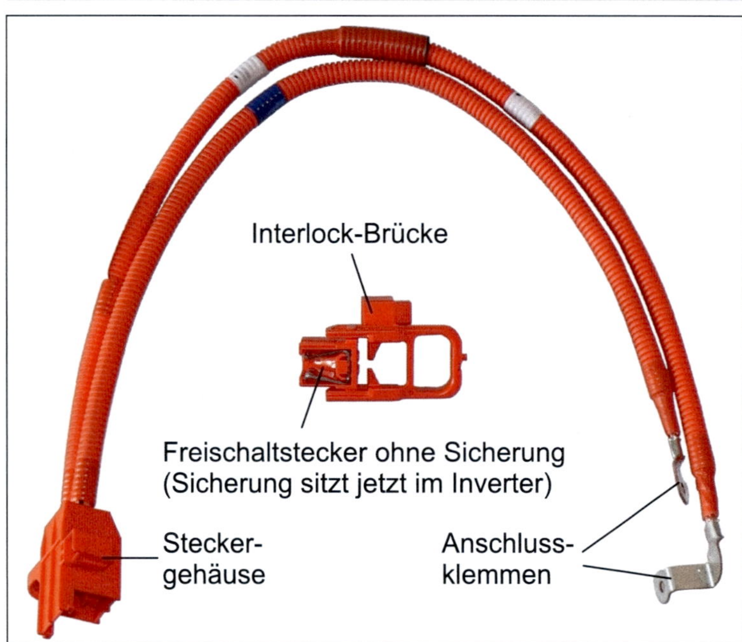

Bild 05: Service Disconnect eines Toyota Prius III

Muss bei den Honda Mild-Hybrid-Fahrzeugen eine HV-Batterie wegen eines Defekts getauscht werden, wird die neue Batterie ohne die so genannte Schalttafel geliefert. Die Honda Schalttafel hat die gleiche Aufgabe wie bei Toyota, die einzelnen ungefährlichen Batteriemodule à 14,4 V in Reihe zu schalten, d. h. miteinander zu verbinden. Erst wenn diese Schalttafel auf die Module geschraubt ist, ist die HV-Baterie für den Menschen gefährlich, da sie dann ca. 150 V Spannung besitzt.

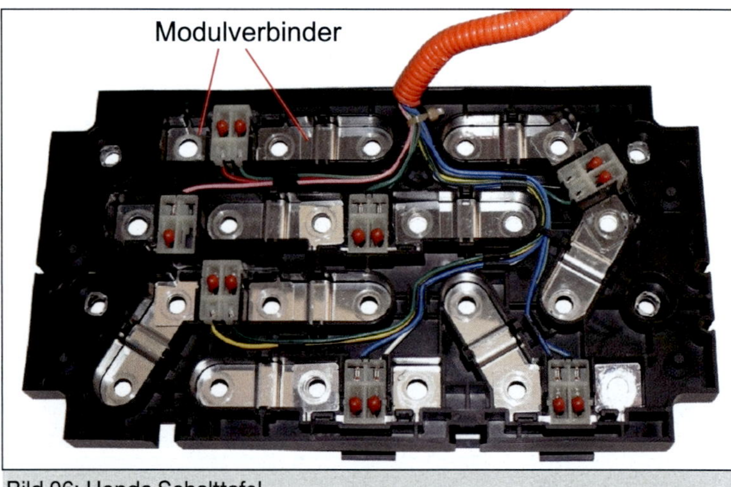

Bild 06: Honda Schalttafel

Für diese „Arbeit unter Spannung“ mit isoliertem Werkzeug und persönlicher Schutzausrüstung benötigt man ebenfalls aus rechtlichen Gründen eine höhere Qualifikation.

Bild 07: Honda Batterie-Modul mit 14,4 V

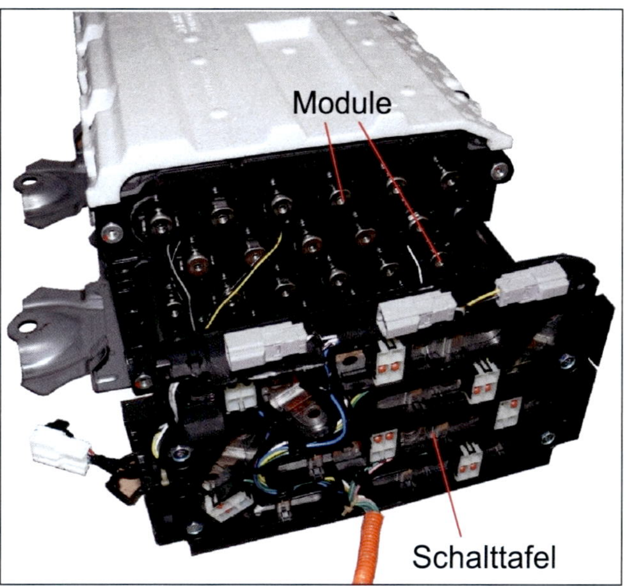

Bild 08: Honda HV-Batterie

Bild 09: Montierte Schalttafel

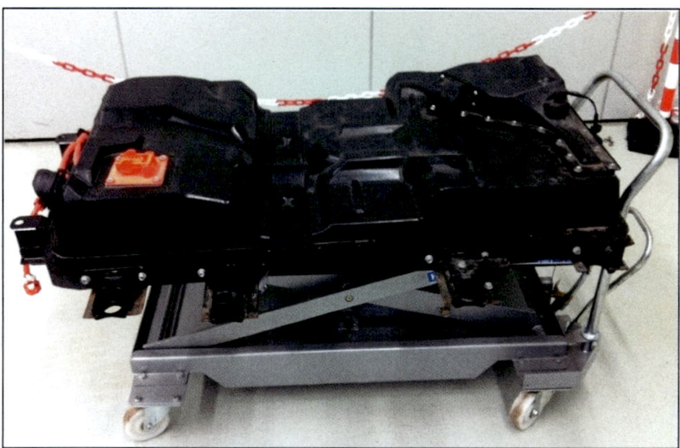

Bild 10: HV-Batterie Mitsubishi i-MiEV nach Ausbau auf Hubwagen

Auf Dauer wird sich die bisherige Handhabung von Li-Ionen-Batterien, diese bei Defekten inklusive Steuergeräten und Schütze nur zu tauschen und nicht vor Ort zu reparieren, wegen der immensen Kosten nicht halten lassen. Die Kfz-Industrie wird ihre Einstellung zur Gefährlichkeit der Li-Ionen-HV-Batterien ändern und Batteriekonzepte entwickeln, die Reparaturen in gewissem Umfang an speziell personell und materiell ausgestatteten Servicestützpunkten zulassen. Es gibt bereits Hersteller, die das praktizieren und die HV-Batterie so aufbauen, dass z. B. Steuergeräte für das Batterie-Management-System (BMS); Schütze, Sensoren, Module oder sogar Zellen getauscht werden können.

Als Beispiele sollen HV-Batterien von Mitsubishi, VW und Tesla dienen.

Die Batterie auf Seite 7 aus dem Mitsubishi i-MiEV lässt sich relativ leicht öffnen, da sie luftgekühlt ist. Jetzt kommt man an die Steuergeräte, die Schütze und sogar an einzelne Zellen heran. Hierzu müssen die Modulverbinder entfernt werden werden.

Das sind jedoch keine Arbeiten, die ein Fachkundiger für eigensichere Fahrzeuge durchführen darf. Das sind „Arbeiten unter Spannung“, für die die höhere Qualifikation der Stufe 3 nach DGUV 209-093 benötigt wird.

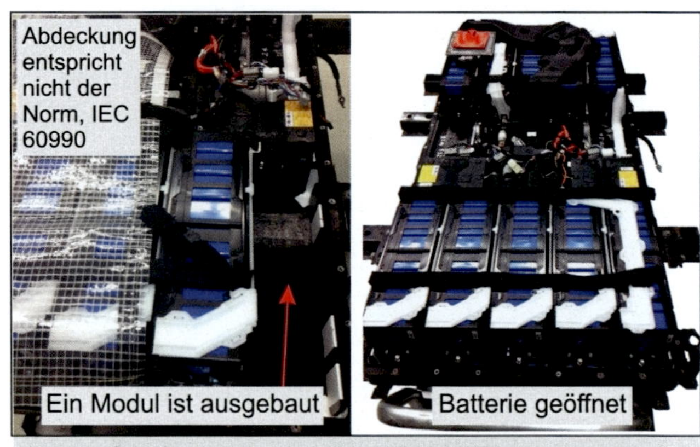

Bild 11: Geöffnete Batterie Mitsubishi i-MiEV

Bild 12: Einzelne Li-Ionen-Zelle

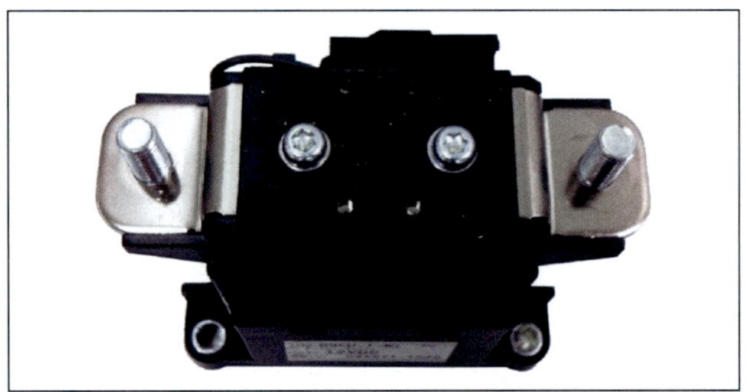

Bild 13: Schütz aus Mitsubishi i-MiEV

VW geht das Problem anders an: Der E-up hat im Unterboden seiner Li-Ionen-Batterie eine Klappe, die man von außen öffnen kann, um an das Steuergerät für Batterieregelung heran zu kommen. Nicht aber an die Schütze oder die Modulüberwachung.

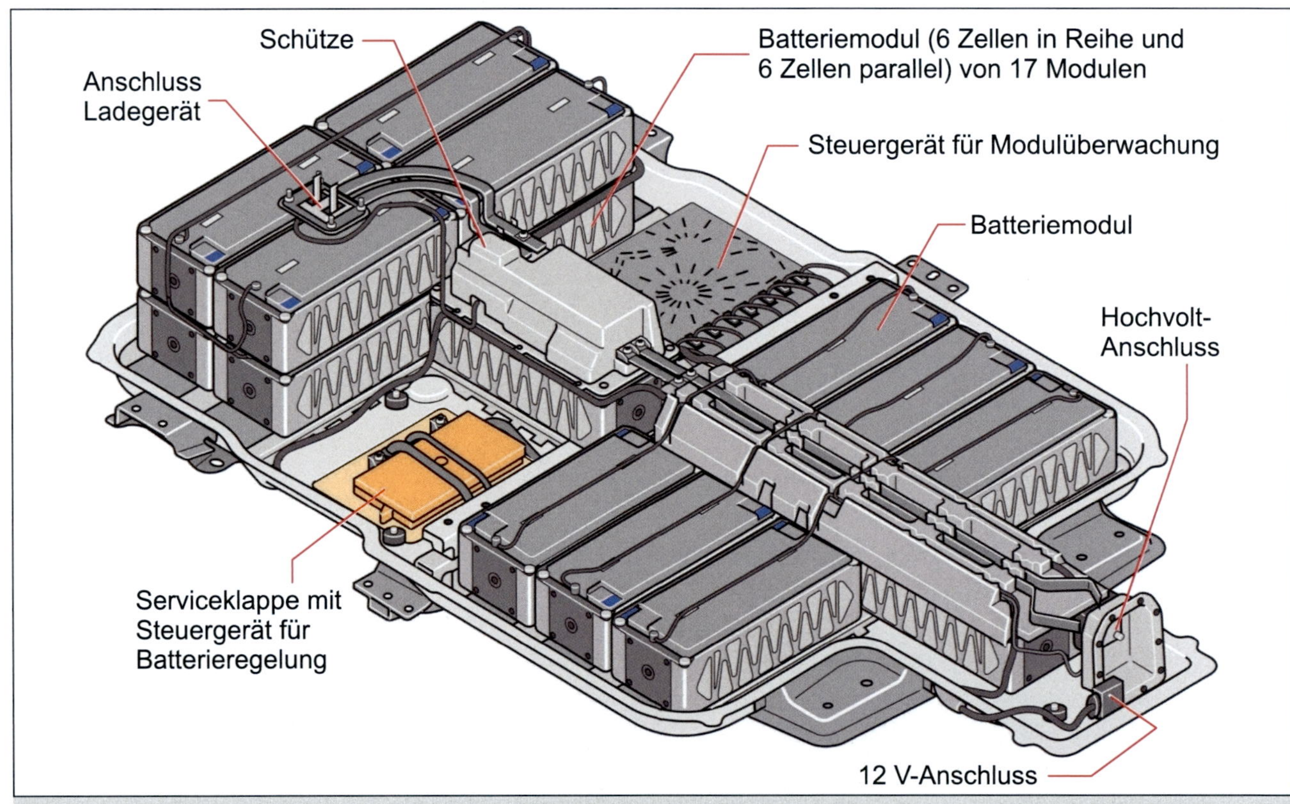

Bild 14: Schema HV-Batterie VW e-up geöffnet, zeigt Serviceklappe für Batterie-Steuergerät

Mitsubishi/Fuso bietet unter Federführung der Daimler AG einen serienmäßigen Leicht-Lkw mit 7,5 t als Canter Eco Hybrid an. Dieser hat ebenfalls eine luftgekühlte Li-Ionen-Batterie mit 270 V und 2 kWh Energie-Inhalt, die den 40 kW-Elektromotor antreibt.

Nach Freischaltung und Ausbau der HV-Batterie kann die Batterie durch Abnehmen des Lüfter-Gehäuses geöffnet werden, um z. B. das Steuergerät BMS oder die Schütze auszutauschen. Die HV-Batterie ist so geschickt aufgebaut, dass diese Tätigkeiten im spannungsfreien Zustand ohne die Qualifikation AuS nach Stufe 3 durchgeführt werden können.

Soll an den Modulen oder Zellen gearbeitet werden, muss die Batterie weiter geöffnet werden, was dann die Qualifikation nach Stufe 3 erfordert.

Nach der Reparatur muss das Gehäuse wieder wasserdicht verschlossen werden, indem eine flüssige Silikon-Dichtmasse aufgetragen wird.

Bild 15: Lage HV-Batterie

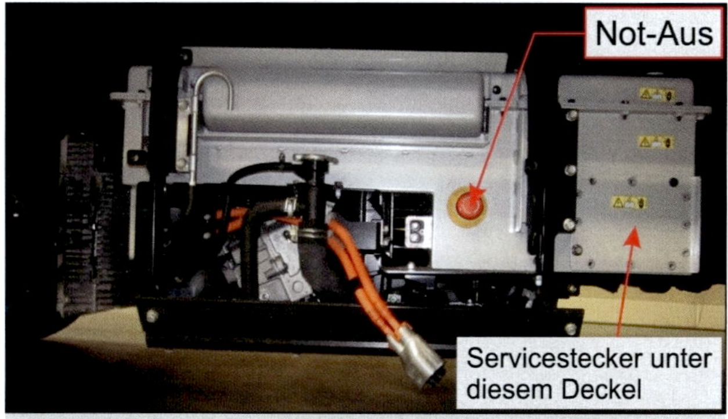

Bild 16: HV-Leitung zu Inverter E-Maschine abgezogen

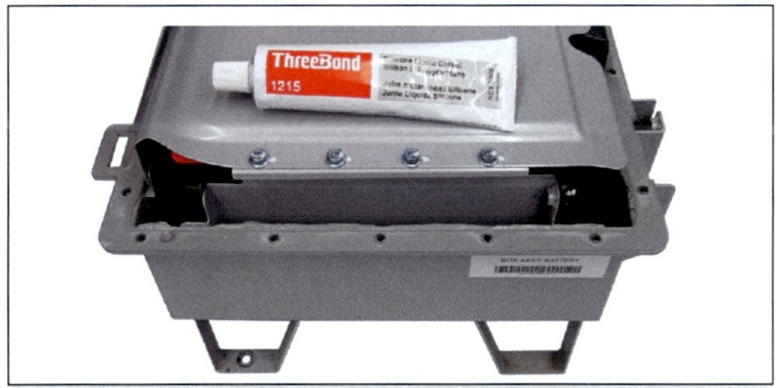

Bild 17: Batterie verschließen mit Dichtmasse

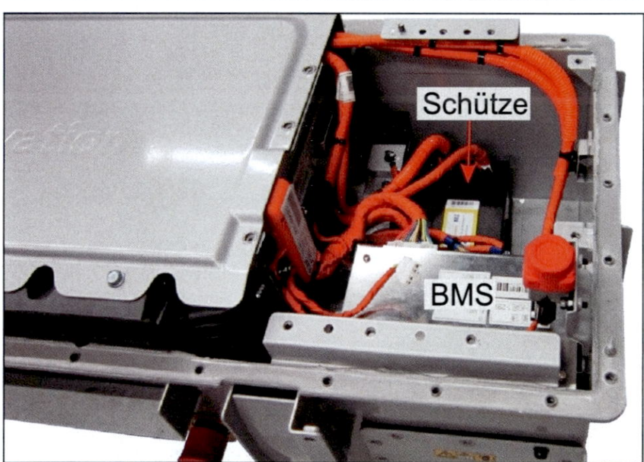

Bild 19: Batterie geöffnet

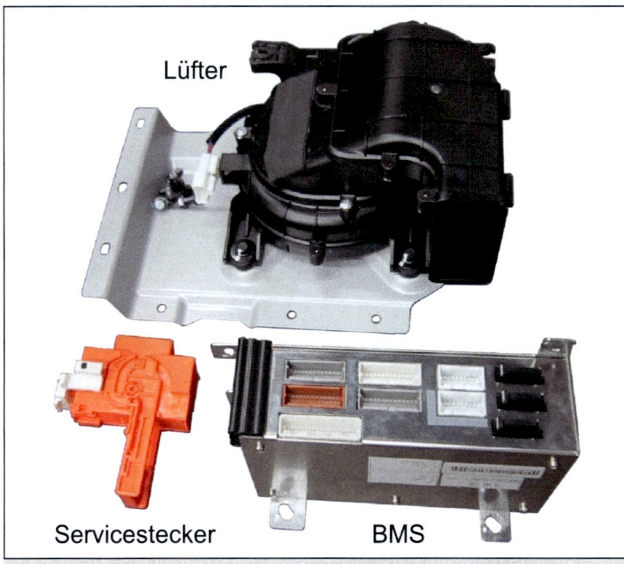

Bild 18: ausgebaute Teile aus HV-Batterie des Mitsubishi/Fuso Canter

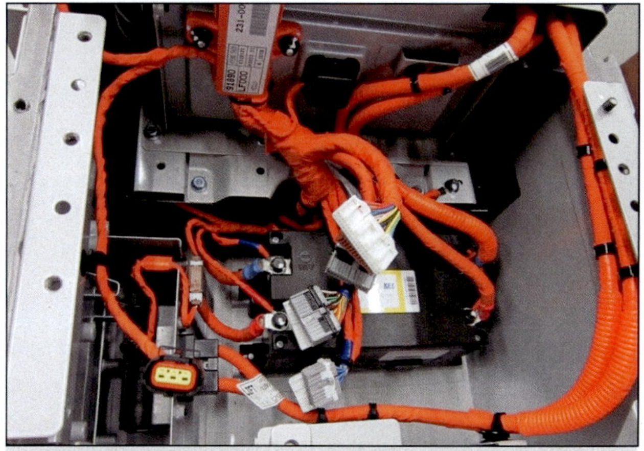
Bild 20: BMS (Batterie-Management-System) ausgebaut

■ Beispiel Tesla

Die Li-Ionen-Batterie des Tesla Roadster ist ebenfalls modulhaft aufgebaut und lässt sich im Falle von Defekten öffnen. Hier muss zum Tausch einer der 11 Module der elektrische Verbinder abgeschraubt werden. Das ist eine Tätigkeit unter Spannung. Hierzu benötigt man die Qualifikation der Stufe 3.
Auch bei den neuen Tesla-Modellen, S, 3, X und Y, deren HV-Batterien im Boden der Fahrzeuge untergebracht sind, werden Batterie-Module, Steuergeräte und Schütze getauscht.

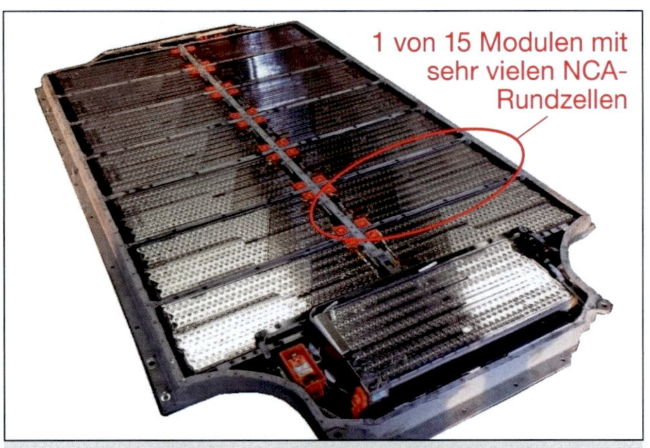

Bild 22: Offene Tesla-S-HV-Batterie zum Tausch eines Moduls

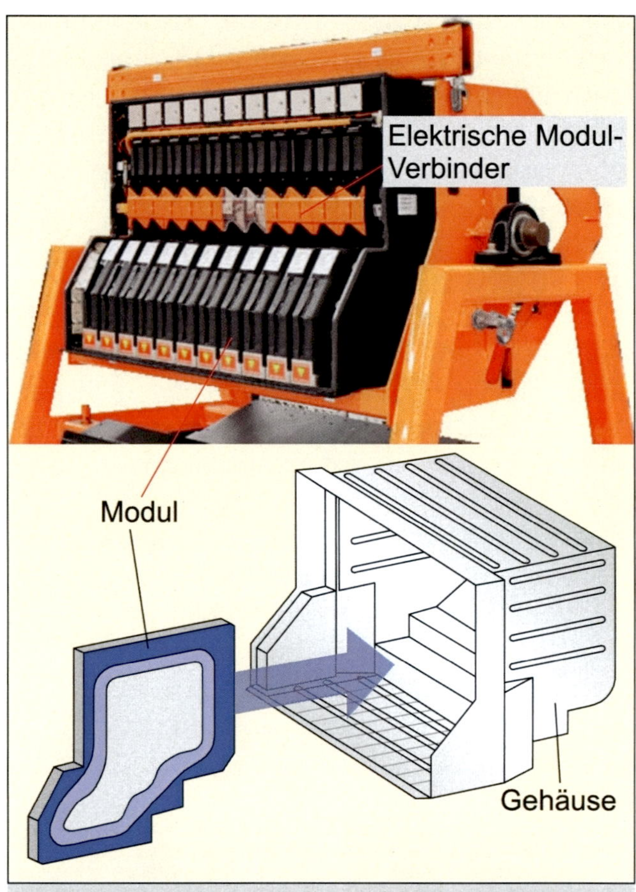

Bild 21: Schema Aufbau einer Tesla Roadster HV-Batterie

■ Batterie-Gehäuse Tausch bei VW

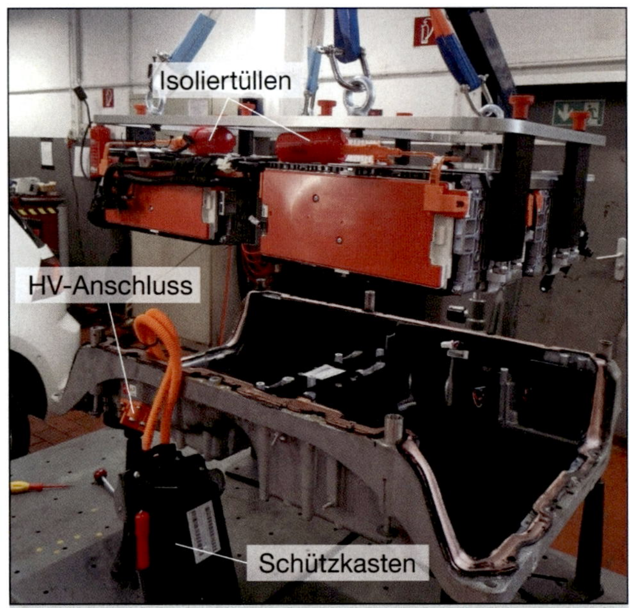

Bild 24: Batterie-Module werden komplett herausgehoben

Auch bei VW hat sich die Philosophie geändert: Viele Mitarbeiter aus über das Land verteilten VW-Stützpunkten sind geschult worden. Hier tauscht der Mitarbeiter bei einer

Bild 23: Lösen der Module in HV-Batterie von VW Golf GTE

Rückrufaktion undichte Batteriegehäuse von Golf-GTE-Fahrzeugen. Die HV-Batterie des Fahrzeugs wird in der VW-Werkstatt nach dem Ausbau (Stufe 2S) geöffnet und teilzerlegt (Stufe 3S). Danach werden die „Innereien" ins neue Gehäuse gebaut.

■ Modul-Tausch an Volvo V60 Plug-In Hybrid

Im Volvo V60 Axle-Split-Plug-In ist der Verbrenner an der Vorderachse, die E-Maschine an der Hinterachse und die HV-Batterie im „Kardan-Tunnel" mittig im Fahrzeug angeordnet. Die Abbildungen Bild 25 bis Bild 33 beschreiben einen Modultausch der HV-Batterie in einer Volvo-Servicewerkstatt:

Nach Ausbau des Abgasrohrs kann die HV-Batterie gelöst (Bild 26) und mit einem fahrbaren Unterstellbock (Bild 28) abgelassen werden. Nachdem die Batterie geöffnet ist (Bild 29), werden die Schütze und der hintere HV-Anschluss entfernt, danach die Verbinder mit isoliertem Werkzeug abgeschraubt (Bild 30). Das defekte Modul wird entnommen (Bild 32). Dazu muss die Kühlung getrennt werden durch entfernen der Halteschienen unten und verschieben des ersten Moduls links. Das neue Modul muss mit einem Spezial-Ladegerät auf die geforderte Spannung aufgeladen werden (Bild 33), bevor es eingesetzt wird.

Der Zusammenbau erfolgt in umgekehrter Reihenfolge.

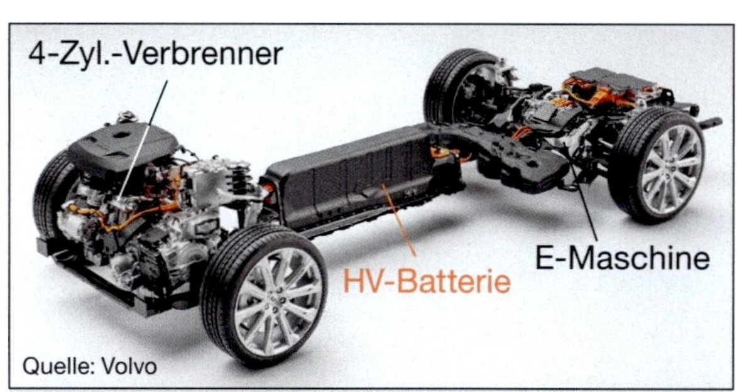

Bild 25: Volvo V60 Axle-Split-Plug-In

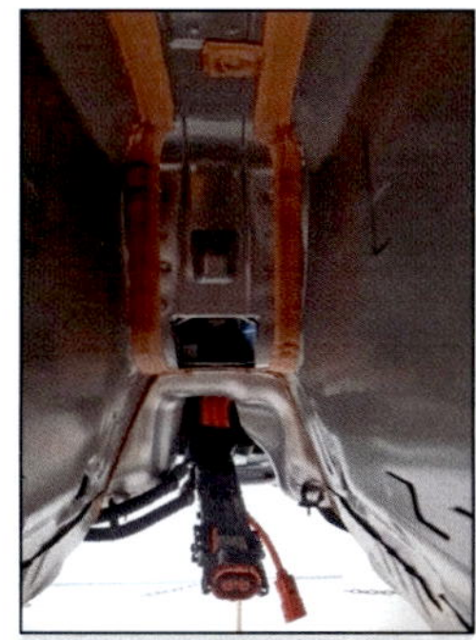
Bild 27: Batterie-Raum

Bild 26: HV-Batterie im „Kardan-Tunnel" lösen

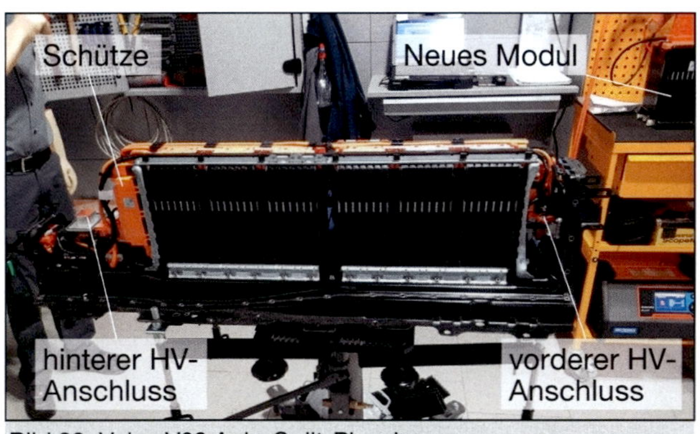

Bild 29: Volvo V60 Axle-Split-Plug-In

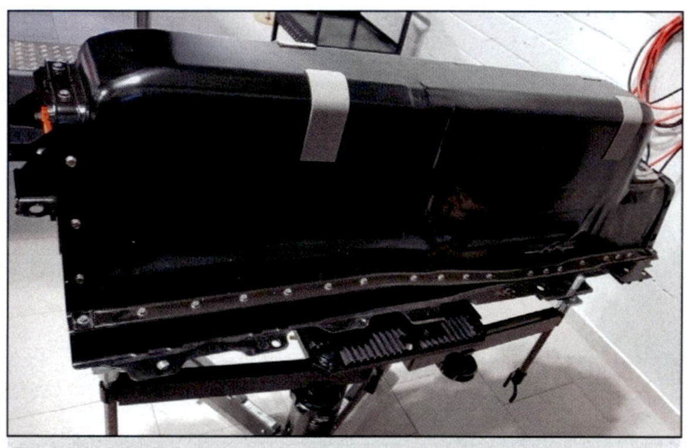
Bild 28: HV-Batterie auf fahrbaren Bock abgelassen

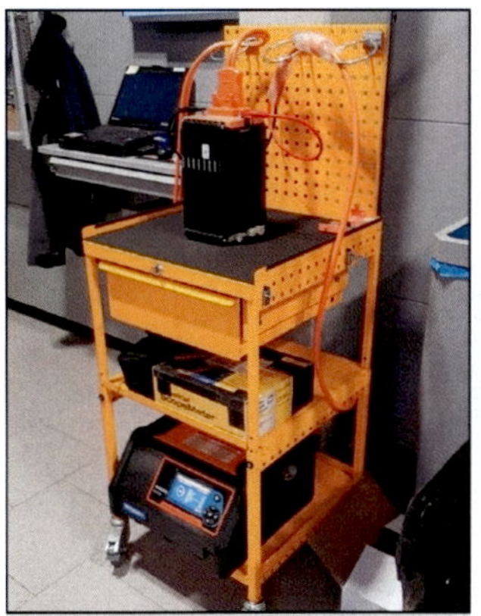
Bild 33: neues Modul laden

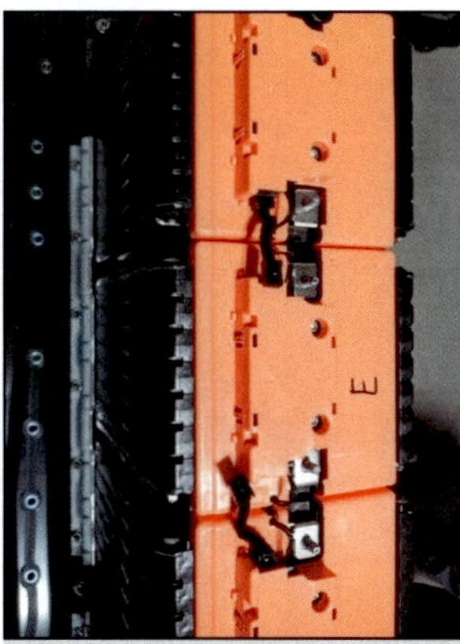
Bild 31: Verbinder entfernt

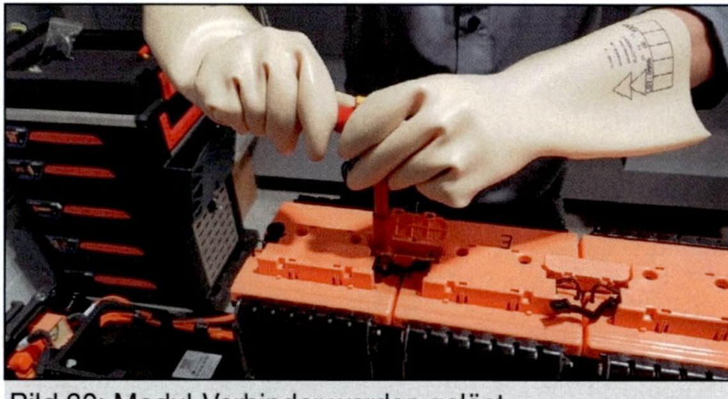
Bild 30: Modul-Verbinder werden gelöst

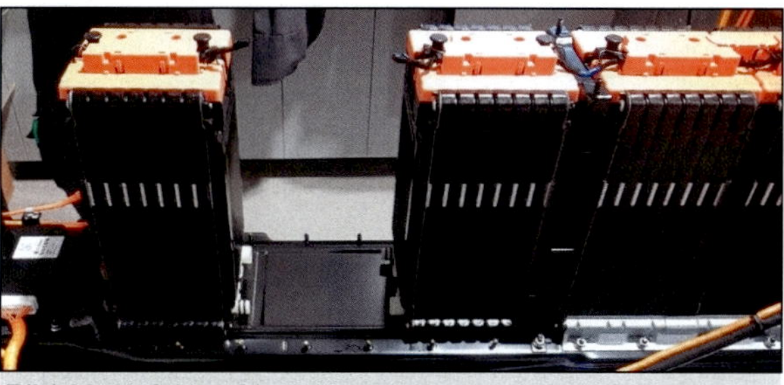
Bild 32: defektes Modul entnommen

■ Tausch eines Zellmoduls beim BMW i3

Die Instandsetzung darf nur in einem Handelsbetrieb mit dem Service-Format BMW i Service Extended Battery oder BMW i Service Full ausgeführt werden.
Bevor an Hochvolt-Komponenten gearbeitet wird, sind die elektrischen Sicherheitsregeln zu befolgen und umzusetzen:
1 Das Hochvolt-System muss spannungsfrei geschaltet werden
2 Das Hochvolt-System muss gegen Wiedereinschalten gesichert werden
3 Die Spannungsfreiheit des Hochvolt-Systems muss festgestellt werden.

Sicherheitsregeln

Der Arbeitsplatz für die Instandsetzung der Hochvolt Batterieeinheit muss sauber, trocken, fettfrei sowie frei von Funkenflug sein. Eine direkte Nähe zu Fahrzeugreinigungsplätzen oder zu Arbeitsplätzen, an denen Instandsetzungsarbeiten an der Karosserie durchgeführt werden, ist deshalb zu vermeiden

Ausbau der Hochvolt-Batterieeinheit aus dem Fahrzeug

1. *Kältemittel absaugen*
2. *Hochvoltsystem mittels Service Disconnect spannungsfrei schalten, Spannungsfreiheit feststellen*
3. *Fahrzeug mit 2-Säulen Hebebühne anheben (Bild 34), damit genügend Freigang zum Aus-/ Einbau der Hochvolt-Batterieeinheit zur Verfügung steht.*
4. *Anschlüsse (12-V-Bordnetz, Hochvolt, Kältemittel) trennen*
5. *Anschlüsse Kältemittelleitungen mit Stopfen verschließen*
6. *Mobilen Aggregatehubtisch (Bild 36) inkl. Adapter an der Hochvolt-Batterieeinheit ansetzen, fixieren, sowie eine Sichtprüfung auf korrekten Sitz durchführen*
7. *Befestigungsschrauben und Potentialausgleichschraube an Drive-Modul lösen*
8. *Hochvolt-Batterieeinheit absenken*
9. *Sichtprüfung auf Verschmutzung und Beschädigung des Gehäuses von allen Seiten*
10. *Prüfung auf thermische Auffälligkeit bei Fehlern, die auf einen unklaren Zustand der Hochvolt Batterieeinheit schließen lassen*
11. *Transport zum Instandsetzungsarbeitsplatz (Bild 38)*

Bild 34: Fahrzeug auf der Hebebühne

Bild 35: HV-Batterie ausgebaut

Bild 36: HV-Batterie auf Hubwagen

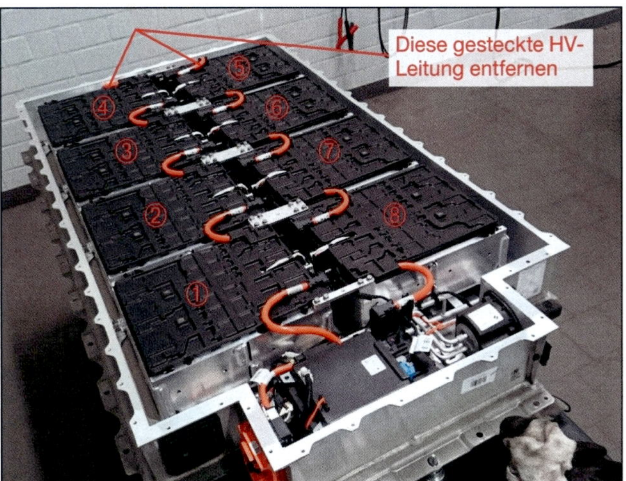

Bild 37: BMW i3-Batterie geöffnet: 8 Module à 46 V ① bis ⑧ in Reihe, vorne Schützbox

Bild 38: BMW i3-Batterie auf Hubwagen in abgesperrtem und gekennzeichnetem Bereich

Ausbau eines Zellmoduls

Die nachfolgende Beschreibung der Instandsetzung der Hochvolt-Batterieeinheit ist nur eine generelle Auflistung der Inhalte und der Vorgehensweise. Grundsätzlich und ausschließlich gelten nur die Vorgaben und Anweisungen in der aktuell gültigen Ausgabe der Reparaturanleitung.

1. *Vor dem Ausbau eines Zellmoduls ist der Positionsplan auszudrucken.*
2. *Die Sicherheitsregeln sind zu beachten und als erstes die Hochvoltleitung zwischen Zellmodul 4 und 5 zu trennen. (Dieser Vorgang hat den gleichen Effekt wie das Ziehen des orangenen Freischaltsteckers: die Reihenschaltung ist in der Mitte unterbrochen)*
3. *Alle Zellmodule und Zellüberwachungselektronik (CSC) nach Positionsplan nummerieren.*
4. *Die Schrauben an den betroffenen Zellmodulen lösen und Schottbleche entfernen.*

5. *Die Hochvoltstecker des betroffenen Zellmoduls abstecken und leicht zur Seite biegen, um ausreichend Freigang zum Ausheben des Zellmoduls zu haben.*
6. *Die Muttern der Zellmodule mit einer Magnetnuss lösen.*
7. *Das Zellmodul inkl. Zellüberwachungselektronik vorsichtig ausheben.*
8. *Das Zellmodul mit dem Boden nach unten rutsch- und kippsicher auf einer sauberen Fläche ablegen.*

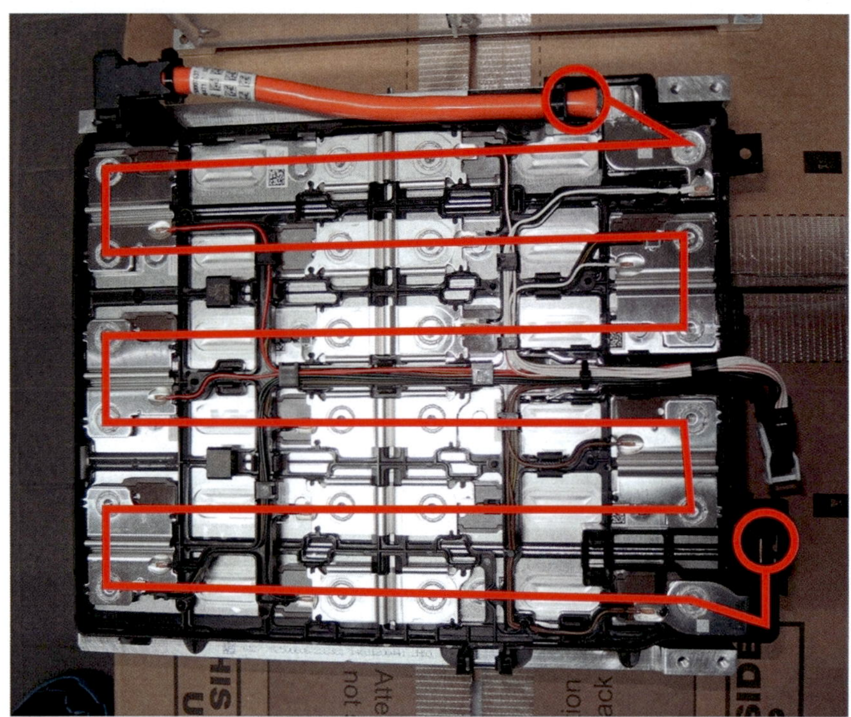
Bild 39: Modul geöffnet ohne Deckel: Reihenschaltung der Zellen wird sichtbar

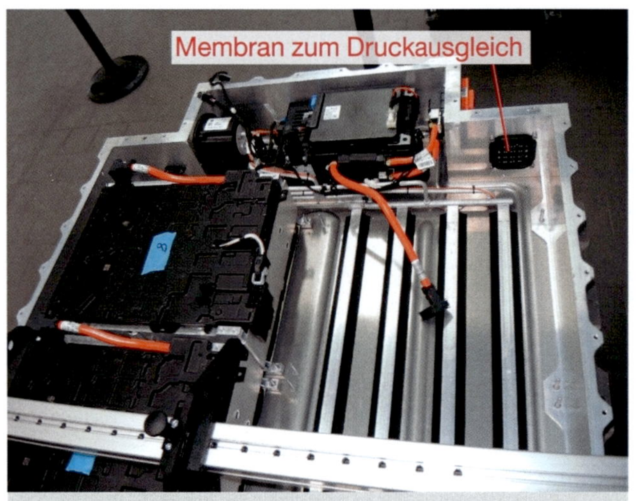

Bild 40: Defekte Module sind ausgebaut, Kältemittel-Kühlgitter ist sichtbar, alle HV-Leitungen sind als isolierte Steckverbindungen ausgeführt

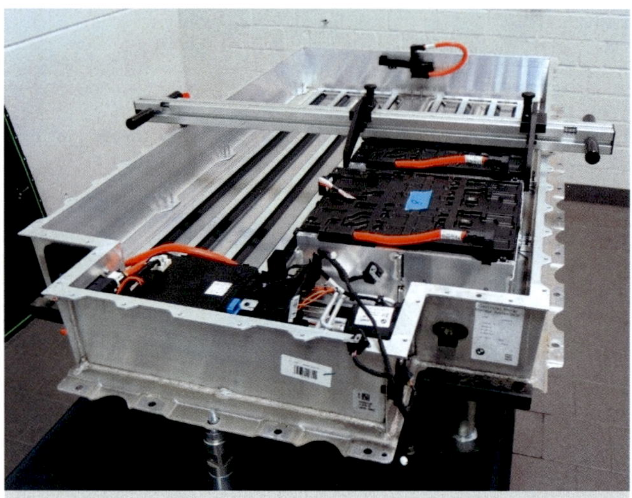
Bild 41: Hebe-Werkzeug für den Austausch von Modulen

Vorbereitung vor dem Einbau eines Zellmoduls

1. Vor dem Einbau eines neuen Zellmoduls ist der Ladezustand des neuen Zellmoduls auf das vorher ausgelesene Niveau der verbleibenden Zellmodule zu bringen (Bild 42): also auf exakt 46 V.
2. Das Zellmodul inkl. Zellüberwachungselektronik mit Spezialwerkzeug wieder vorsichtig einheben, dabei ist auf benachbarte Teile, insbesondere die Hochvoltleitungen zu achten. Muttern der Zellmodule mit einer Magnetnuss ansetzen und mit dem vorgeschrieben Drehmoment festziehen.
3. Den Stecker des CSC-Kabelbaums mit der Zellüberwachungs-Elektronik verbinden.
4. Die demontierten Schottbleche montieren und befestigen.
5. Die Hochvoltstecker des betroffenen Zellmoduls anstecken.

6. Die Hochvoltleitung zwischen Zellmodul 4 und 5 mit der am Gehäuse befestigten Leitung (Bild 41) verbinden.
7. Die Seriennummer des neuen Zellmoduls und dessen Einbauposition in der Hochvolt-Batterieeinheit ist auf dem aus dem Diagnosesystem ausgedruckten Zettel zu notieren.
8. Im Diagnosesystem ISTA gibt es eine Servicefunktion zur Inbetriebnahme der Hochvolt-Batterieeinheit nach der Instandsetzung.
9. Hier müssen die Seriennummern der neuen Zellmodule in das Speichermanagement-Steuergerät eingetragen werden.

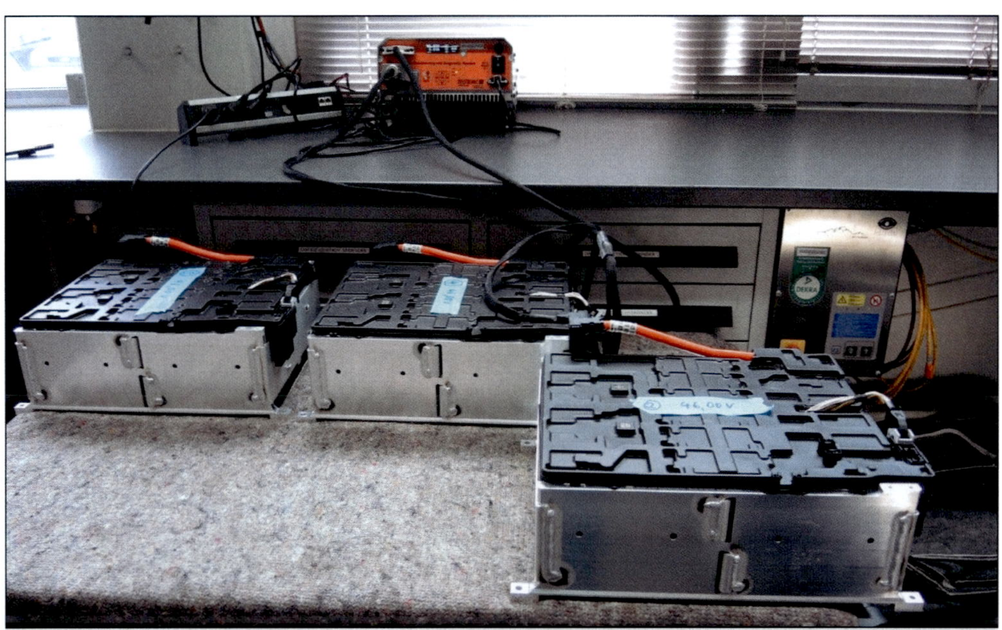

Bild 42: Neue Module werden mit speziellem Ladegerät auf exakt 46 V vor Einbau geladen

Einbau der Hochvolt-Batterieeinheit in das Fahrzeug

Vor dem Einbau muss ein Test mit dem EoS-Testgerät (End of Service) durchgeführt werden. Der Gesamttest wird gestartet. Als erstes erfolgt der Dichtigkeitstest. Die Dichtigkeit wird mit Unterdruck geprüft, indem an der Druckausgleichs-Membran ein Unterdruckgerät angeschlossen wird. Der Unterdruck muss eine bestimmte Zeit gehalten werden. Anschließend erfolgen die Tests für die Spannungsfestigkeit, den Isolationswiderstand und die SME-Isolationsüberwachung.

Fehlerspeicher auslesen: Wenn kein Fehler vorhanden ist, wird der Prüfcode ausgegeben. Die Befestigungsschrauben am Drive-Modul anbringen. Die Potenzialausgleichschraube einschrauben. Die Schraube ist selbstschneidend, deshalb vorsichtig von Hand ansetzen, bevor mit Werkzeug weitergearbeitet wird. Andernfalls droht eine Beschädigung des Gewindes. Das Anziehdrehmoment ist zu beachten (12 Nm).

Abschließende Elektrische Diagnose

Im Diagnosesystem ist die Servicefunktion zur Inbetriebnahme der Hochvolt-Batterieeinheit zu starten. Den Prüfcode vom EoS-Testgerät eingeben bzw. über DMC einlesen. Die Seriennummern und die Einbaupositionen der getauschten Komponenten werden von der Speichermanagement Elektronik an das Diagnosesystem übertragen und in FASTA dokumentiert. Die Schaltschütze werden vom Diagnosesystem freigegeben. Abschließend wird der Fehlerspeicher gelesen. Zum Schluss wird die Hochvolt-Batterieeinheit voll aufgeladen und die Klimaanlage befüllt.

■ HV-Batterie-Refurbishment bei Opel

Bei Opel im Stammsitz Rüsselsheim gibt es jahrelange Erfahrung in der Sanierung (= Refurbishment) von Li-Ion-Batterien. Seit dem Ampera-a und e werden dort HV-Batterien zerlegt und repariert. Nach der Übernahme von Opel durch Stellantis wurde bei Opel auch die gesamte HV-Batteriereparatur der PSA-Gruppe installiert und dort wegen Synergie-Effekten zusammengefasst. Hier werden u. a. die HV-Batterien vom Ampera-e, Corsa-e, Mokka-e, Combo-e, Vivaro-e und Zafira-e überarbeitet.

Bild 43: Module werden auf der Unterschale befestigt

Im Gegensatz zu VW- und Mercedes-HV-Batterien, deren Gehäuse meist aus Aluminium bestehen, sind Opel- und PSA-Batterien aus zwei Stahlblechteilen (Bild 44) gefertigt, die nach der Montage mit eine Kleberaupe miteinander verklebt und verschraubt werden: eine untere Wanne, in der die Module, HV-Leitungen, das BMS und die Schütze sitzen und befestigt sind, und ein oberer wannenförmiger Deckel, der sich mit den Konturen an den Unterboden der Fahrzeuge anpasst.

Die orangen HV-Leitungen und Verbinder in der Batterie sind so isoliert, dass die Mitarbeiter zwar Elektro-Handschuhe tragen, aber auf Schutzbrille und lichtbogenfeste Schutzkleidung verzichten können (Bild 43 u. Bild 44).

Bild 44: Zusammenbau einer HV-Batterie bei Opel

Vor dem Verschließen der Batterie muss die Klebefläche sehr sorgfältig von alten Kleberresten befreit werden. Für das Aufbringen der neuen Kleberaube und das Schließen des Deckels stehen nur ca. acht Minuten zur Verfügung, damit sich auf dem Kleber kein Film bildet und somit die Batterie 100-prozentig dicht wird.

In den Teststationen werden die Batterien elektrischen Prüfungen (Lade-, Entlade- und Temperaturverhalten, Kapazität, ...) unterzogen.

Wenn die Batterie verschlossen ist, wird Stickstoff mit einem definierten Druck auf das Gehäuse gegeben, um die Dichtigkeit zu prüfen. Die Prüfvorgänge werden von den Mitarbeitern mit entsprechender Software überwacht (Bild 47).

Bild 45: HV-Batterie-Teststationen im Refurbishment

Bild 46: Die reparierte Batterie wird für Lade- und Entlade-Tests in der Teststation angeschlossen

Vergleicht man die Teststationen bei Opel mit denen von Mercedes, so fällt auf, dass bei Mercedes die Stationen erheblich stärker gegen Brand-, Rauch- und eventuell freiwerdende ätzende Substanzen gesichert sind, da diese hermetisch geschlossen und bei Opel nur Zugangs-Trennwände aus Plexiglas vorhanden sind. Worauf sich diese Unterschiede begründen, ist unklar. Hier werden die Gefahren wohl unterschiedlich eingeschätzt.

Bild 47: Überwachung und Dokumentation der Prüfungen

■ HV-Batterie-Remanufacturing bei Daimler

Im Gegensatz zu VW und BMW werden bei Daimler bisher – bis auf einige Ausnahmen im Truck- und Busbereich – die HV-Batterien nicht in den Servicewerkstätten repariert, sondern dort nur ausgebaut (Bild 48) und nach Mannheim zur Reparatur geschickt. Dort steht eine riesige Halle (Bild 49), in der u. a. das sogenannte „Remanufacturing“ stattfindet.
Im linken Teil der Halle werden unterschiedliche defekte PKW-Batterien älterer und der aktuellen Mercedes-Baureihen und vom Smart repariert. Voraussetzung dafür ist, dass die Analyse in der Servicewerkstatt eine rentable Reparatur prognostiziert.
Hier stehen Hochregale, Paletten und stapelbare Transportbehälter, die auf Öffnung und Analyse warten.

Bild 48: HV-Batterie im Mercedes Plug-In Hybrid-Fahrzeug

Bild 49: Fabrikhalle Mercedes-Benz in Mannheim

Am Beispiel der aktuellen Plug-In Hybrid-Batterie M14 mit 37 Ah, 13,8 kWh und 365 V aus Bild 48 und Bild 50 wird der Reparaturvorgang beschrieben:

- Es gibt mehrere Analyseplätze, an denen die Mitarbeiter mit einem Interface den Fehlerspeicher und die Istwerte der HV-Batterie auslesen, um die Servicewerkstatt-Analyse zu überprüfen.
- Dann wird die Batterie wie in Bild 50 geöffnet und die defekten Bauteile ausgebaut. Diese werden bei Garantiefällen dahingehend überprüft, wer diesen Defekt zu verantworten hat (der zu Daimler gehörende Zulieferer Deutsche Accumotive, der Schütz-, BMS-Steuergeräte-, Stromsensor-, Modul- oder Filterelement-Lieferant oder Daimler selbst).
- Bis diese Angelegenheit geklärt ist, wird die Batterie in Hoch-Regalen gelagert.
- Dann findet die eigentliche Reparatur mit Ersatzteilen statt.
- Bei bestimmten Batterien können auch Module repariert, d. h. Zellen entnommen und gegen neue getauscht werden.
- Nach dem Zusammenbau kommen die Batterien in Teststationen, ähnlich wie in Bild 45 bei Opel.

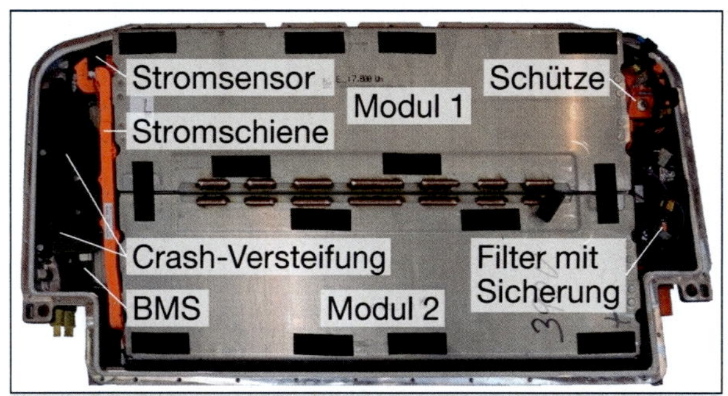

Bild 50: geöffnete Mercedes Plug-In Hybrid-Batterie M14

- Dort unterliegen sie Dichtigkeits-, Lade- und Entlade-Prüfungen.
- Bestehen die HV-Batterien ihre Tests, werden Sie erneut in Hochregale gelagert, aber jetzt über ihren 12-V-Anschluss und ein Interface (CAN-Bus fähig) an ein Überwachungssystem angeschlossen, dass ihre Einsatzfähigkeit, Temperaturverhalten etc. bis zum Weitertransport überwacht.

Obwohl die Halle mit Sprinkler- und Sicherheits-Feuermeldesystemen ausgestattet ist und kritische Batterien in speziellen Behältern und Sicherheitskammern gelagert werden, kann den Besucher ein Unwohlsein befallen aufgrund der hier zu Hunderten gelagerten defekten, reparierten und auch neuen Li-Ionen-Batterien und auf Paletten gestapelten Module.

■ HV-Batterie-Reparatur an einem Mercedes Citaro Hybrid bei EVO-Bus

Bild 51: Citaro Hybrid im Dacharbeitsstand

Bild 52: Citaro Hybrid Gelenkbus im Dacharbeitsstand

Bild 53: HV-Batterie im Dachaufbau des Citaro Hybrid

Bild 54: HV-Batterie wird mit Kran abgelassen

Die HV-Batterien der Citaro Hybrid-, Brennstoffzellen- und rein elektrischen Busse sind in die Dachaufbauten der Busse eingebaut. Muss man hier Reparaturen durchführen, muss der Bus in einen Dacharbeitsstand (Bild 51) fahren. Bild 52 zeigt, dass der verbleibende Spalt zum Bus mit Aluminium-Schiebeteilen geschlossen wird, um gefahrfrei auf dem Dach arbeiten zu können. Alle HV-Bauteile wie auch die HV-Batterie sind in den Dachboxen untergebracht (Bild 53).
Nach dem Freischaltvorgang muss die HV-Batterie abgeklemmt (HV-Qualifikation Stufe 2) und mit einem Kran abgelassen werden.

Die HV-Batterie wird in einen abgegrenzten AuS-Bereich (Bild 55) auf eine Arbeitshöhe in Hüftbereich verbracht. Dort wird sie geöffnet (HV-Qualifikation Stufe 3) und die Kühlbleche der Flüssigkeitskühlung abgeschraubt (Bild 56). Danach wird das Kühlblech von den Modulen abgehoben (Bild 57) und die Wärmeleitpaste entfernt (Bild 58).

Jetzt werden mit isoliertem Werkzeug die Verbindungsleitungen an den Modulen abgeschraubt (Bild 59) und die defekten Module herausgelöst (Bild 60).

Bild 55: HV-Batterie in abgegrenzten AuS-Bereich

Bild 57: abgehobenes Kühlblech liegt auf Batteriedeckel

Bild 56: Batterie wird geöffnet, Kühlblech abgeschraubt

Der Einbau der neuen Module erfolgt in umgekehrter Reihenfolge.

Während der gesamten Arbeit (ab Öffnen der HV-Batterie) muss persönliche Schutzausrüstung (PSA) getragen werden.

Bild 58: Wärmeleitpaste auf den Zellen der Module entfernen

Bild 60: defekte Module herausgelöst

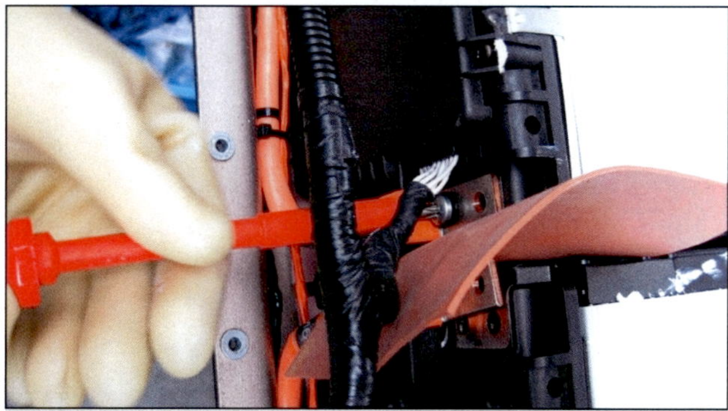
Bild 59: HV-Verbindungsleitungen an Modulen abschrauben

2.2 Entwicklung von HV-Batterien

Bei den Li-Ionen-Batterien sind drei verschiedene Bauformen üblich, die jeweils ihre Vor- und Nachteile besitzen:

- eine zylindrische Bauform, die sehr große Leistungen abgeben kann und sehr stabil ist, aber ein schlechteres Packaging bietet,
- eine prismatische Bauform, die im Vergleich zur zylindrischen Bauform eine kleinere Leistung aber eine bessere Raumausnutzung bietet.

Diese beiden Bauformen bieten den weiteren Vorteil, dass hier langjähriges Know-How und viel Erfahrung vorliegen.

Bild 61: Zylindrische Li-Ionen-Zellen

Bild 62: Prismatische Li-Ionen-Zellen

Bild 63: Pouch-Zelle KIT

- Die dritte und neuere Bauform mit weniger Erfahrungswerten ist die finanziell günstigste Variante als so genannte Pouch-Zelle (Beutel-Zelle) auf Aluminium-Basis. Sie wird mit einem polymeren Elektrolyten betrieben, der aus den Zellen nicht austreten kann. Damit ist ein fester Behälter unnötig. Die Fertigung ist sehr einfach.

Die Zellen werden in der Forschung z. B. einer sehr großen Zahl von Lade- und Entladezyklen ausgesetzt, um die Lebensdauer, die Alterung, die Leistungsfähigkeit, die Temperaturfestigkeit etc. zu testen. Dabei kommen die Zellen in klimatisierte Kammern. Es wird ihr Verhalten bei Kälte und Wärme getestet.

Wie wirken sich Tiefentladungen oder Überladungen aus. Den Entwicklern des KITs (Karlsruher Institut für Technologie) ist die Gefährlichkeit dieser Versuche sehr bewusst.

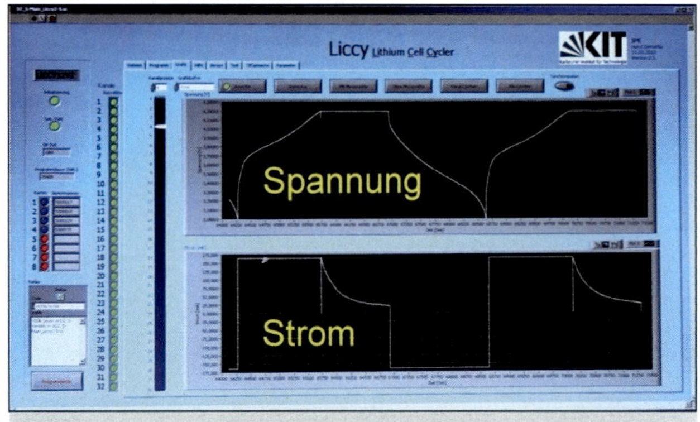

Bild 64: Lade- und Entladekurven bei Testzyklen an Li-Ionen-Zellen

Deswegen befinden sich ihre Versuchaufbauten in Laborcontainern auf freiem Gelände, damit bei eventuellen Bränden oder Explosionen keine Schäden an Gebäuden oder Menschen entstehen.

Auch andere Zulieferer und Hersteller von HV-Komponenten lagern ihre HV-Li-Ionen-Batterien aus Versuchen in allein stehenden Gebäuden und Containern, um Fabrikhallen und Werkstätten nicht in Gefahr zu bringen. Daraus ist zu ersehen, dass gebrauchte nicht benutzte Li-Ionen-Batterien allgemein als „Gefahrgut“ betrachtet werden.

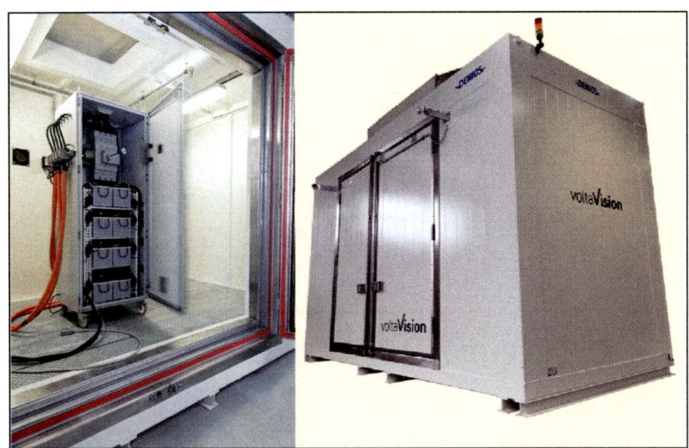

Bild 65: Laborcontainer von Denios/voltaVision speziell für Batterietests, voll klimatisiert und Druckentlastung über die Decke

Die Pouch-Zellen kommen z. B. in Taschen von flachen Kunststoffrahmen, die zu so genannten Stacks (Stapelspeicher) übereinander geschichtet werden.

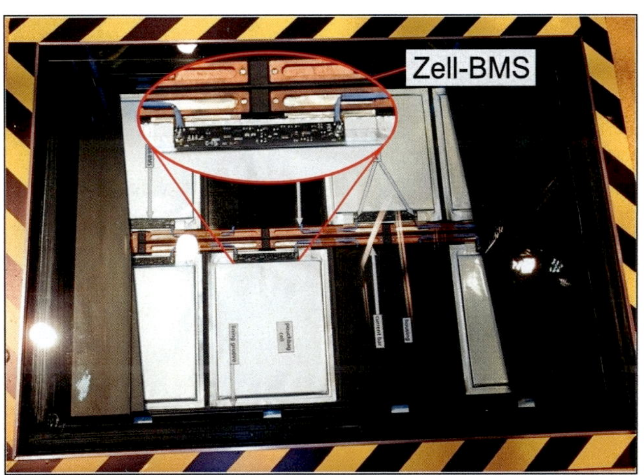

Bild 66: Kontaktierte Pouchzellen eines HV-Stacks

Jetzt werden die Zellen auf der Leistungsseite kontaktiert, um Strom an den Anschlüssen entnehmen oder zuführen zu können. Zusätzlich werden für jede Zelle zwei Anschlüsse für das Batterie-Management-System (BMS) benötigt, um z. B. das „balancing“, das gleichmäßige Laden und die Überwachung zu ermöglichen. Dieses BMS kann als separates Steuergerät außerhalb der Zellen sitzen wie in der Mitsubishi Batterie (Bild 18) oder beim VW e-up (Bild 14 – dort als „Steuergerät für Modulüberwachung“ bezeichnet). Oder es sitzt wie hier als kleine Platine direkt an jeder Pouchzelle. Trotzdem werden Datenleitungen und Temperatursensoren mit Leitungen für jede Zelle benötigt, sodass wie auf nebenstehendem Bild ein „Wald“ von Kabeln entsteht.

Bild 67: Versuchsaufbau einer Li-Ionen-Batterie mit Pouchzellen in Form eines HV-Stacks mit Kapazität von 60 kWh

Werden jetzt die Zellen in Reihe geschaltet, hier mit Schraubverbindungen, so findet eine Spannungserhöhung statt. Dieser Vorgang ist wieder eindeutig eine „Arbeit unter Spannung“, der nicht spannungsfrei durchgeführt werden kann, weil die Zellen formatiert und geladen sind und nicht tief entladen werden dürfen, um sie nicht zu zerstören.

Eine Tiefentladung reicht, damit in der Zelle aus dem gelösten atomaren Lithium, den Li-Ionen wieder metallisches Lithium entsteht, dass bei der nächsten Ladung zu Explosion der Zelle führen kann. Tief entladene Zellen dürfen nicht wieder geladen werden.

Die so entstandene Hochvoltbatterie kann jetzt mit dem entsprechenden Ladegerät und weiteren HV-Komponenten in ein Versuchsfahrzeug eingebaut werden. Beispiel ist hier ein Versuchs-/Demoomnibus des KIT.

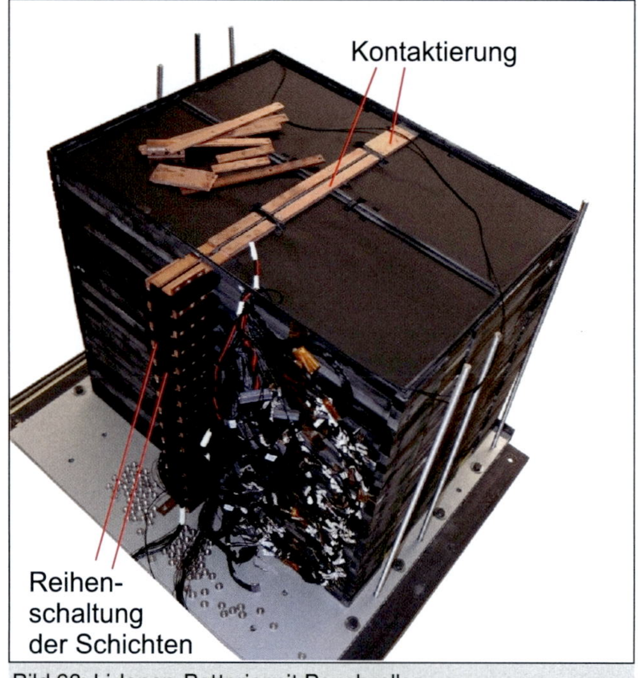

Bild 68: Li-Ionen-Batterie mit Pouchzellen

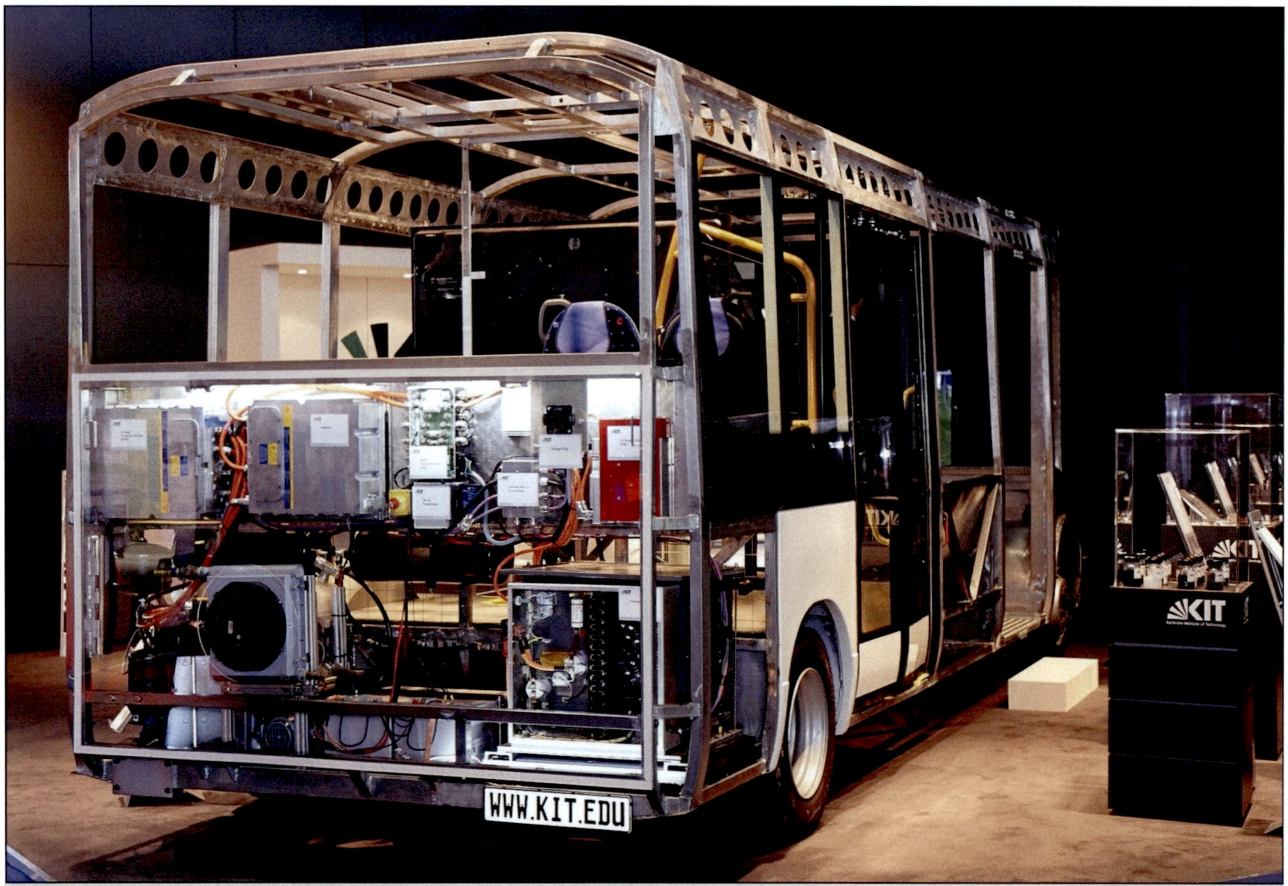

Bild 69: Versuchs-/Demoomnibus des KIT zu Forschungszwecken

2.3 HV-Batterie-Herstellung

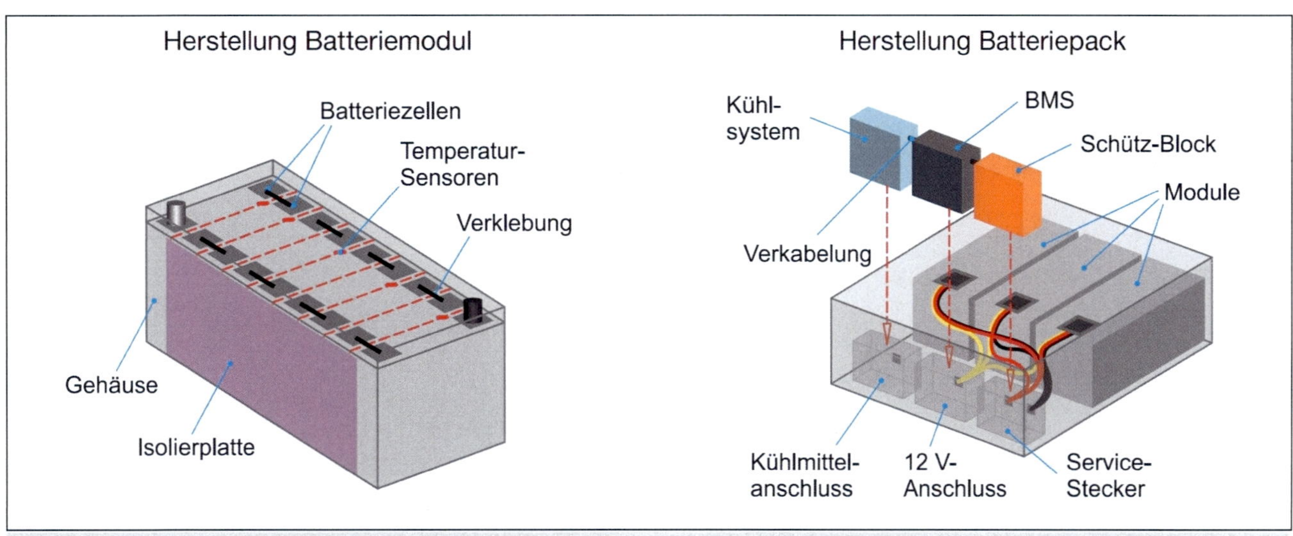

Bild 70: Schema prinzipielle Unterscheidung HV-Batteriemodul- zu Batteriepack-Herstellung

Bei der Batterie-Herstellung muss man die Zell- Fertigung, die Modul-Herstellung und die Herstellung einer bestimmten HV-Batterie für ein bestimmtes Fahrzeug unterscheiden. Die Zell-Herstellung wird in Kapitel 3.1.3 beschrieben.
Bei der Herstellung von Modulen unterscheidet sich das Rundzellen-Modul von dem mit prismatischen Zellen häufig dadurch, dass die Rundzellen in vorgeformte Matrizen gestellt werden, die die Lücken zwischen den Zellen zu Kühlzwecken nutzbar machen. Bei den prismatischen Zellen werden die Zellen häufig verklebt und pro Zelle ein Kühlblech nach außen geführt (s. Bild 72). Die Zellen beider Formate werden zu Modulen verspannt, die dann in Packs gesetzt und befestigt werden können.

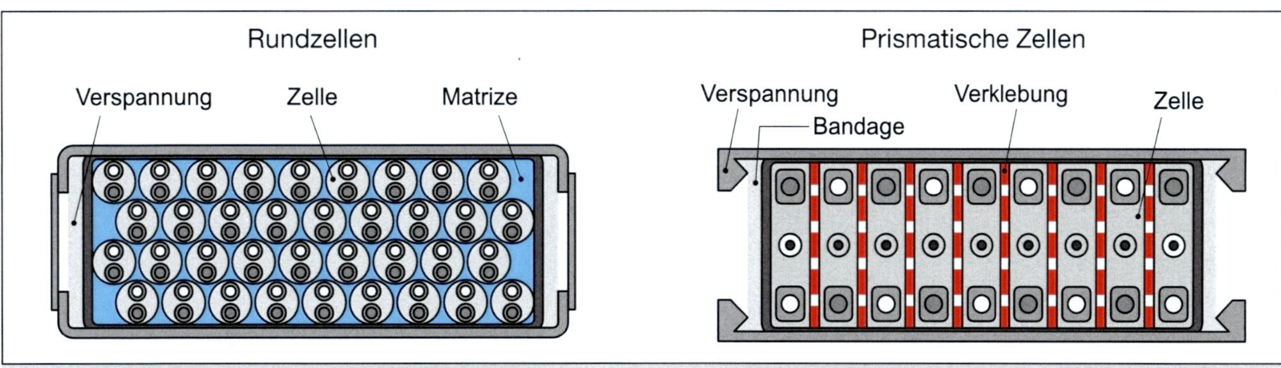

Bild 71: Schema Modul für Rund- und prismatische Zellen mit jeweiliger Verspannung in einem Gehäuse

Bild 72: zwei Mercedes-Module als Pack

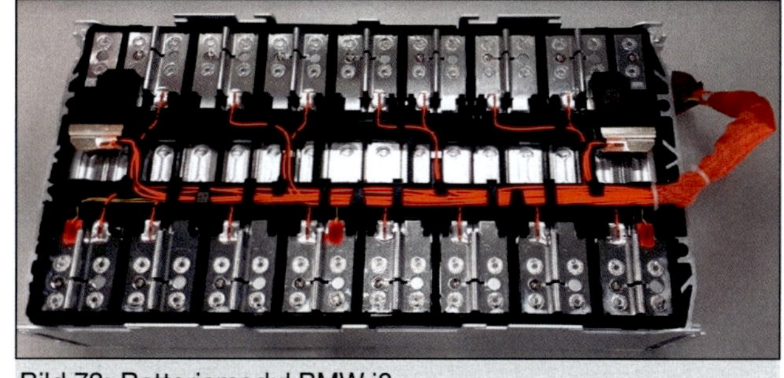

Bild 73: Batteriemodul BMW i8

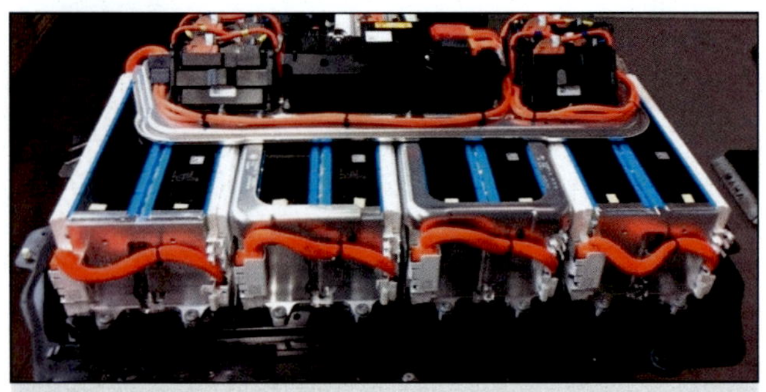

Bild 74: Batteriepack e-Mini (Ausschnitt)

Hier soll die Herstellung von HV-Batterien in Werken wie Akasol Darmstadt oder Deutsche Accumotive in Kamenz oder bei Daimler in Stuttgart-Hedelfingen kurz beleuchtet werden.

Die Unternehmen verwenden Pouch-, Rund- oder prismatische Zellen unterschiedlicher Hersteller auf dem Weltmarkt und fertigen daraus Module oder nutzen bereits fertige Module unterschiedlicher Anbieter und bauen diese in Gehäuse nach Wünschen der Kunden ein. Hierbei werden Kühlsysteme, Batterie-Management-Systeme (BMS), Batterie-Balancing, Schütz-, EMV-Filter und Verkabelung nach Anforderung durch den Kunden entwickelt und eingebaut.

Bild 78: Zusammenbau HV-Batterie Mercedes EQC

Während Akasol Batterien für unterschiedliche Fahrzeughersteller produziert und anbietet, ist die Deutsche Accumotive eine Daimler-Tochter und fertigt HV-Batterien für Daimler-Fahrzeuge wie den Smart, den Mercedes EQC und für die Plug-In Hybride (Bild 48 und Bild 50).

Bild 75: Modul-Produktion aus Rundzellen Typ 21700

Bild 76: Modul-Produktion bei Akasol Darmstadt

Bild 77: Batterie-Produktion für Nfz: Gehäuse für Module

Bild 79: Inbetriebnahme HV-Batterie Mercedes EQC

Um die Produktions-Kapazitäten zu erhöhen, wurde 2021 in Stuttgart-Untertürkheim im Daimler-Werk Hedelfingen eine HV-Batterie-

Bild 80: Produktionslinie HV-Batterie für Mercedes EQS

Bild 81: Montage Schütze etc. an Mercedes-EQS-Batterie

Produktion für den neuen EQS gestartet. Bild 80 bis Bild 82 zeigen einige Stationen einer 300 Meter langen Produktionslinie.

Im Mercedes-Benz Kompetenzcenter Emissionsfreie Mobilität (Bild 49) in Mannheim werden im mittleren Teil der Halle HV-Batterien für EVO-Bus für den eCitaro zusammengebaut. Bild 83 zeigt eine Dacheinheit mit acht Batterien in einem riesigen stapelbaren Transportbehälter.

Bild 82: Produktionslinie HV-Batterie für Mercedes EQS

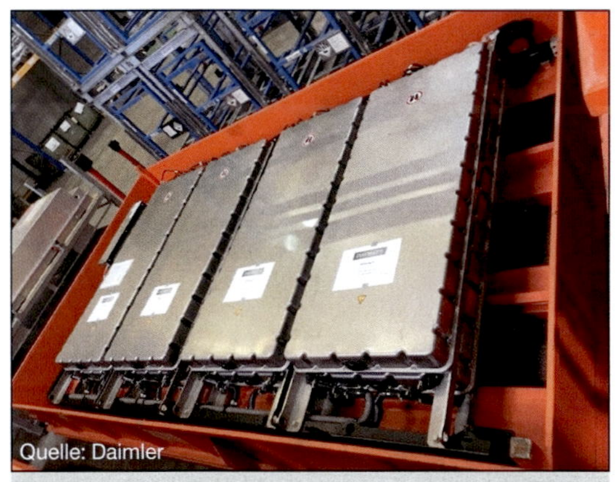

Bild 83: HV-Batterien für Dacheinheit auf eCitaro-Omnibus

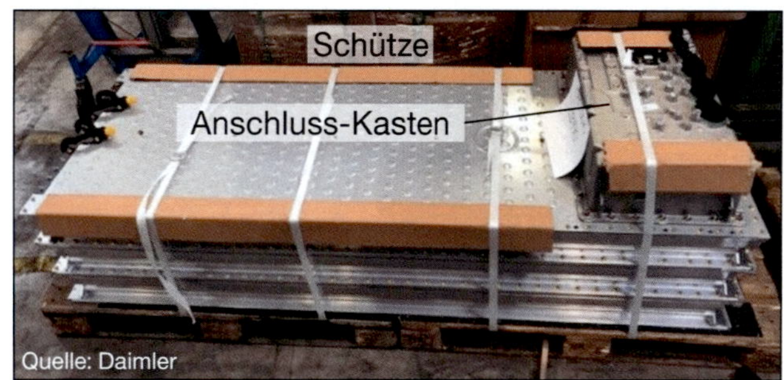

Bild 84: HV-Batterie-Gehäuse eActros Generation 2

In derselben Halle werden die HV-Batterien für den eActros Gen. 2 zusammengebaut. Module, Schütze, Verbinder und Gehäuse werden angeliefert. Bild 84 und Bild 85 zeigen dreischichtige Gehäuse für die US-Ausführung (zweischichtig für Europa) mit ca. 1,2 Tonnen Gewicht.

Daneben befindet sich eine Fertigungslinie, in der die Plug-In Hybrid Batterien (Bild 48 und Bild 50) von Deutsche Accumotive zu Klus-

Bild 85: HV-Batterien eActros

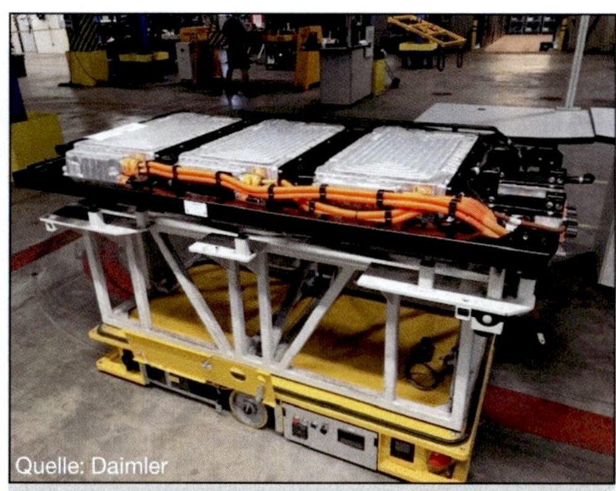

Bild 86: HV-Batterie für den eVito oder eSprinter

tern von 3 bis 4 Batterien (Bild 86 und Bild 87) je nach Kundenwunsch für die elektrische V-Klasse und den eSprinter zusammengebaut werden.

Bild 87: HV-Batterie M14 unter Mercedes eSprinter

2.4 HV-Batterie-Einbau in der Produktion am Beispiel des DS 7 CROSSBACK E-TENSE 4×4 der PSA-Gruppe

PSA baut in unterschiedliche Fahrzeuge (DS7 Crossback, Peugeot 3008, Citroen C5 Aircross, Opel Grandland X, …) HV-Batterien mit 12 und 13 kWh Energie ein. Ein Beispiel zeigt das Schema Bild 88. Die Karosserien sind so ausgelegt, dass die Batterien unter den Rücksitzen unter das Fahrzeug geschraubt werden. Die Achsen mit den Motoren, den HV-Bauteilen und der HV-Batterie sitzen auf einem Gestell (Bild 90), sodass die Karosserie von oben auf das Fahrwerk (Bild 91) herabgelassen wird.

HV-Batterie und HV-Bauteile sind mit den HV-Leitungen zu dem Zeitpunkt schon verbunden, aber nach außen hin spannungsfrei. Die Ladesteckdose muss noch in der Karosserie platziert werden.

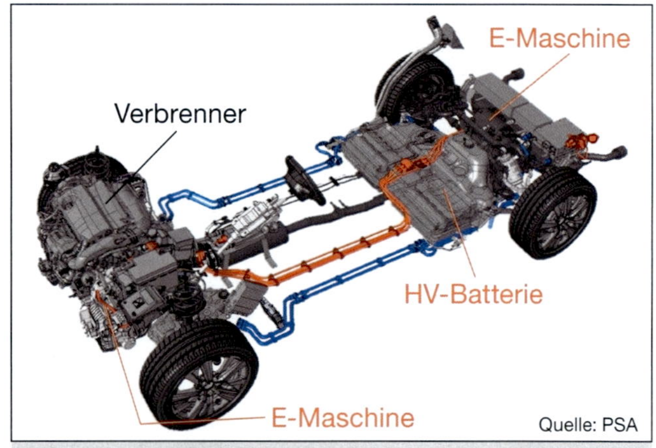

Bild 88: Schema DS 7 Crossback Plug-In Hybrid (PSA)

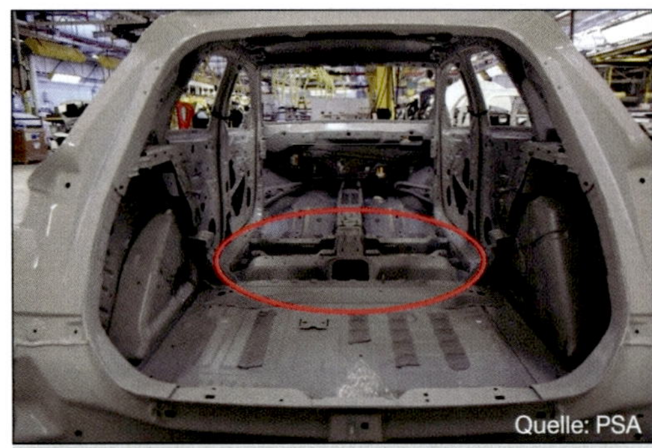

Bild 89: die Rohkarosse ist zur Aufnahme der Batterie gestaltet

Bild 90: HV-Batterie vorbereitet zum Einbau

Bild 92: DS 7 Plug-In fährt fertig vom Band

Bild 91: Hochzeit: Karosserie und Fahrwerk verbinden

2.5 Recycling von Li-Ionen-Batterien

Welche Möglichkeiten zur Verwertung von Li-Ionen-Batterien gibt es, wenn die Batterien für die Fahrzeuge nicht mehr geeignet sind. Man geht davon aus, dass die Batterien im Fahrzeug nur bis ca. 75 – 80 % ihrer Kapazität wirtschaftlich genutzt werden können. Ist diese Grenze erreicht oder treten Defekte auf, gibt es folgende drei Szenarien:

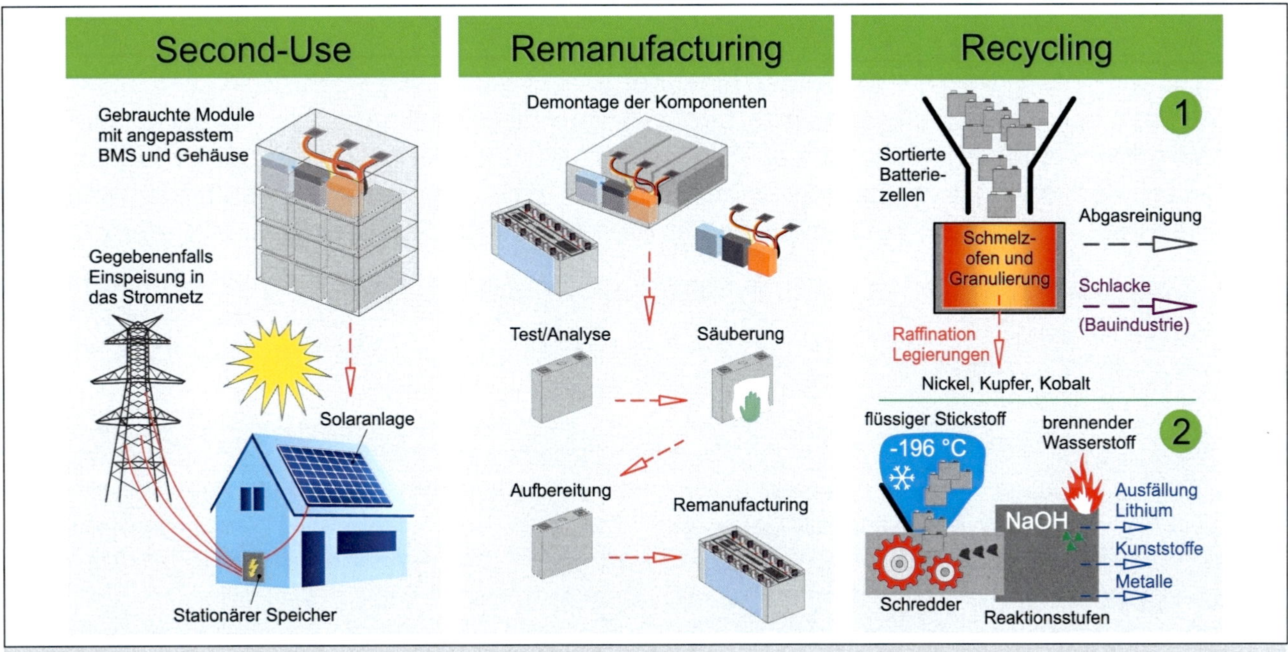

Bild 93: Verwertung von Li-Ionen-Batterien nach ihrem Fahrzeug-Leben

Das erste Verwertungs-Szenario „**Second Live**“ links zeigt: sind Module einer HV-Batterie nicht defekt, sondern nur wegen zu niedriger Kapazität im Fahrzeug nicht mehr wirtschaftlich, können sie für Anwendungen wie stationäre Speicher für Solaranlagen für ca. 10 weitere Jahre eingesetzt werden. Aber auch hier ist ihr Leben irgendwann zu Ende.
Die 2. Möglichkeit der Verwertung, das **Remanufacturing** oder **Refurbishment** wurde bereits in Kapitel 2.1 besprochen.
Die 3. und letztendlich auch am Ende der zwei vorangegangenen Möglichkeiten ist das **Recycling**, die Wiedergewinnung der äußerst wertvollen Stoffe aus den Batterien, d. h. aus den Zellen. Hier sind Stoffe wie Nickel, Cobalt, Mangan, Kupfer, Aluminium und Lithium enthalten, die so selten sind, dass sie nicht einfach weggeworfen werden können.

Beim Recycling haben sich zwei Verfahren etabliert, ein drittes entwickelt sich gerade:
❶ Die Zellen werden vorsortiert. Dann werden sie **in einem pyrometallurgischen Ofen eingeschmolzen**. Unter der Pyrometallurgie wird die Gesamtheit der Verfahren der Metallgewinnung und Metallraffination verstanden, welche hohe Temperaturen erfordern (200–3000 °C) und teilweise unter Ausschluss von Sauerstoff ablaufen. Bei diesem Verfahren verbrennen weniger wertvolle, unedlere Metalle wie Lithium und Aluminium zusammen mit dem Elektrolyten, Separator und Graphit. Zusammen bilden sie eine Schlacke, die das Baugewerbe verwendet oder verlassen den Prozess im Abgas, das jedoch gereinigt werden muss.
Übrig bleibt ein Stoffgemenge aus den wertvolleren Metallen Nickel, Cobalt, Kupfer und Eisen, das granuliert wird. Danach findet eine hydrometallurgische Raffination zur Rückgewinnung der einzelnen Rohstoffe in reiner Form statt. Dieses hydrometallurgische Teilverfahren gilt als nachhaltig und energieeffizient, da der Prozess bei niedrigen Temperaturen durch chemische Reaktionen in wässrigen Lösungen stattfindet.

❷ Bei diesem Verfahren wird das Recycling-Material (Zellen) mit flüssigem Stickstoff auf so niedrige Temperaturen (–196 °C) gekühlt, dass das Lithium nicht reagiert. In diesem Zustand werden die **Zellen geschreddert**. Das geschredderte Material kommt in eine stark alkalisch reagierende Natronlauge (NaOH). Der bei dieser Reaktion freiwerdende Wasserstoff (H_2) wird an der Oberfläche kontrolliert verbrannt.
Die Metalle (Nickel, Cobalt, Mangan, Kupfer, Aluminium) werden aus der Lösung jeweils zur Wiederverwertung ausgefällt. Das besondere dieses Verfahrens ist, dass auch Aluminium und das Metall Lithium sowie die Lithiumsalze ausgefällt und zurückgewonnen werden können.

Außer diesen beiden etablierten, aber zerstörenden Verfahren mit relativ hohem Verarbeitungs- und Energieaufwand wird an schonenderen und effizienteren Verfahren an der Brandenburgischen Technischen Universität Cottbus-Senftenberg (BTU) geforscht. Dieses neue Verfahren wird mit verschiedenen Partnern industriell umgesetzt und im Folgenden beschrieben:

❸ Die Zellen werden nicht geschreddert, sondern geöffnet und die Elektroden werden abgewickelt oder separiert. So können die **aktiven Schichten** in einem schonenden Verfahren **von den Trägerfolien abgehoben**, abgetrennt werden.

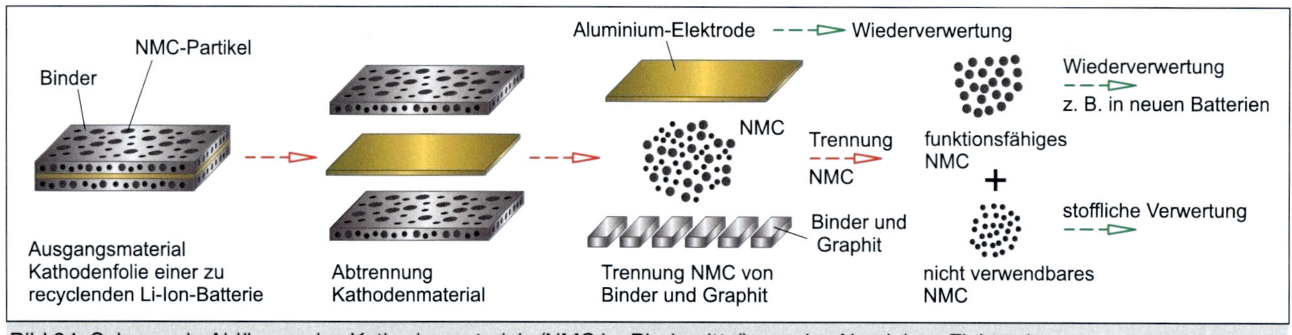

Bild 94: Schonende Ablösung des Kathodenmaterials (NMC im Bindemittel) von der Aluminium-Elektrode

„Schonend" bedeutet, dass die Mikrostruktur des aktiven Metalloxid-NMC-Materials erhalten bleibt und zur Beschichtung neuer Batterien direkt wiederverwendet werden kann. Da vor dem Zerlegen der Zellen (Bild 102 u. Bild 103) die Batterie-Module erst entladen (Bild 97) werden müssen, wandern die Lithium-Ionen in die aktive Schicht des Kathoden-Materials. Das bedeutet, auch das Lithium verbleibt in dem abgehobenen *aktiven Material*. Wird dieses zur Beschichtung in einer neuen Zelle verwendet, dann wandern die Li-Ionen beim ersten Laden wieder in die Graphit-Beschichtung der Kupfer-Anode, sodass auch das Lithium wiederverwertet wird.
Das Graphit in der Beschichtung der Kupfer-Elektrode und der Elektrolyt werden nicht wiederbenutzt, da sich das wirtschaftlich nicht lohnt.
In dem jetzigen Prozess werden verschiedene Schritte des in Bild 94 schematisch dargestellten Verfahrens noch manuell ausgeführt. Dies wird im Folgenden anhand Bild 95 bis Bild 100 beschrieben. Mit zunehmendem zu recyclenden Batterie-Aufkommen wird der Gesamtablauf automatisiert.

Das Recycling-Unternehmen, das hier eine Marktlücke entdeckt hat, ist die Firma ERLOS in Zwickau, die mit weiteren Partnern und dem KIT (Karlsruher Institut für Technologie) zusammenarbeitet. Ziel ist der Gewinn von Erfahrung zur Behandlung höherer Rückläuferzahlen in Zukunft.

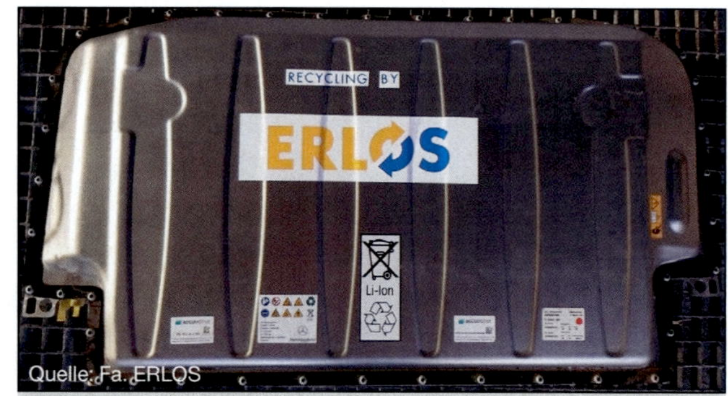

Bild 95: Daimler-Batterie beim Recycler ERLOS

Dieses Recycling-Unternehmen sammelt HV-Batterien ein, entlädt sie, zerlegt sie, trennt die Zellen und hebt das aktive Material von den Elektroden ab. Die folgenden Bilder geben einen guten Eindruck von dieser Arbeit:

Quelle: Fa. ERLOS

Bild 97: ausgebaute Module werden entladen

Quelle: Fa. ERLOS

Bild 99: Prismatische Li-Ion-Zellen in einer Gitterbox

Quelle: Fa. ERLOS

Bild 101: Verarbeitungsanlage bei ERLOS

Quelle: Fa. ERLOS

Bild 96: Zerlegen der Li-Ion-Batterie mit PSA

Quelle: Fa. ERLOS

Bild 98: Sammlung quadratischer Pouchzellen

Quelle: Fa. ERLOS

Bild 100: Sammlung von rechteckigen Pouchzellen

Der Abhebe-/Trennprozess der aktiven Schichten vom Elektroden-Material läuft in der Verarbeitungsanlage (Bild 101) ab.

Die Abbildungen Bild 102 bis Bild 105 zeigen die rückgewonnenen, d. h. getrennten Materialien der recycleten Zellen.
Die Abbildungen Bild 106 und Bild 107 zeigen Transportbehälter zur Anlieferung von Modulen und Einzelzellen.

Bild 102: Aluminium-Elektroden der Zellen

Bild 103: Kupfer-Kühlbleche aus Batterie Bild 72 und Bild 95

Bild 104: Der Mitarbeiter zeigt zurückgewonnenes Material

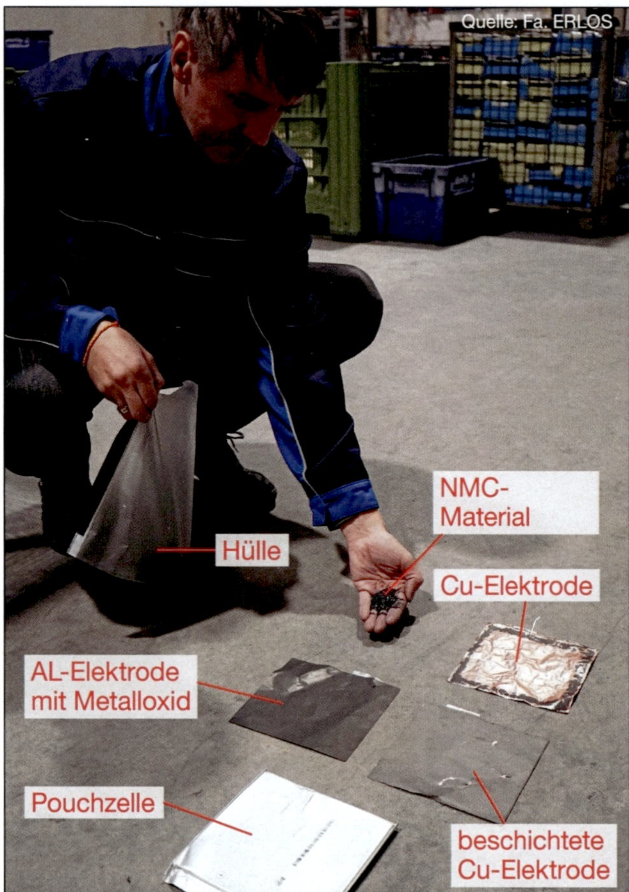

Bild 105: Materialien des Rückgewinnungs-Prozesses

Bild 106: Behälter zur Anlieferung

Bild 107: Behälter zur Anlieferung

2.6 Entwicklung von HV-Fahrzeugen

In den Entwicklungsabteilungen der Fahrzeughersteller und -zulieferer werden Fahrzeuge auf dem Weg zur Marktreife in unschiedlichsten Entwicklungsstufen aufgebaut, Komponenten unter Labor-Bedingungen und auf Prüfständen betrieben.

2.6.1 Fahrzeug-Erprobung

Hier gibt es offene Abdeckungen von Invertern und DC/DC-Wandlern, Li-Ionen-Batterien, die geöffnet werden können, die nach dem Straßeneinsatz untersucht werden. Bauteile und Komponenten sitzen an Stellen in Versuchsfahrzeugen, an denen sie leicht und unkompliziert zu montieren, mit Testgeräten zu adaptieren sind und die nicht mit dem späteren Serienfahrzeug übereinstimmen.

HV-Leitungen werden offen, ohne Abdeckungen durch die Fahrzeuge verlegt. Dies ist besonders der Fall im Nutzfahrzeug- und Omnibusbereich, da hier die Dimensionen der Bauteile und zu überbrückenden Wege viel größer als im Pkw-Bereich sind. Auch sind hier die Spannungen noch einmal erheblich höher als im Pkw-Bereich, hier wird bereits mit Spannungen von 800 V gearbeitet.

Diese Bild-Beispiele zeigen: Diese Fahrzeuge sind nicht eigensicher. Hier kann kein normaler Kunde bzw. Fahrgast einsteigen, mit dem Fahrzeug umgehen.

Bild 108: MAN TGL Nutzfahrzeug in der Hybrid-Erprobung

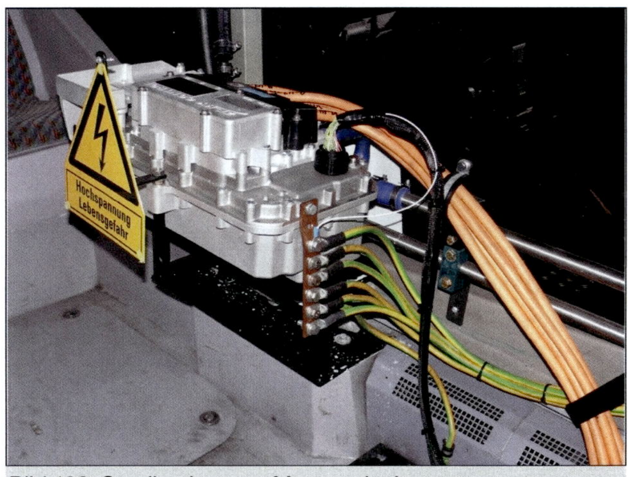

Bild 109: Omnibusinverter: Montage im Innenraum

Bild 110: HV-Li-Ion-Batterie eines chinesischen Anbieters im Heck eines Omnibusses

Bild 111: Inverter und Verkabelung unter der Pritsche

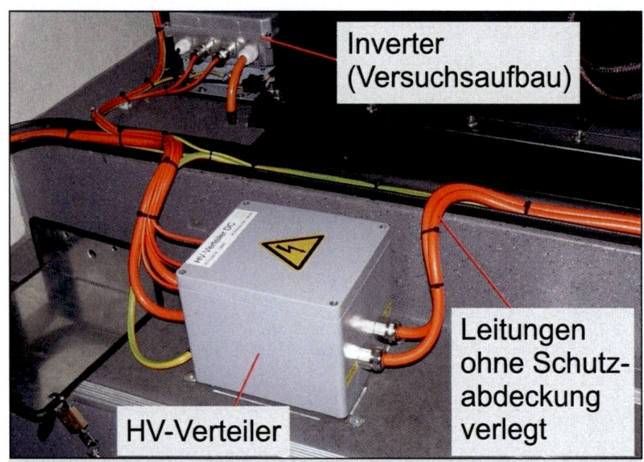

Bild 112: Provisorischer Einbau von HV-Geräten

Bild 113: HV-Batterien zu Erprobungszwecken im Innenraum

Alle Bauteile sind jedoch so befestigt und die Leitungen sind so verlegt, dass dem Entwickler bei Testfahrten nichts passieren kann; sie sind aber vor dem Zugriff von Menschen ohne Fachkenntnisse nicht gut genug geschützt.

Ein weiteres Beispiel ist hier der Aufbau eines E-Fahrzeuges auf der Basis einer bereits elektrifizierten Mercedes A-Klasse E-Zell zu Forschungszwecken. Zum Betrieb wird z. B. der HV-Verteilerkasten mit den Batterieschüt-

Bild 114: MAN-Nfz als Versuchs-Fahrzeug

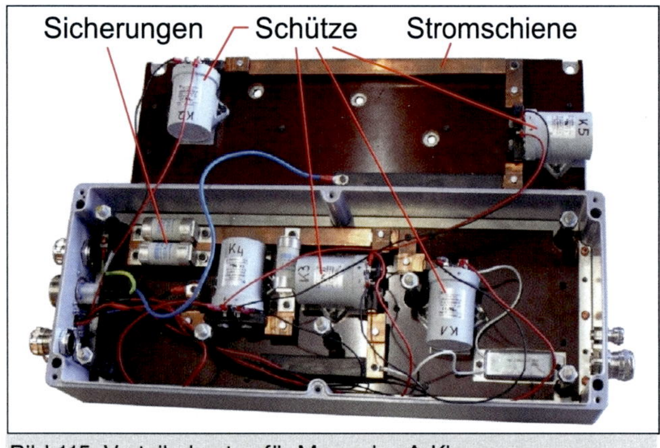

Bild 115: Verteilerkasten für Mercedes A-Klasse

Bild 116: Mercedes A-Klasse E-Zell

zen zu Versuchszwecken selbst als Prototyp entwickelt. Das Fahrzeug wird mit Li-Fe-Batterien in den vorhandenen Batterieraum im Fahrzeugboden bestückt.

Solange an den Einzelteilen im nicht angeschlossenen Zustand gearbeitet wird, ist diese Arbeit problemlos und ungefährlich. Sind diese vorbereitenden Arbeiten abgeschlossen, müssen die Batterien in Reihe verschaltet, an die Box mit den Schützen, an den Inverter und E-Motor angeschlossen werden. Hier kommt es zwangsläufig dazu, dass unter Spannung

Bild 117: Hubwagen mit Aufnahmerahmen für 24 Li-Fe-Akkus

gearbeitet werden muss. Diese Arbeit wird nicht nur einmalig, sondern wegen vorzunehmenden Änderungen, Messungen etc. in zeitlichen Abständen immer wieder vorkommen.

Auch im **Nfz-Bereich** gibt es große Anstrengungen e-Nfz auf die Straße zu bringen. Dazu wird hier kurz der eActros Generation 1 von der Daimler Truck AG vorgestellt:

Von diesem Fahrzeug wurden in Handarbeit in einer ausgelagerten Halle mit einem Spezialteam 14 Fahrzeuge hergestellt, die zur Erprobung an ausgewählte Kunden in den zweijährigen Einsatz gingen, um für das Generation-2-Fahrzeug Erfahrungen zu sammeln. Das Fahrzeug ist als 25-Tonner für den Verteilerverkehr ausgelegt und hat beladen eine Reichweite von ca. 200 km. Im unteren Bild 119 sieht man die Positionen der HV-Bauteile. Das Fahrzeug hat 11 große Batterien

Bild 118: eActros Gen.1 im Erprobungs-Einsatz

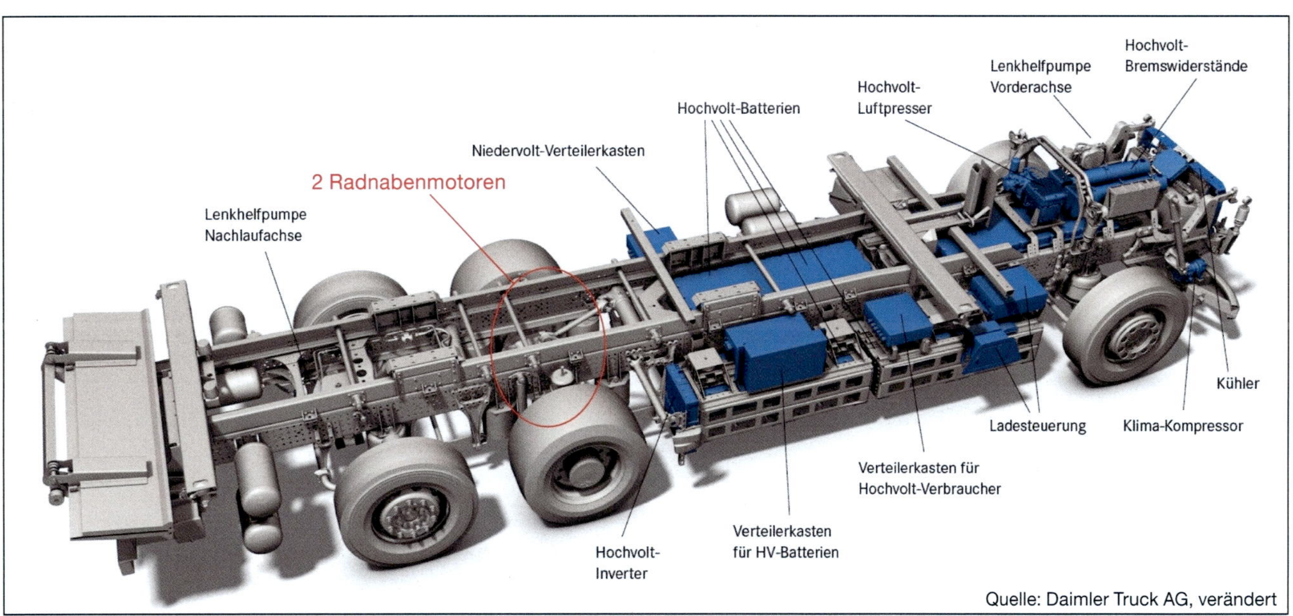

Bild 119: Aufbau und Bauteile eActros Gen.1

à ca. 750 V mit insgesamt 212 kWh Energieinhalt. Die beiden Radnabenmotoren haben eine Spitzenleistung von je 125 kW und je 500 Nm Drehmoment. Diese E-Achse stammt aus dem eCitaro Omnibus.
Aus diesem Generation-1-Fahrzeug wurde der eActros Gen. 2 entwickelt, der im Okt. 2021 als erster rein elektrischer Serien-Lkw der Welt vom Band lief.

2.6.2 Prüfstand-Arbeiten

Alle HV-Komponenten werden vor der Fahrzeugerprobung auf Prüfständen unter Laborbedingungen getestet, verbessert und angepasst. Hierzu werden in der Industrie Batteriesimulatoren verwendet, die Hochvoltbatterien, Supercaps oder auch den Gleichspannungskreis von Hybridantrieben nachbilden. Diese steuerbaren DC-Quellen können exakt Spannungen, besonders bei schnellen und hohen Lastsprüngen nachbilden.

Das ermöglicht ein gezieltes Austesten von kurzen Spannungseinbrüchen und Spannungserhöhungen im Fahrzeug-Bordnetz. Durch unterschiedliche Batteriekonfigurationen können Elektromotoren und Hybridantriebe geprüft werden.

Die Bilder zeigen Testeinrichtungen in Entwicklungszentren der Industrie. Deutlich wird, dass auch hier an den teilweise aus dem vollen Material gefrästen Prototypen mit sauber verlegten orangenen HV-Kabeln mit professionellen Kabelanschlüssen und Steckverbindern gearbeitet und somit auf die Sicherheit der Mitarbeiter geachtet wird.
Auch die HV-Kennzeichnung ist vorbildlich. Es gibt keine offenen, berührbaren Kabelanschlüsse oder diese sind verschließbar.
Trotzdem wird die Gefährlichkeit der Arbeiten in der Entwicklung deutlich, wenn man sich die Versuchsaufbauten in Laboren und an Prüfständen der Entwickler und in Forschungsinstituten, z. B. auch in Universitäten näher anschaut. Auch hier wird unter Spannung mit riesigen frei programmierbaren Frequenz-Leistungs-Umrichtern gearbeitet, die für unterschiedliche Antriebe mit unterschiedlichen Leistungen verwendet werden können.

Bild 120: Batterie-Simulatoren

Bild 121: 3 Phasen als HV-Leitungen für Prüfstand

Bild 122: Inverter auf einem Prüfstand

Bild 123: HV-Leitungen mit Steckverbindungen an Spannungsquelle

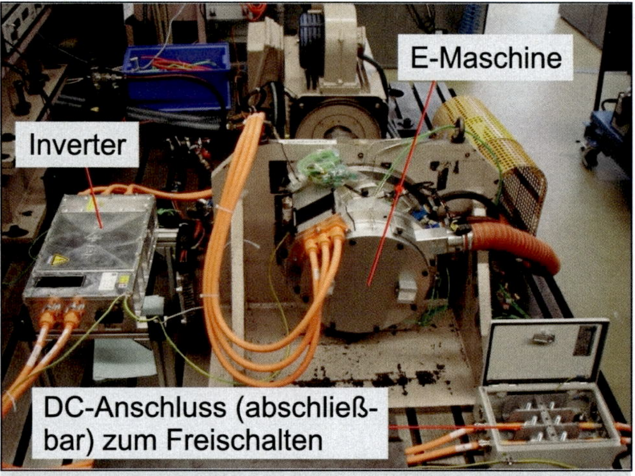

Bild 124: Versuchsaufbau unter Laborbedingungen

Die unter Laborbedingungen zu prüfenden E-Maschinen (wie z. B. der Smart-3-Drehstrommotor) werden auf Prüfstände montiert, auf denen sie als Generator und als Antriebsmaschine unter den unterschiedlichsten Bedingungen und Lasten betrieben werden können.
Hier müssen die elektrischen Anschlüsse im Gegensatz zum Fahrzeug zugänglich sein, um Messgeräte, Sensoren etc. adaptieren zu können. Natürlich werden auch hier die entspre-

Bild 125: Prüfstand mit E-Maschine

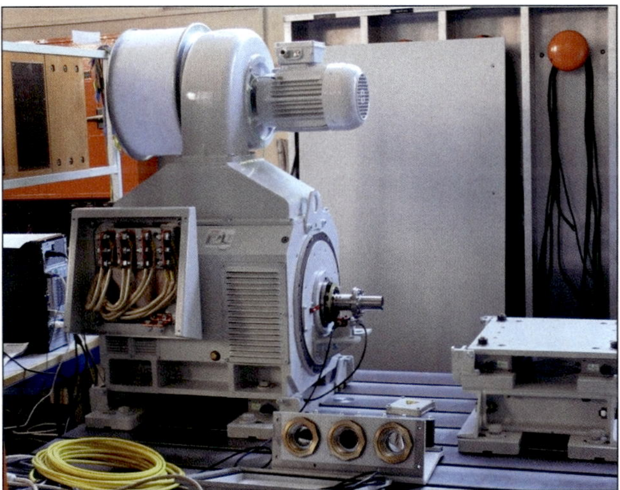
Bild 126: Universal-Prüfstand wird gerade zur Aufnahme eines Kfz-E-Antriebs eingerichtet

Bild 128: Vorserien-Drehstrommotor eines Smart ED 3 wird für Testläufe auf einem Prüfstnad adaptiert

chenden fünf Sicherheitsregeln der DIN VDE 0105 und die Vorschriften der DGUV Vorschrift 3 beachtet.

Bild 127: Der Frequenz-Leistungs-Umrichter wird gerade für eine neue Testaufgabe aufgebaut, eingerichtet und an den Prüfstand sowie die Messcomputer angeschlossen

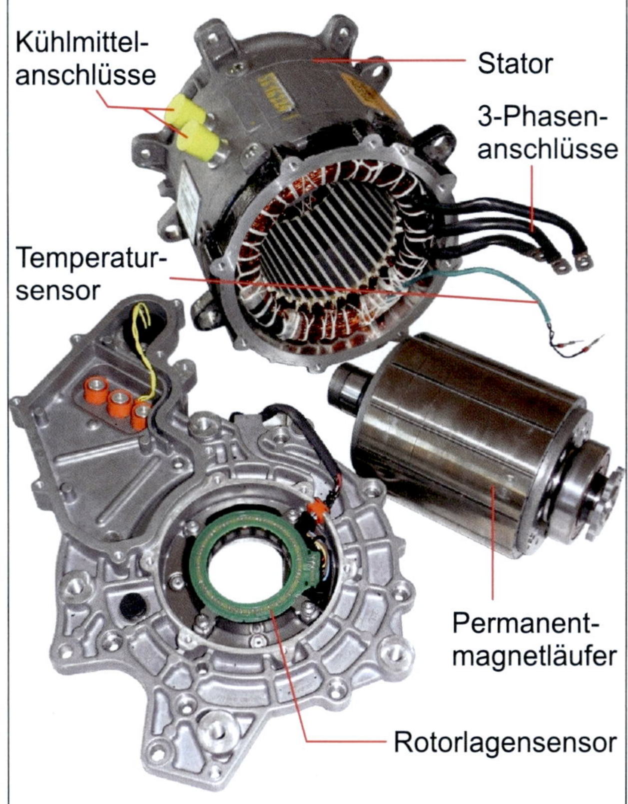

Bild 129: Das fertige Serienprodukt: Drehstromantrieb des Smart ED, 3. Generation

2.7 Reparatur und Bergung von Unfall-HV- und brennenden Fahrzeugen

Unfälle können bei jedem im Straßenverkehr bewegten Fahrzeug vorkommen. Deswegen wird ihre Sicherheit in Bezug auf die Fahrzeuginsassen, aber auch z. B. Schutzmaßnahmen gegenüber beteiligten Fußgängern, mithilfe von Crashtests überprüft. Bei herkömmlichen Fahrzeugen spielt die Sicherheit der elektrischen Komponenten kaum eine Rolle, weil die Spannung so niedrig ist, dass sie für Unfallbeteiligte ungefährlich ist. Trotzdem muss darauf geachtet werden, dass die 12-V- und 24-V-Elektrik nicht zu Kabelbränden oder zum Entzünden auslaufenden Kraftstoffes führt.

Bild 130: BMW i3 – Seitencrash

Bild 131: ... und Frontalcrash

Bei Hochvolt-E- und Hybridfahrzeugen geht eine viel höhere Gefahr von den elektrischen Komponenten aus – allein schon wegen der sehr viel höheren Spannung, die durch den Unfall an Bauteilen oder an der Karosserie anliegen könnte. Die höhere Spannung kann aber auch schneller zu Bränden führen. Dazu kommt der riesige elektrische Energiespeicher, der durch innere Kurzschlüsse zur großen Brand- und Explosionsgefahr wird. Deswegen werden die Signale des Airbagsystems auch von der HV-Anlage ausgewertet, und beim Erkennen einer Crashsituation sofort die Schütze geöffnet und die Hochvoltanlage abgeschaltet. Diese Abschaltung löst aber nicht das Problem der Hochvoltbatterie, deren Spannung und Energieinhalt unverändert bestehen bleibt.

Deswegen werden mit besonderem Augenmerk Crashtests auch bei HV-Fahrzeugen durchgeführt, die zeigen sollen, ob die HV-Anlage sicher abschaltet, ob die HV-Batterie auch stärkere Unfälle, ohne deformiert zu werden, übersteht und ob auch sicher keine Brände entstehen. Die Bilder zeigen einige Fahrzeuge, die diese Tests mit großem Erfolg bestanden haben.

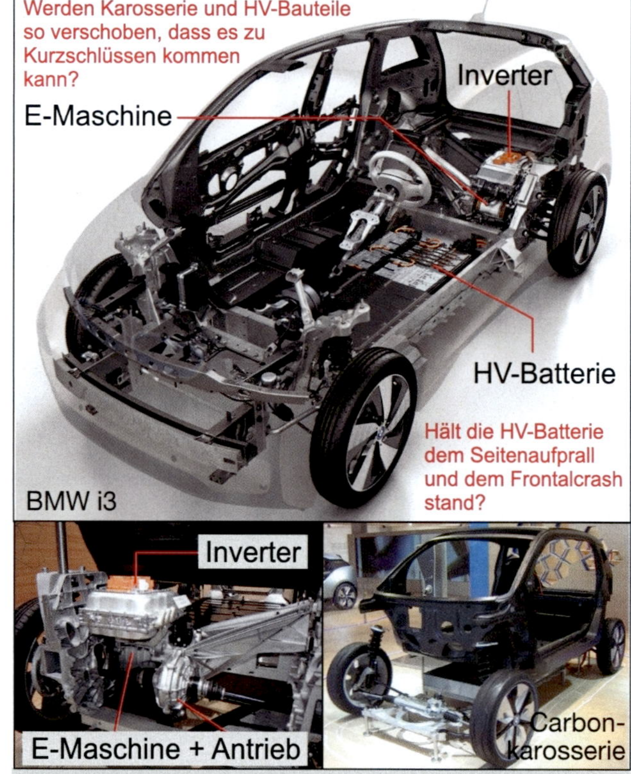

Bild 132: BMW i3 mit Detailansichen

Das Bild 135 zeigt einen Frontschaden eines Mitsubishi i-MiEV im Vergleich zum vollständigen neuen Fahrzeug. Das Unfallfahrzeug ist in diesem Zustand nicht mehr eigensicher.

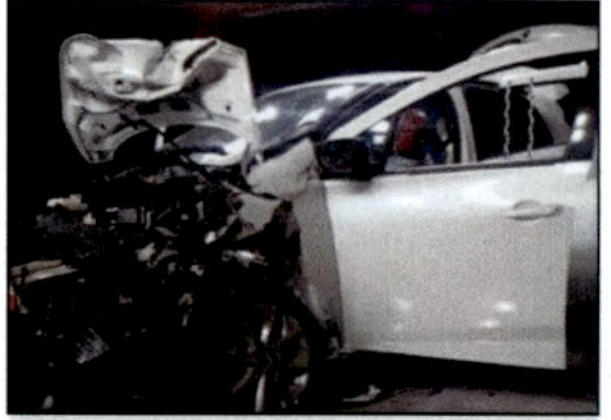

Bild 133: Renault Zoe

Bild 134: VW e-up

Da das Fahrzeug in der Anschaffung sehr teuer ist, kann es sich trotzdem lohnen, es zu reparieren. Schaut man unter das Fahrzeug, sieht man, dass sich die Aufhängung der Vorderachse so verschoben hat, dass die Hochvolt-Gleichspannungsleitungen zum Klimakompressor, der im Frontbereich des Fahrzeugs sitzt, gequetscht sind.

Bild 135: Mitsubishi i-MiEV

Die weiteren Bilder zeigen, dass ein zusätzlicher Heckschaden – z. B. nach einer Massenkarambolage – dazu führen kann, dass die HV-Batterie so beschädigt ist, dass z. B. die Schütze nicht mehr geöffnet haben und so die Karosserie unter HV-Spannung steht. Wer schaltet jetzt z. B. mit der Schere das Fahrzeug frei? Wie gefährlich ist diese Tätigkeit? Erzeugt die Schere/Zange beim Durchtrennen der orangefarbenen HV-Leitung zwischen Seele und Abschirmung einen Kurzschluss? Entsteht dabei ein Lichtbogen? Oder entsteht der Lichtbogen erst beim zweiten Schnitt an der zweiten Leitung?

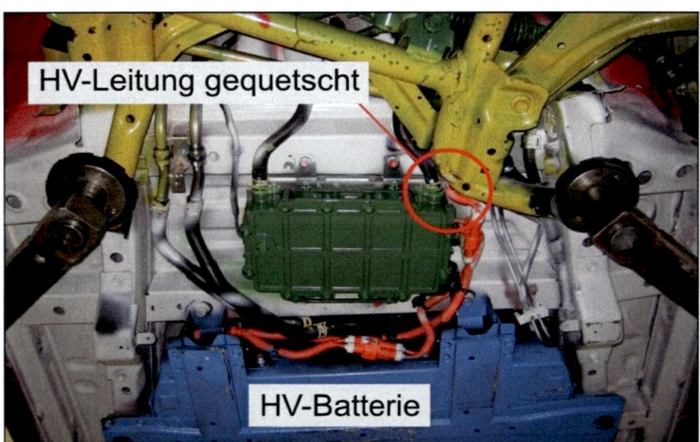

Bild 136: Verschobene Vorderachse quetscht HV-Leitung

Ist der Schaden zu groß, sodass das Unfallfahrzeug zum Totalschaden geworden ist, muss trotzdem die HV-Batterie ausgebaut werden, weil das Fahrzeug nicht mit der HV-Batterie verschrottet werden kann.
Die luftgekühlte Li-Ionen-Batterie wurde durch den Unfall so stark beschädigt, dass sie aufgebrochen ist und sogar einen Knick und Riss aufweist. Hier ist besondere Vorsicht geboten, weil beschädigte Lithiumzellen chemisch sehr heftig mit Wasser reagieren. Auch kann es zu inneren Kurzschlüssen kommen, die bei den großen gespeicherten Energiemengen zu Bränden führen können.

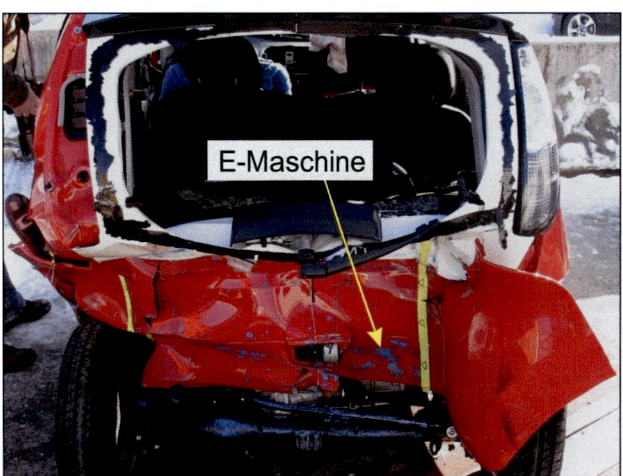

Bild 137: Heckschaden

Bild 138: HV-Batterie ist deformiert

Sind Li-Ionen-Zellen innerhalb der Batterie geborsten, kann der gefährliche Elektrolyt, der mit Wasser Flusssäure bildet, aus der Batterie austreten. Daher muss der Mitarbeiter, der die Demontagearbeiten ausführt, nicht nur gegen Stromunfälle, z. B. mit Elektriker-(1000 V-) Handschuhen und Brille geschützt werden, sondern auch der restliche Körper gegen die lebensgefährlichen chemischen Einflüsse.

Diese Batterie darf in Deutschland nur als Gefahrgut in speziellen Behältern durch geeignete und benannte Transportunternehmen, die vom Bundesamt für Materialforschung und -prüfung BAM eine Genehmigung haben, transportiert werden.

Bild 139: HV-Batterie wird vom Fahrzeugboden gelöst

Bild 140: Elektrisches Abklemmen der i-MiEV-Batterie

Bild 141: Geborstene i-MiEV-HV-Batterie

Hier kann man die HV-Leitungen an der Batterie mit isoliertem Werkzeug lösen. Wenn die Schütze noch geschlossen sind, das Fahrzeug sich nicht über den Servicestecker freischalten lässt, ist das eine „Arbeit unter Spannung“, die z. B. beim Abrutschen mit dem Werkzeug-Steckschlüssel zu sehr starken Lichtbögen führen könnte.

Genauso ist der Ersthelfer oder die Feuerwehr gefährdet, wenn sie an den Unfallort kommt und wie nebenstehend Opfer aus dem HV-Fahrzeug retten muss. Das Ansetzen des Schneidwerkzeuges sollte an Stellen geschehen, an denen keine HV-Leitungen verlaufen.

Bild 142: Feuerwehr mit Schneidewerkzeug am Mitsubishi i-MiEV

Die Problematik mit Unfällen bei Elektrofahrzeugen wird durch Presseberichte der letzten Zeit deutlich: Hier wurde vor allem der Chevrolet Volt und der neue Tesla S beschrieben, die mehrfach in Flammen aufgegangen sind. Beim Chevy Volt soll das Feuer erst nach tagelangem Stehen nach dem Unfall ausgebrochen sein, weil durch den Unfall Kühlmittel ausgelaufen sei und so die Kühlung für die HV-Batterie des beschädigten Fahrzeugs nicht aufrecht erhalten werden konnte. Da der Volt die amerikanische Ausgabe des Opel Ampera ist, wurde daraufhin der Ampera bei uns in Europa ca. drei Monate später als geplant eingeführt.

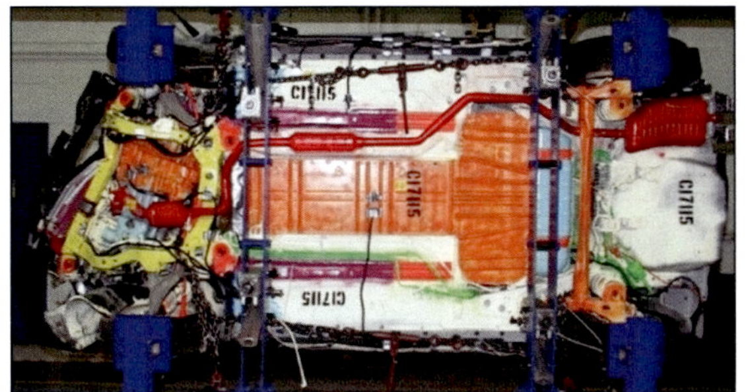

Bild 143: Chevy Volt von unten nach Frontalschaden

Bild 144: Chevy Volt ausgebrannt

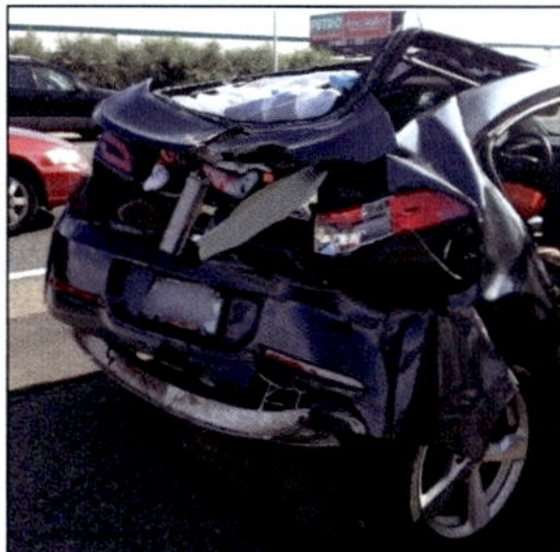

Bild 145: Chevy Volt Heckcrash

Beide Fahrzeuge, der Chevy Volt mit dem Heckcrash und der Opel Ampera mit Frontalcrash, sind stark beschädigt, aber wirtschaftlich reparabel. Beide sind nicht mehr eigensicher. Die Ansicht von unten, in der die Baugruppen unterschiedlich farblich gekennzeichnet sind, zeigt deutlich, dass die orangefarbene, t-förmige HV-Batterie durch die Verschiebungen nach einem Frontalcrash nicht betroffen ist.

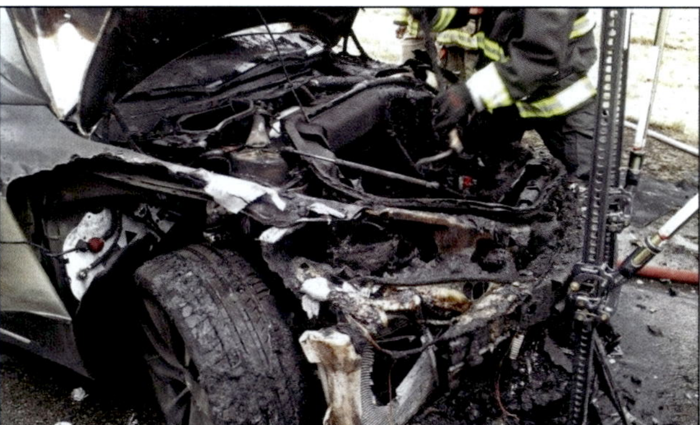

Bild 147: Ausgebrannter Tesla S

Bild 146: Unfall Opel Ampera

Bild 148: Brennender Tesla S nach Unfall

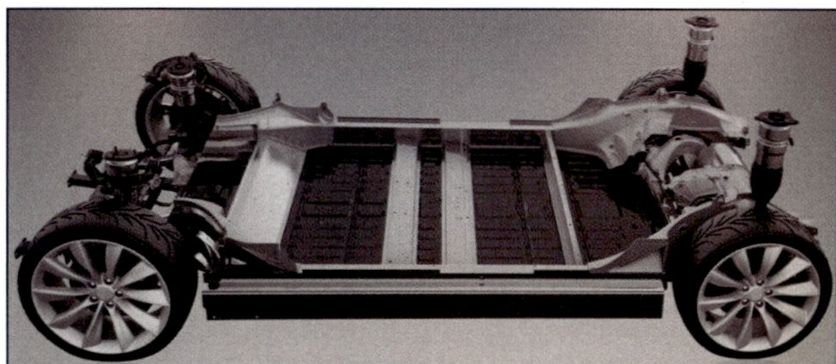

Bild 149: Ausstellungsmodell Tesla S

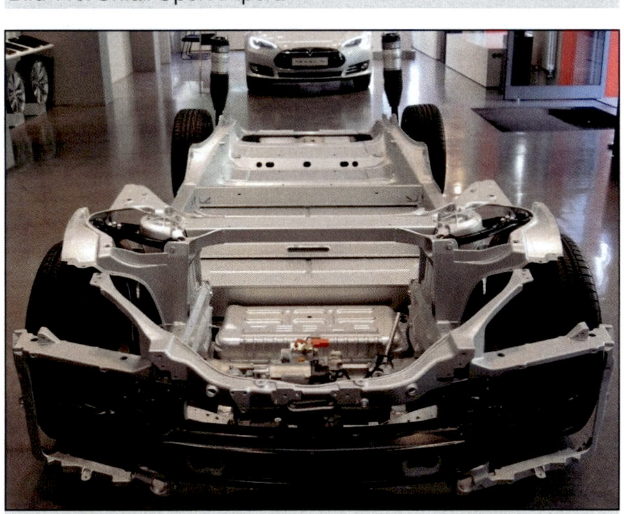

Bild 150: Tesla Bodengruppe

Bild 151: Gelöschter Tesla S

Die Hersteller von Hybrid und E-Fahrzeugen geben an, dass sie genauso sicher wie herkömmliche Fahrzeuge sind und dass gelegentlich bei ungünstigen Verhältnissen auch bei „Verbrennern“ ohne HV-Technik Feuer ausbricht. Trotzdem sollte ein solches Unfallfahrzeug ohne Überprüfung aus Brandsicherheitsgründen nicht in einer Werkstatthalle unbeaufsichtigt abgestellt werden.

Auch die mehrfachen Brände des neuen Tesla S Modells stimmen nachdenklich. Im Vorbau des Fahrzeugs ist keine HV-Technik verbaut. Deutlich sieht man an dem Ausstellungsmodell, dass die HV-Batterie erst nach der Vorderachse im Bereich der Fahrgastzelle sitzt und damit sehr geschützt untergebracht ist.

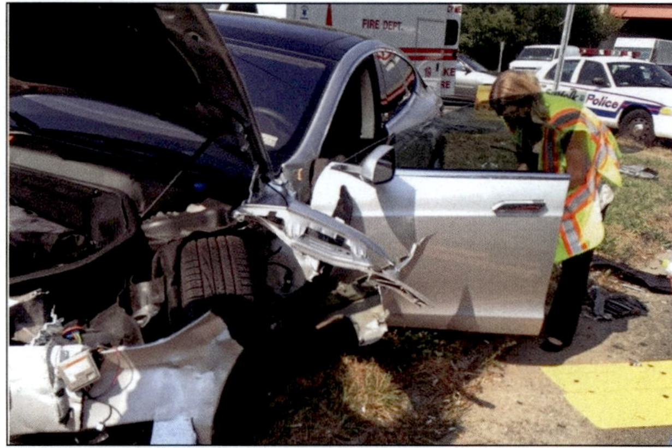

Bild 152: Ersthelfer am Unfall eines Tesla S

Bild 153: Übungen der Feuerwehr beim Einsatz als Ersthelfer an E-Fahrzeugen. Links: Misubishi i-MiEV, rechts: Chevrolet Volt

Ersthelfer sind bei Unfällen und Bränden besonders gefährdet und gefordert. Sie müssen informiert und geschult werden. Zu Übungen eignen sich natürlich insbesondere Fahrzeuge aus Crashversuchen der unterschiedlichen Organisationen wie z. B. ADAC, DEKRA, Auto-Zeitschriften etc.

Auch die Feuerwehr, der Abschleppdienst etc. müssen in solchen Situationen versuchen, das Fahrzeug mithilfe des Service Disconnect freizuschalten. Bei der immer größer werdenden Anzahl von unterschiedlichen HV-Fahrzeugen wird es für diesen Personenkreis immer schwieriger, von vorne herein zu erkennen, dass es sich bei dem Unfallfahrzeug um ein Elektro- oder Hybridfahrzeug handelt.

Hier hilft nur teilweise die Fahrzeugbeschriftung. Es gibt Forderungen, die Airbags bei HV-Fahrzeugen „HV-orange“ einzufärben, damit bei schwereren Unfällen der Ersthelfer sofort an offenen Airbags sieht, dass es sich um ein HV-Fahrzeug handelt.

Bild 154: Karosserieschere im Einsatz

■ Was ist bei Unfällen und Bränden von HV-Fahrzeugen mit Li-Ion-Batterien zu beachten?

In den Anfangsjahren der E-Mobilität hieß es, dass bei Unfällen *nicht* mit Wasser gelöscht werden dürfe. Von dieser Auffassung hat man sich inzwischen gelöst: Der „Leitfaden für Rettungskräfte Pkw“ von Mercedes Benz (https://rk.mb-qr.com/static/pdf/de/mb_pkw_rettungsleitfaden.pdf) sagt auf S. 45 ff. hierzu Folgendes:

- „Generell können brennende Lithium-Ionen Hochvolt-Batterien mit viel Wasser gelöscht (gekühlt) werden! Sollte ein Löschen mit viel Wasser (200 Liter/min.) nicht möglich sein, Löschversuche unterlassen, da mit zu wenig Wasser eine Knallgasreaktion stattfinden kann.“
- „Bei beschädigter Hochvolt-Batterie: Batteriesäure ist in der Regel brennbar, reizend und ätzend. Daher sind Hautkontakt und das Einatmen der Dämpfe unbedingt zu vermeiden.“
- „Der Zustand der Hochvolt-Batterie ist zu beobachten (z. B. auf Rauchentwicklung), da eine **spätere Selbstentzündung** bei Li-Ionen-Batterien nicht ausgeschlossen werden kann.“
- „Ein Löschangriff zum Kühlen des Hochvolt-Energiespeichers mit Wasser ist vorzubereiten.“
- „Wird bei dem Hochvolt-Energiespeicher eine deutlich über der Außentemperatur liegende Temperatur in Verbindung mit einem stetigen Temperaturanstieg gemessen, ist das Gehäuse des Hochvolt-Energiespeichers mit Wasser zu kühlen.

Quelle: Fotoagentur Rosar

Bild 155: Bus-Depot Stuttgart Gaisburg vor dem Brand

Quelle: Fotoagentur Rosar

Bild 156: Großbrand im Bus-Depot Stuttgart Gaisburg

In der Nacht vom 30. Sept. zum 01 Okt. 2021 brach ein Großbrand im Busdepot der SSB in Stuttgart Gaisburg aus, bei dem 25 Omnibusse vollkommen ausbrannten und die Halle wegen Einsturzgefahr tagelang nicht betreten werden konnte. Auslöser für den Brand war ein neuer eCitaro von EVO-Bus (Daimler), der mit sogenannten Festkörper-Batterien auf Lithium-Metall-Polymer-Basis (LMP) ausgestattet ist.

Dieser Bus war an die Ladesäule angeschlossen und im Ladebetrieb. Die Feuerwehr versuchte den Brand zu löschen, was an dem eCitaro erfolglos war, weil man nur kühlen konnte. Ein Brandsachverständiger gab an, dass man die Batterien nicht mit Wasser hätte löschen sollen, dann hätte der Brand „nur“ ca. 22 Std. angedauert. So dauerte der Batterie-Brand 36 Stunden. Die Hitzeentwick-

Quelle: Fotoagentur Rosar

Bild 157: Bus-Depot Stuttgart Gaisburg nach dem Brand

Quelle: Fotoagentur Rosar

Bild 158: abgebrannte Citaro-Busse

lung war so enorm, dass der Batterie-Pack auf dem Dach wie mit einem Schneidbrenner aus der Dachaufnahme herausgeschnitten und in den Fahrgastraum gestürzt war. Brandsachverständige und die Kriminalpolizei prüften auch die Ladestation auf der Suche nach dem Auslöser. Die Ursache für dieses katastrophale Unglück wurde bisher nicht bekannt.

Da man Li-Ionen-Batterien eigentlich nicht löschen kann, da die Energie von innen heraus aktiviert wird, ist „Löschen" mit „Kühlen und kontrolliertem Abbrennen" gleichzusetzen.

Bild 148 zeigt einen brennenden Tesla S auf der Straße, nachdem sich ein Eisenstab beim Fahren von unten in die HV-Batterie gebohrt hat. Solche Brände und sofortiges Brennen bei Unfällen sind relativ selten. Häufig entflammen Fahrzeuge erst Tage nach einem Unfall durch innere Kurzschlüsse, was durch defekte Kühlsysteme begünstig wird. Elektrische Unfall-Fahrzeuge sollen daher nicht unbeaufsichtigt in der Werkstatt, sondern im Freien mit ringsum 5 m Sicherheitsabstand zu Gebäuden und anderen Fahrzeugen abgestellt werden.

Bild 160 zeigt einen neuen Ford Kuga Plug-In Hybrid, der beim ersten Ladeversuch an der Wallbox in der Garage des Besitzers durch einen technischen Defekt am Ladesystem in Brand geraten ist. Die Feuerwehr konnte das Fahrzeug noch aus der Garage ziehen und den Brand vorerst stoppen, sodass das Gebäude nicht beschädigt wurde.

■ Wie können solche brennenden Fahrzeuge am Brandort „beherrscht" bzw. „gelöscht" werden?

Die großen HV-Batterien beinhalten für sehr lang andauernde Brände genügend Energie und eine glühende Zelle steckt die nächsten an. Auch der Brand des Kugas ist nicht sicher beendet. Die HV-Batterie muss weiter gekühlt werden, da jederzeit erneut die Flammen aus dem Fahrzeug schlagen können.

Hinter dem Kuga sieht man einen roten mit Wasser gefüllten Container der Feuerwehr, in

Quelle: Fotoagentur Rosar

Bild 159: Brand-Sachverständiger sucht Ursache an Ladestation

Quelle: Feuerwehr Wiesbaden

Bild 160: ausgebrannter neuer Ford Kuga PHEV

Quelle: Feuerwehr Wiesbaden

Bild 161: ausgebrannter Ford Kuga kommt in Container

Bild 162: RED (Lösch-) Box wird abgesetzt

Bild 163: Wasser-Container wird von der Feuerwehr abgesetzt

Bild 164: HV-Fahrzeug steht in der „Lösch"-Box

Bild 165: Wasser-Anschlüsse zum Füllen und Fluten

den der Kuga mit einem Feuerwehrkran für ca. 24 Stunden versenkt wird (Bild 161). Unten sieht man einen speziell dafür hergestellten Container „RED BOXX" (Bild 162 u. Bild 164), in den Fahrzeuge auch hinein geschoben werden können und der mit Wasser aus dem Wasser-Container (Bild 163) über entsprechende Wasseranschlüsse (Bild 165) geflutet werden kann.
Dieses Fluten verhindert die Sauerstoff-Zufuhr und erstickt einen Brand und kühlt zuverlässig. Für das Fahrzeug bedeutet das einen Totalschaden.

Beim „Löschen" von E-Fahrzeugen entsteht stark **kontaminiertes Wasser**, insbesondere beim Tauchen. Hier ist zu hinterfragen, wie und wo wird dieses Löschwasser entsorgt? Wer zahlt diese Kosten? Wer ist hier verantwortlich?

Die HV-Batterien entladen sich beim Tauchen nicht. Das bedeutet, wenn das Fahrzeug aus dem Tauchbad herausgeholt wird, besteht für Wochen die Gefahr, dass es sich noch nachträglich wieder entzündet. Hier hilft auch kein ziehen oder öffnen des „Service Disconnet". Das führt zu zusätzlichen Gefahren für den Abschleppdienst und für den Abstellplatz, der so gewählt werden muss, dass ein eventuell neuer Beginn eines Feuers nicht andere Fahrzeuge, Gebäude oder Menschen beeinträchtigen kann.
Bei dem Thema „Löschen" und „Tauchen" muss damit umgedacht werden: Abschlepp-Unternehmer müssen vor den unabsehbaren Folgen geschützt werden. Die Verantwortlichkeiten müssen gesetzlich geregelt werden: Wer ist z. B. Auftraggeber? Städte und Kommunen müssen geeignete sichere Lagerplätze zur Verfügung stellen. Abstellen eines solchen Fahrzeuges länger als 24 h ist „Lagern". Abschlepp-Unternehmer benötigen für verunfallte E-Fahrzeuge spezielle Abschlepp-Fahrzeuge und Ausrüstungen und können die entstehenden Risiken alleine nicht tragen.
Die neue DGUV 209-093 hat erstmals zur Unfallhilfe, zum Bergen, Verschrotten und Recycling Ausführungen auf den Seiten 56 bis 58. Hierzu wird im Kapitel 4.5 Rechtliche Grundlagen eingegangen.
Eine beispielhafte Rettungskarte für das obige Unfallfahrzeug Mitsubishi i-MiEV zeigt das folgende Bild (leider wird nicht richtig deutlich, wo der Freischaltstecker sitzt):

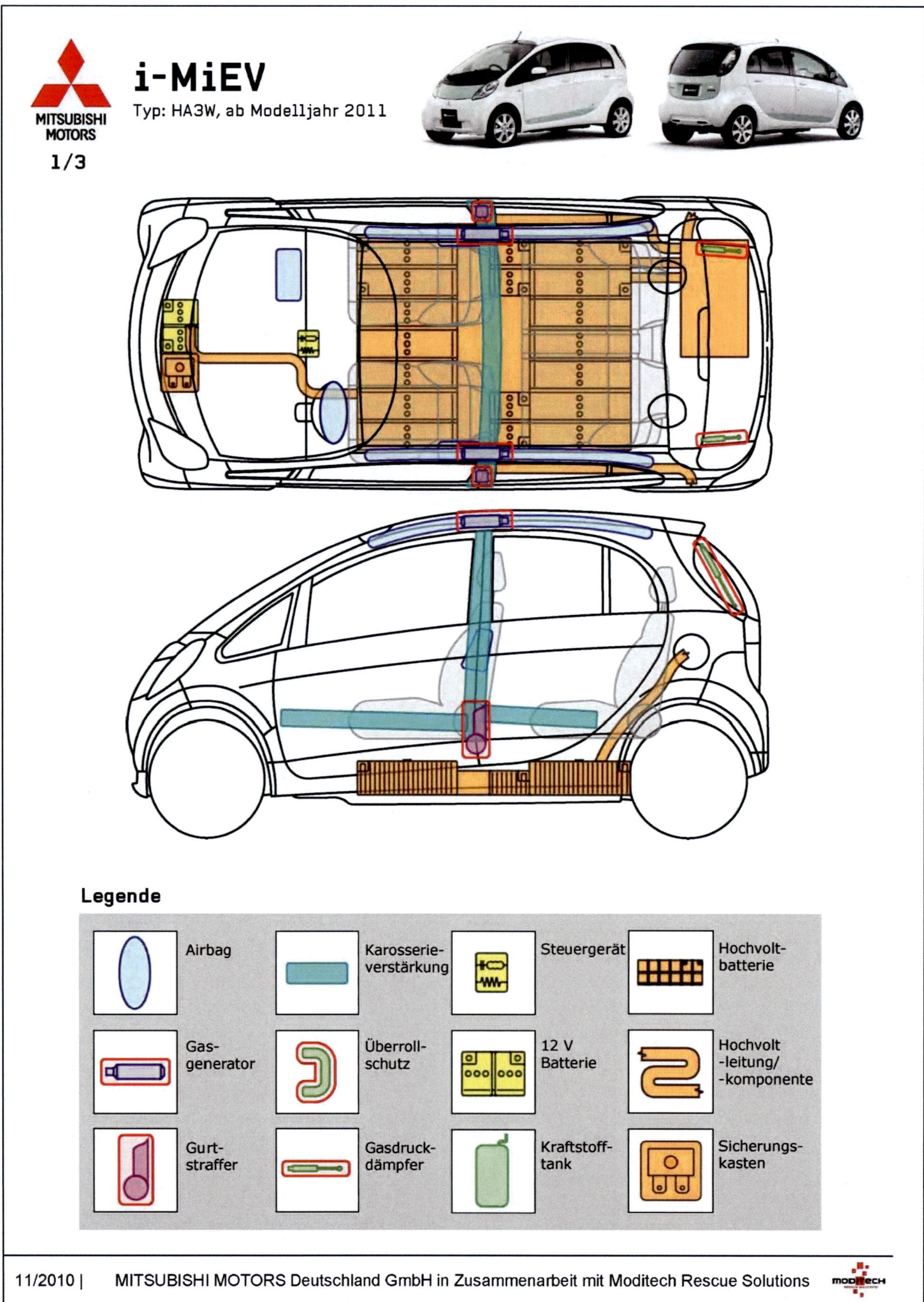

Bild 166: Exemplarische Rettungskarte: Mitsubishi i-MiEV

Es gibt für jedes Fahrzeug solche Rettungskarten, die dem Helfer zeigen, wo im Fahrzeug welches wichtige z. B. HV-Bauteil sitzt. Das Unternehmen ZF Friedrichshafen hat hierfür kleine Klebetaschen für die Windschutzscheibe entwickelt, die die Rettungskarte für das HV-Fahrzeug aufnehmen können.

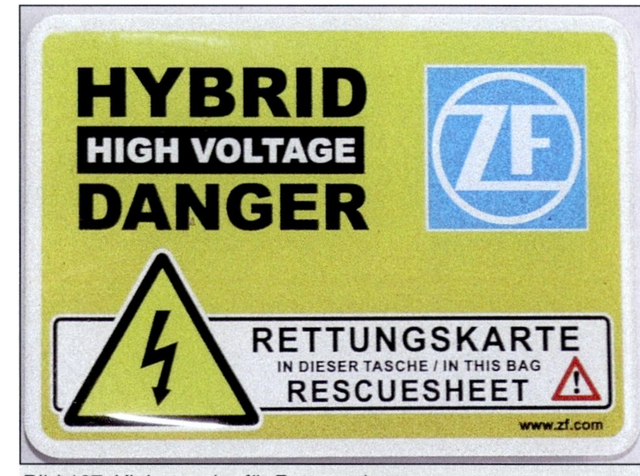

Bild 167: Klebetasche für Rettungskarte

In vielen Fahrzeugen befinden sich

- In der Tankabdeckung bei Hybrid-Fahrzeugen
- oder an der B-Säule auf der Beifahrerseite

QR-Codes, die man mit dem Handy scannen kann, so dass die **richtige** Rettungskarte für das Fahrzeug auf dem Bildschirm erscheint, um dort die notwendigen Informationen zu bekommen.
Laut österreichischem Automobilclub ÖAMTC wird für die Feuerwehren gefordert:

Bild 168: QR-Code zum Abrufen der Rettungskarte. Hinweis: Probieren Sie es aus und scannen Sie den Code mit Ihrem Handy ein!

„Um die Arbeit am Fahrzeug zu beginnen, ist es für die Feuerwehr wichtig, eine Sicherheit hinsichtlich der Spannungsfreiheit des Fahrzeuges zu haben. Hier wäre eine einfache Indikation wünschenswert, da der Zugang zum Batterietrennschalter (Service Connect) oder die Zugänglichkeit zu Messstellen nicht mehr möglich ist, bzw. diese Information fehlt. Informationen zu Batterietrennschalter (Service Connect) oder Messstellen müssen auch über die Rettungsdatenblätter den Feuerwehren zugänglich gemacht werden, z. B über die Rettungskarte. Eine zugängliche Position des Batterietrennschalters Service Connect wäre ebenso wünschenswert. Im vorliegenden Fall (Mitsubishi i-MiEV) war der Batterietrennschalter Service Connect kaum zugänglich unter dem Fahrersitz.“ (Zitat aus: http://www.oeamtc.at → Crashtest Mitsubshi i-MiEV → Ergebnisse im Detail)

Andere Rettungskarten, z. B. vom Renault Kangoo Z.E. beinhalten diese Angabe als „HV-Trennstelle“. Auch ist diese Trennstelle außen am Fahrzeug sehr gut erreichbar.

Steht das Fahrzeug unter Spannung und kann es auf normalem Weg nicht frei geschaltet werden, muss man die HV-Batterie an den HV-Leitungen mithilfe eines Schneidgerätes vom restlichen Fahrzeug trennen. Diese Problematik wird im Kapitel 6.2 beschrieben.

Zuvor muss jedoch auf Rechtslage, die möglichen Fehler und Schutzmaßnahmen eingegangen werden, um diese Zusammenhänge besser verstehen zu können.

3 HV-Li-Ionen-Batterie

3.1 Lithium-Technik für HV-Batterien

3.1.1 Aufbau und Funktion Li-Ionen-Akku

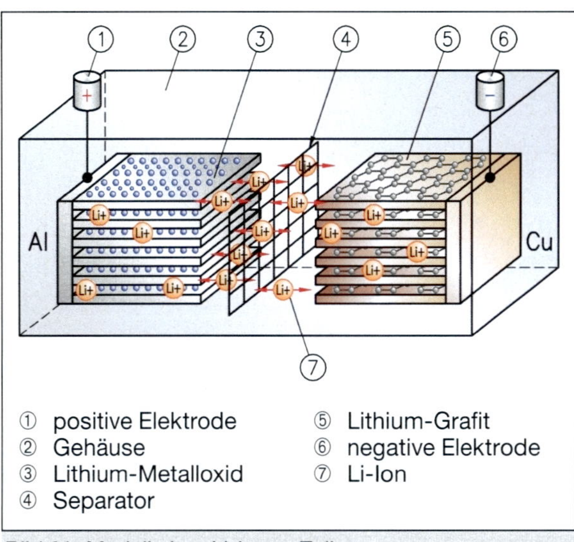

Bild 01: Modell einer Li-Ionen-Zelle

Diese Technik hat zurzeit die höchste Energie-und Leistungsdichte. Da metallisches Lithium stark mit Wasser reagiert, brennbar und explosiv ist, wurde diese Technik erst mit der Lithium-**Ionen**-Technik für kommerzielle Anwendungen interessant. Man nimmt **Elektroden** aus anderen Werkstoffen (Aluminium und Kupfer) und überzieht diese mit aktiven Schichten von Metalloxiden aus Cobalt (Co), Nickel (Ni) oder Mangan (Mn) bzw. mit Schichten aus Grafit. Das Lithium liegt nicht als Platte, Körner oder kleinste Teilchen sondern nur in atomarer Größe als Lithium-Atome vor. Das Lithium wird in der Zelle in den aktiven Schichten der positiven sowie negativen Elektrode als Ion eingelagert und „nistet“ sich dort ein. Das Lithium geht keine chemische Verbindung mit dem Werkstoff der Elektroden ein.

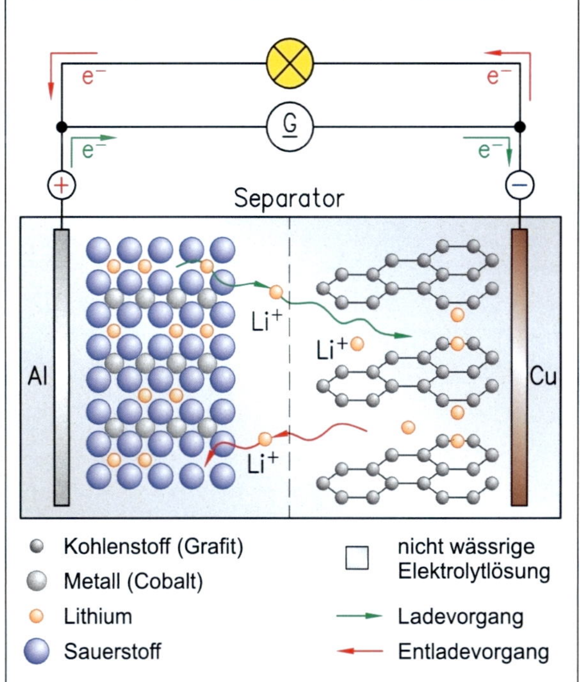

Bild 02: Veranschaulichung des Lade- u. Entladevorgangs einer Li-Ionen-Zelle

Der **Elektrolyt** muss vollkommen wasserfrei sein und besteht deshalb aus organischen Lösemitteln für Lithiumsalze, z. B. Alkohol-Carbonate mit Lithiumhexafluorophosphat (LiPF6).

Zwischen den Elektroden befindet sich im Elektrolyt ein **Separator**, der Kurzschlüsse zwischen den Elektroden verhindern soll. Er muss jedoch mikroporös sein, damit die Li-Ionen hindurchwandern können. Dieser Separator kann daher aus Polymer-Membranen bestehen. Diese haben den Nachteil, dass sie eine relativ geringe Schmelztemperatur von ca. 120 – 150 °C haben. Bei ansteigenden Temperaturen verschließen sie sich, sodass die Ionen-Wanderung gestoppt wird. Es gibt aber auch mit Keramik besetzte Membranfolien, die Temperaturen bis 700 °C ertragen und damit ein thermisches Durchgehen mit Brand und explosiver Reaktion sicher verhindern. Bei rein keramischen Separatoren besteht durch die Erschütterungen im Fahrzeug Bruchgefahr.
Damit der Innenwiderstand der Zelle gering ist und eine hohe Packungsdichte der Zellen und damit der Module erreicht wird, muss der Separator möglichst dünn sein. Trotzdem muss der Separator den Elektrolyten aufnehmen. Dazu werden auch Vliesstoffe verwendet.
Die dünnen Separatoren sind aber auch der Grund dafür, dass sie sich bei Unfällen durch die negativen Beschleunigungen des Fahrzeugs (beim Bremsen und Aufprall), schnell durchdrücken und damit innere Kurzschlüsse mit Bränden verursachen können.

So heißt es bei Daimler, dass nach einem Unfall, bei dem Rückhaltesysteme ausgelöst wurden, die HV-Batterie nicht weiter benutzt werden darf und getauscht werden muss.
Zwischen den Elektroden besteht im geladenen Zustand eine **Potenzial-Differenz (z. B. 3,7 V)**.

■ Entladen

Beim Entladen gibt die **negativ** geladene **Cu-Elektrode** mit der Lithium-**Grafit**-Beschichtung **(= Anode)** Elektronen e^- über den äußeren Stromkreis ab, der als Strom über den Verbraucher zur positiven Al-Elektrode fließt (physikalische Stromrichtung). Dabei lösen sich gleichviele positiv geladene **Lithium-Ionen** Li^+ an der negativen Elektrode aus der **aktiven Grafit-Beschichtung** und wandern durch den Elektrolyten und Separator zur **positiven Al-Elektrode** und lagern sich dort in die **aktive Metalloxid-Schicht (= Kathode)** ein. An der positiven Elektrode werden die Elektronen von der Metalloxid-Beschichtung aufgenommen und nicht von den Li-Ionen.

■ Laden

Beim Laden ist der Vorgang umgekehrt. Das Ladegerät/der Generator „saugt“ die Elektronen e^- von der **positiven Al-Elektrode** ab und „pumpt“ sie zur **negativen Cu-Elektrode**, deren Grafit-Beschichtung sie aufnimmt. Gleichzeitig lösen sich gleichviele **Lithium-Ionen** Li^+ an der **positiven Al-Elektrode** und wandern durch den Separator zurück zur **negativen Cu-Elektrode** und lagern sich dort ohne Stoffumwandlung wieder ein.

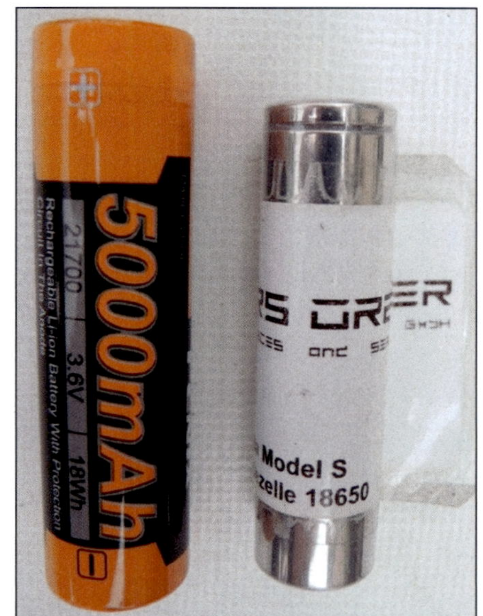

Bild 03: links 21700er Zelle, rechts 18650er Zelle

3.1.2 Bauformen Li-Ionen-Akkus

Lithium-Ionen-Zellen werden in unterschiedlichen Bauformen verwendet als

- Rundzelle
- Prismatische Zelle und als
- Pouch-Zelle

Bei den **Rundzellen** werden für E-Fahrzeuge die 18650er Zelle ∅ 18 × 65 mm (bisher bei Tesla) und die 21700er Zelle ∅ 21 × 70 mm verwendet. Diese 21700er Zelle wird im Tesla S verwendet und soll in der neuen Tesla Gigafactory Berlin-Brandenburg für das Modell Y im märkischen Grünheide hergestellt werden. Diese beiden Rundzellen können sehr große Leistungen abgeben und gelten als sehr stabil, bieten aber ein schlechteres Packaging als prismatische Zellen.
Die Abmessungen der prismatischen und nachfolgenden Pouch-Zellen sind in der DIN SPEC 91252 genormt. Hier wird unterschieden, für welche Fahrzeuge die Zellen zum Einsatz kommen: HEV, PHEV und BEV. Beispiele für Abmessungen einiger Zellen zeigt die Tabelle:

	HEV	PHEV1	PHEV2	BEV1	BEV2	Pouch
Höhe (mm)	85	85	91	115	115	162
Breite (mm)	120	173	148	173	173	330
Dicke (mm)	12,5	21	26,5	32	45	7
Kapazitäts-Klasse (Ah)	> 5	> 20	> 20	> 40	> 60	> 70

Zell-Abmessungen nach DIN SPEC 91252

Bild 04: Ausschnitt aus Tesla-Batterie-Modul mit Kontaktierung der 18650er Rundzellen

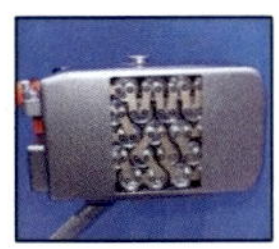

Die **prismatische** Bauform hat im Vergleich zur zylindrischen Bauform eine kleinere Leistung aber eine bessere Raumausnutzung.
Die Zellen werden für die Nutzung im Fahrzeug zu Modulen wie in Bild 06 und Bild 07 zusammengeschaltet, um ausreichende Kapazitäten bzw. Energie-Inhalte zu bekommen.
Hierbei gibt es ein **Abkürzungssystem**, das den Aufbau eines Moduls bzw. eines Akkupacks beschreibt. Aus der Bezeichnung geht hervor, wie viele Zellen in Reihe und wie viele parallel geschaltet sind. Der VW e-up hat Module 6S2P:

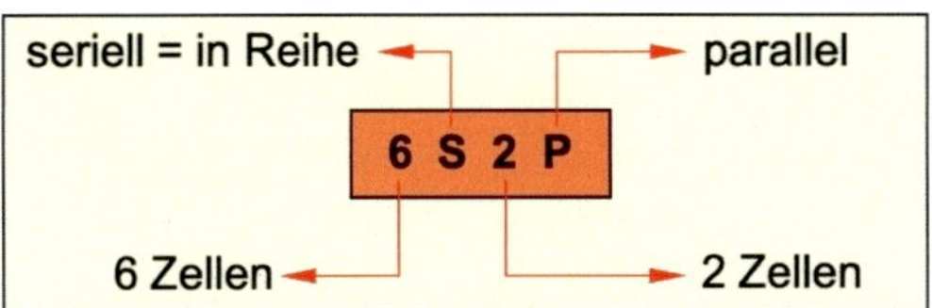

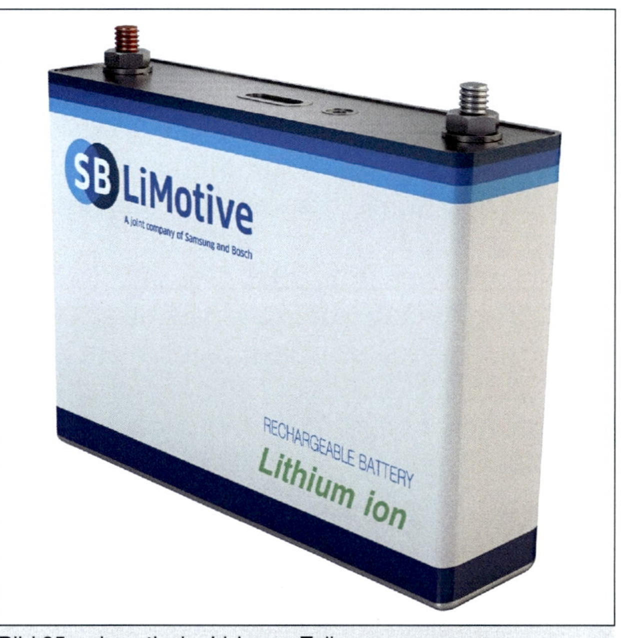

Bild 05: prismatische Li-Ionen-Zelle

In einem Modul mit dieser Abkürzung sind also wie in Bild 06 oben zwei Zellen parallel und sechs Zellenpaare in Reihe geschaltet.
Zieht man als weiteres Beispiel einen Tesla Roadster mit Rundzellen heran, so ist die Bezeichnung für eins seiner 11 Module: 9S69P (siehe dazu Bild 94 und Bild 95). Bild 07 zeigt das offene (Kunststoff-Abdeckung ist abgehoben) BMW i8-Modul mit der Konfiguration 16S. Das bedeutet, alle 16 Zellen sind in Reihe geschaltet. Bei 6 in Reihe geschalteten Modulen mit je einer Kapazität von 34 Ah hat diese HV-Batterie einen Energieinhalt von 11,6 kWh.

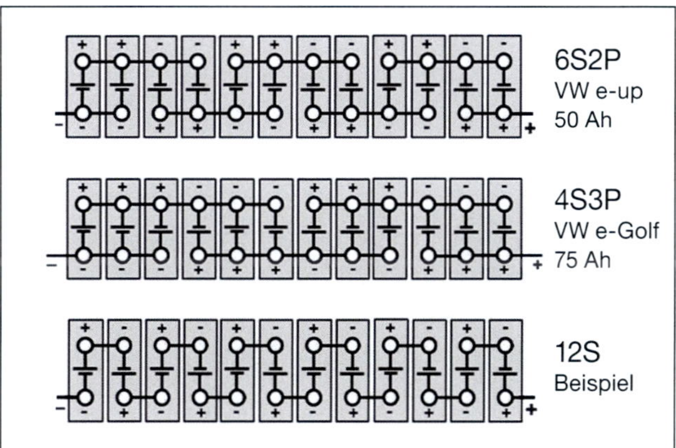

Bild 06: Beispiel-Schemata aus der Praxis für das Zusammenschalten von Zellen in ein Modul

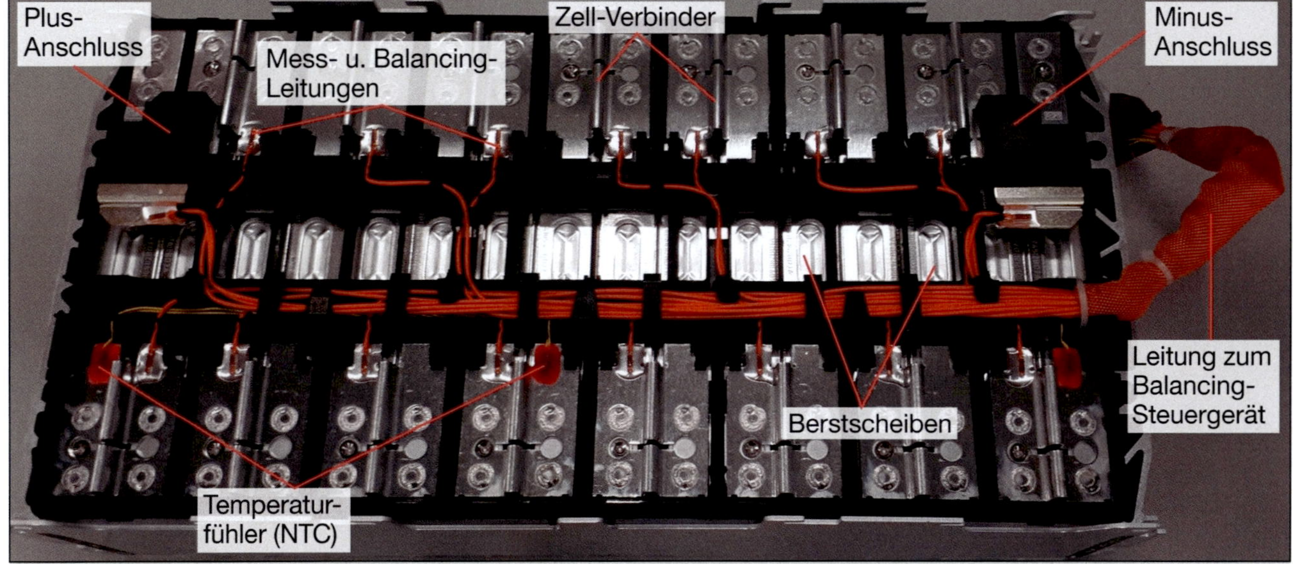

Bild 07: Li-Ion-Modul (16S) mit 58,4 V aus BMW i8 mit 16 prismatischen Zellen à 3,7 V und 46,6 Ah Kapazität

Die runden und prismatischen Bauformen bieten den weiteren Vorteil, dass hier langjähriges Know-How und viel Erfahrung vorliegt.

Die dritte und neuere Bauform mit weniger Erfahrungswerten ist die finanziell günstigste Variante, als so genannte **Pouch-Zelle** (Beutel-Zelle) auf Aluminium-Basis (Bild 08 u. Bild 09).
Sie kann mit einem polymeren Elektrolyten betrieben werden, der aus den Zellen nicht austreten kann. Damit ist ein fester Behälter unnötig.
Da aber Polymerelektrolyte eine geringere Ionenleitfähigkeit haben, werden doch meist flüssige Elektrolyte verwendet.
Bild 09 zeigt schematisch den **Aufbau** einer einfachen Li-Ion-Pouch-Zelle. Vergleicht man diese Darstellung mit Bild 11, sieht man, dass die Pouchzellen des Audi-Moduls viel dicker sind, weil hier in einer Zelle viel mehr Schichten angeordnet sind. Um zu verdeutlichen, wie eine solche Zelle aufgebaut ist und welche Stärken (in µm) die Schichten der Zellen aufweisen, sind entsprechende Maße an einer sogenannten **Bizelle** in Bild 10 dargestellt.

Bild 08: Li-Ion-Pouchzelle

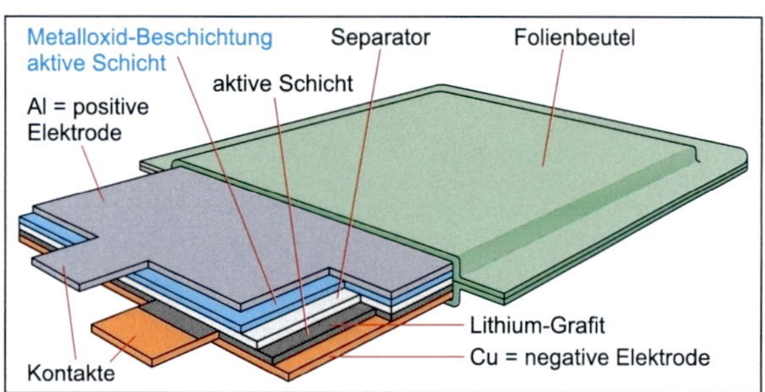

Bild 09: schematischer Aufbau einer Li-Ion-Pouch-Zelle

400 µm

20 µm	positive Al-Elektrode = Stromableiterfolie
80 µm	Lithium-Metalloxid-Beschichtung
20 µm	Separator inklusive Elektrolyt
75 µm	Lithium-Grafit-Schicht inklusive Elektrolyt
10 µm	negative CU-Elektrode = Stromableiterfolie
75 µm	Lithium-Grafit-Schicht inklusive Elektrolyt
20 µm	Separator inklusive Elektrolyt
80 µm	Lithium-Metalloxid-Beschichtung
20 µm	positive Al-Elektrode = Stromableiterfolie

Bild 10: Schematischer Aufbau einer Bi-Pouch-Zelle

Das System der Bizelle kann links und rechts an den Al-Elektroden weitergeführt werden, sodass sich von der Dicke her eine handhabbare Pouch-Zelle ergibt. 400 µm sind 0,4 mm; um auf eine Dicke von 7 mm der Pouchzelle wie in obiger Tabelle nach DIN SPEC 91252 zu kommen, müsste man ca. 17 solche Bizellen aneinanderpacken.
Diese Zelle muss insgesamt solche Maße aufweisen, dass eine effektive Kühlung der gesamten Zelle in jede Richtung realisierbar ist. Es dürfen in der Zelle keine Zonen entstehen, die im Betrieb zu hohe Temperaturen bekommen.
Kühlung findet bei der Rundzelle hauptsächlich über Boden und Mantel, bei der prismatischen Zelle über den Boden und bei der Pouchzelle, wenn sie flach ausgeführt ist über die Fläche, bei dickeren Packungen über die Auflage statt.

3.1.3 Zell-Fertigung

Die Fertigung von Li-Ionen-Zellen läuft grob in folgenden Schritten ab:

1. **Walzen und Rollen** von dünnen Aluminium- und Kupferfolien auf Coils (Rollen) sowie des Separators

2. **Herstellen des Aktiv-Materials** nach einer bestimmten Rezeptur und gründliches Dispergieren (optimales Durchmischen) des Materials

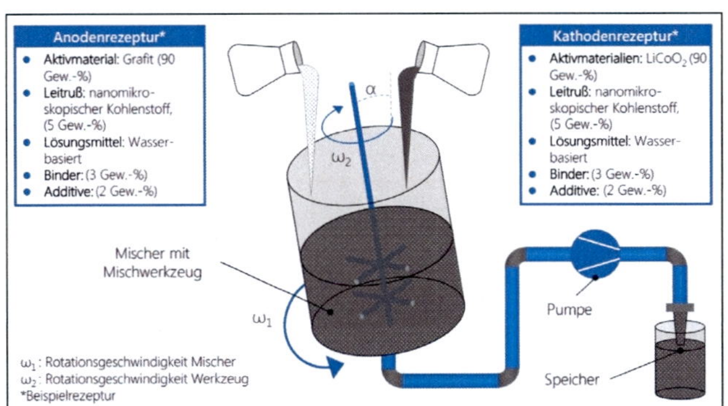

Bild 12: Herstellung des Aktiv-Materials der Elektroden

3. **Beschichten der Folien** mit dem Aktiv-Material in der geforderten Stärke
4. **Trocknen der beschichteten Folien**

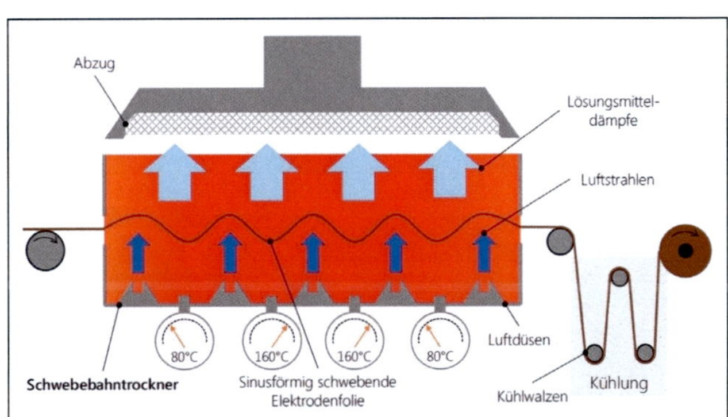

Bild 14: Trocknen der beschichteten Folien

5. **Kalandrieren** der beschichteten Folien: die beschichteten Folien werden zwischen Walzen mit hohem Druck auf die gewünschte verdichtete Schichtdicke gebracht (Toleranz: ± 2 µm)

Bild 12 bis Bild 21: Lehrstuhl Production Engineering of E-Mobility Components, RWTH Aachen

Video „Kalandrieren von Batterieelektroden, https://www.youtube.com/watch?v=Im9dyh4mK-Q

6. **Elektroden-Charakterisierung** durch Messungen mit Qualitätsauswahl
7. **Schneiden, Stanzen** (= Vereinzeln) der Elektroden auf das richtige Maß und um saubere Kanten zu erhalten.
8. **Assemblierung** der Zellen: Zusammenbau der Zellen durch Wickeln oder Übereinander-

Quelle: Audi AG, SSP 675_009

Bild 11: Modul eines Audi e-tron mit Pouch-Zellen

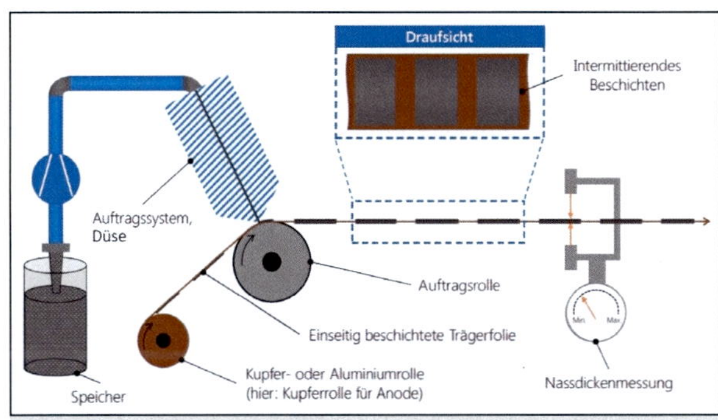

Bild 13: Beschichten der Träger-Folien aus Al oder Cu

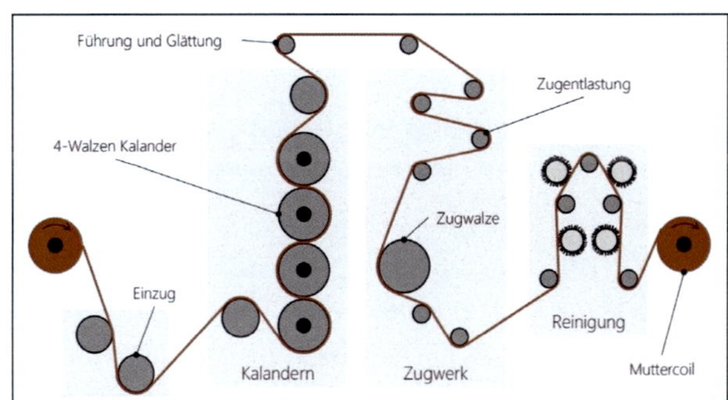

Bild 15: Kalandrieren der beschichteten trockenen Folien

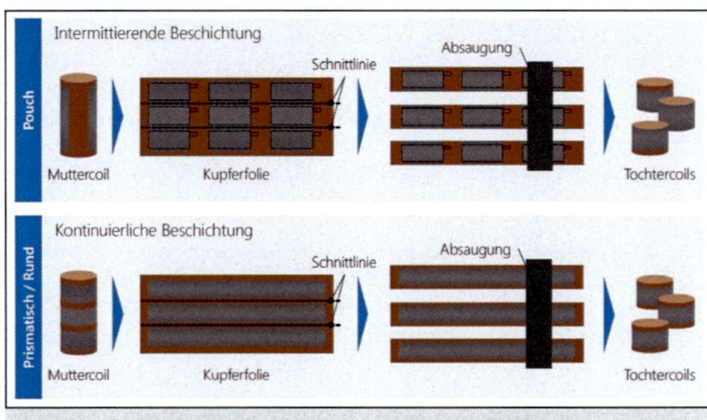

Bild 16: Slitten = in Streifen schneiden der Folien

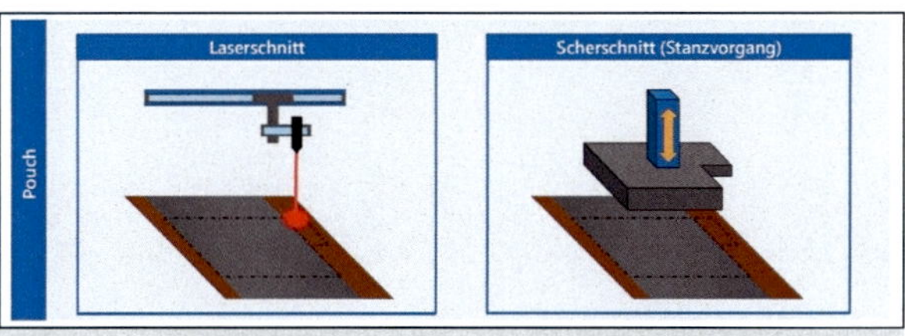

Bild 17: Herstellung des Aktiv-Materials der Elektroden

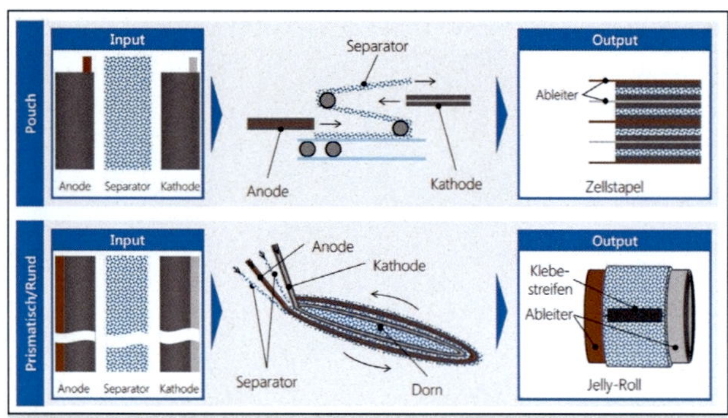

Bild 18: Assembling der Zellen als Wickel oder Stacks

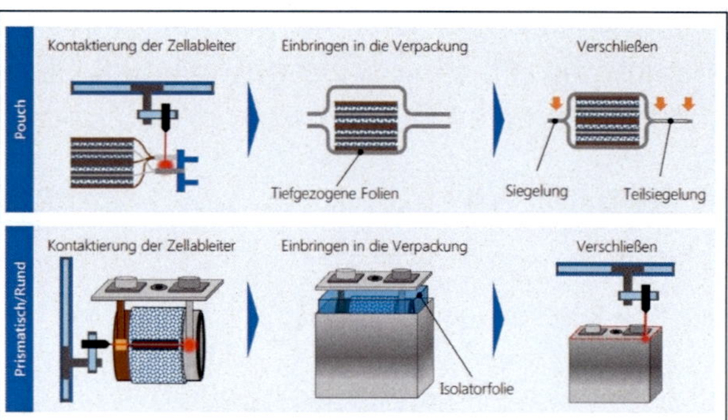

Bild 19: Einbringen der Elektroden in die Hüllen

schichten der Stacks, Kontaktierung der Zellableiter durch Laserschweißen sowie die fertigen Stacks bzw. Wickel in die entsprechende tiefgezogene Hülle oder Becher packen, deren Ränder durch Ultraschallschweißen versiegelt oder mit Laser verschweißt werden.

9. **Elektrolyt-Befüllung** mithilfe einer Dosierlanze, dabei Beaufschlagung der Zelle mit Vakuum und Argon im Wechsel; Evakuierung und Teilbefüllung werden mehrfach durchgeführt; Verschließen der Befüllungs-Öffnung.
10. **Formation**: Erste Lade- und Entladevorgänge der Zelle am Anfang mit 0,1 C bis SoC von 90 %, dann kontinuierliche Steigerung der C-Rate, Dauer ca. 24 Stunden.
    Während der Formation (Ladevorgang) lagern sich Lithium-Ionen in den Grafitstrukturen der Anode ein. Hierbei wird die Solid Elektrolyte Interface Schicht (SEI), die eine Grenzschicht zwischen dem Elektrolyt und der Elektrode darstellt, gebildet.
    Die Strom- und Spannungsverläufe bei diesem Vorgang (Bild 22) beeinflussen die Qualität der Zelle und sind das wesentliche Know-How eines Zellherstellers.
11. **Versiegeln** bei Pouchzellen:

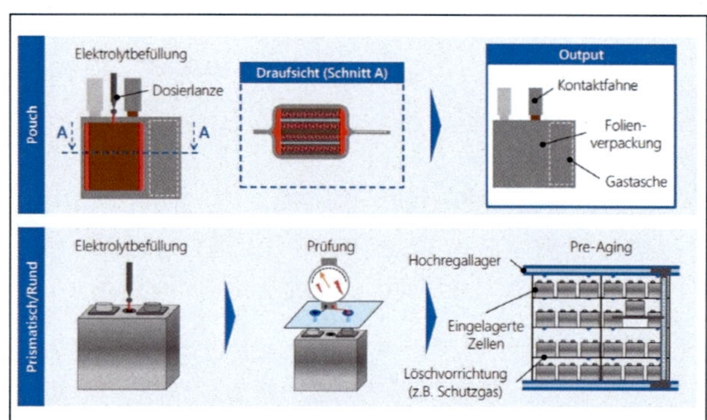

Bild 20: Elektrolyt-Befüllung der Zellen

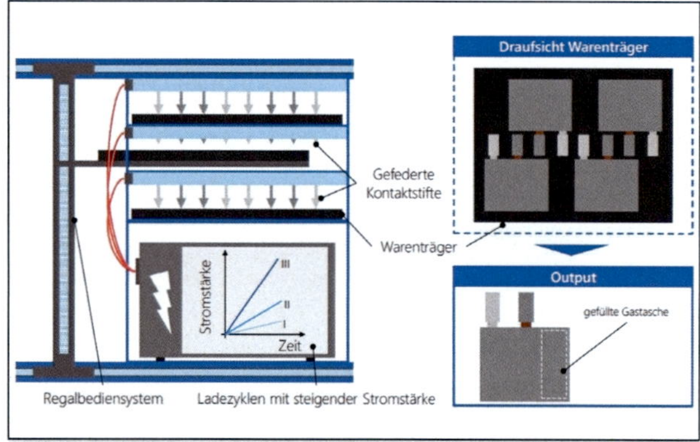

Bild 21: Formatieren der Zellen

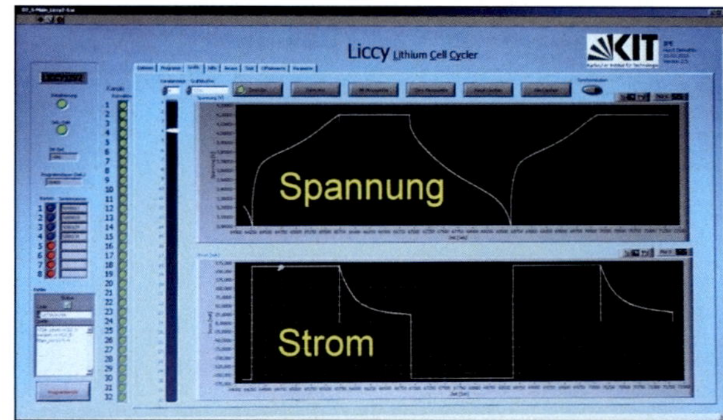

Bild 22: Strom- und Spannungsverläufe beim Formatieren

Bei Pouchzellen wird fertigungstechnisch eine Gastasche neben der eigentlichen Zelle gebildet, die bei der Formation entstehende Gase aufnimmt und am Ende

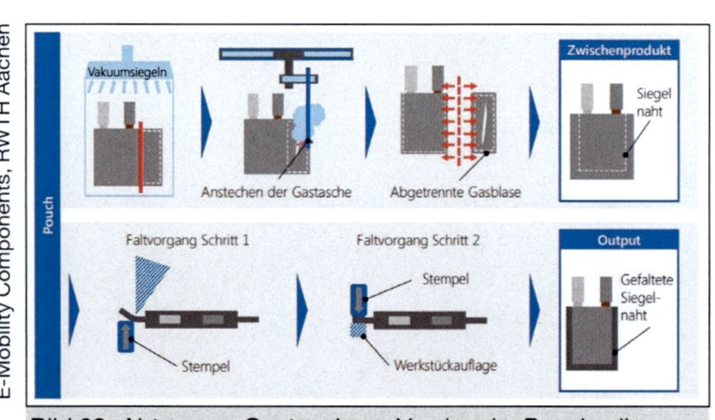

Bild 23: Abtrennen Gastasche u. Versiegeln: Pouchzelle

Quelle: Lehrstuhl Production Engineering of E-Mobility Components, RWTH Aachen

abgetrennt werden muss. Nach Absaugen der Gase wird die Pouchzelle endgültig versiegelt.

12. **Aging**: hierunter versteht man das Lagern der Zellen für ca. 3 Wochen mit einem SoC von 50 %. Während dieser Zeit wird ständig die Leerlaufspannung gemessen. Ein Spannungsverlust < 5 mV/Woche ist zulässig. Größere Werte deuten auf zellinterne Kurzschlüsse hin. Das führt zum Aussondern der betroffenen Zelle.

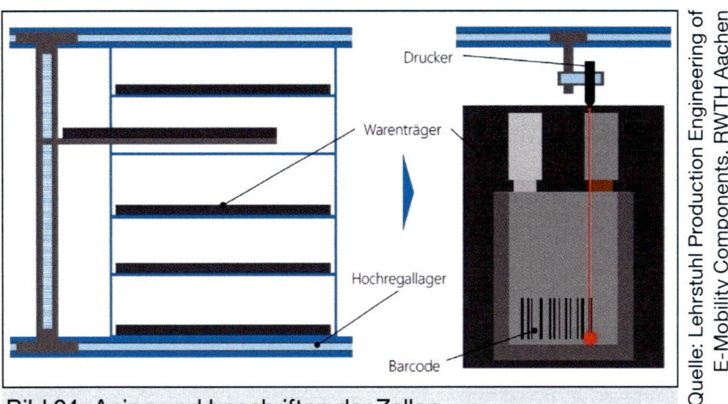

Bild 24: Aging und beschriften der Zellen

Quelle: Lehrstuhl Production Engineering of E-Mobility Components, RWTH Aachen

Folgende Videos zeigen den Herstellungsprozess von Li-Ion-Batterien:

Video „Wie eine Li-Ionen-Pouchzelle entsteht“: https://www.youtube.com/watch?v=K4QIqEDix2A

Video „Volkswagen: So entsteht eine Batterie für Elektroautos“: https://www.youtube.com/watch?v=RJ8lIPaqL_k

3.1.4 Begriffserklärungen bei Li-Ionen Batterien

- **SoC**: „State of Charge“: = Ladezustand mit Angabe in %, hier kann es im Fahrzeug Unterschiede geben: der tatsächliche „Zell-SOC“ kann höher sein als der Wert (Bild 25), der dem Kunden zur Nutzung angezeigt wird.

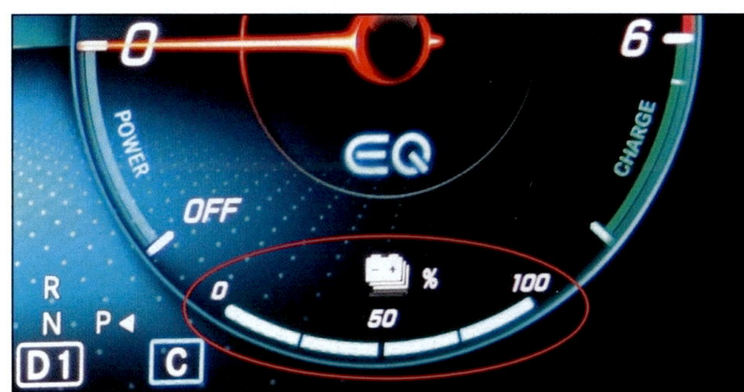

Bild 25: Anzeige SoC im Kombi-Instrument Mercedes

- **SoH**: „State of Health“: = Gesundheitszustand mit Angabe in %. Hier gibt es keine für alle Hersteller verbindliche Definition, oft wird 80 % der Anfangskapazität als SoH = 0 % definiert. Auch kann eine Verdoppelung des Innenwiderstand als zusätzliche oder alternative Definition für einen SoH von 0 % herangezogen werden (Bild 26).

Batteriekapazität / Zustandsbestimmung der Hochvoltbatterie

Status der zugehörigen Istwerte

Name	Istwert	Sollwert
Batteriekapazität (Ah) NEU	22Ah	
Batteriekapazität (Ah) AKTUELL	20.7Ah	≥ 15.4
Verbleibende Batteriekapazität	94%	≥ 70
Qualitätswert SoH	87%	≥ 75
Tage seit der letzten Messung	0	≤ 20

Bild 26: Xentry-Tester-Anzeige SoH-Wert MB GLC

- **Kapazität** C: gespeicherte Ladung einer Zelle oder Batterie in Ah (Bild 27).

- **Energiegehalt** W (auch E) in Wh: Kapazität $C \times$ Nennspannung U_{Nenn}, Beispiel mit Werten aus Bild 27: $W = C \cdot U_{Nenn}$ = 37,8 Ah · 365 V = 13800 Wh = 13,8 kWh

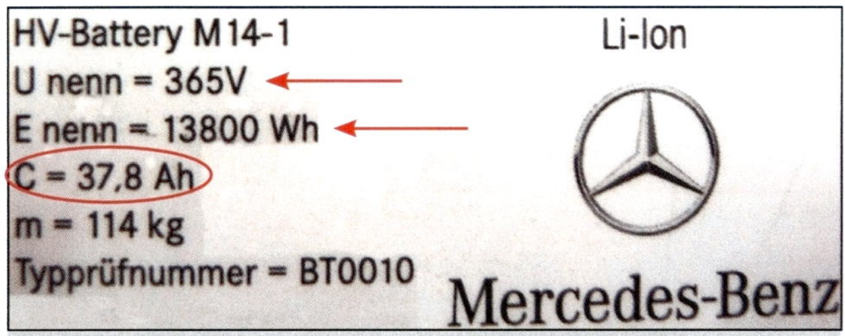

Bild 27: Kapazitäts-Anzeige auf HV-Batterie MB GLC

- **C-Rate**: Zellkapazität/Ladezeit 0 … 100 %. Dabei werden Lade- bzw. Entladestrom auf

die maximale Kapazität einer Batterie bezogen, um unterschiedlich „große" Batterien einfacher miteinander vergleichen zu können.
Eine C-Rate von 1 C bedeutet, dass eine Batterie innerhalb von 1 Stunde komplett ge- oder entladen ist, eine C-Rate kleiner als 1, dass es länger als 1 Stunde dauert und eine C-Rate größer als 1, dass es weniger als 1 Stunde dauert.

Beispiel: Wird obige Batterie mit einer Nennkapazität von 37,8 Ah mit 1 C entladen, gibt sie eine Stunde lang einen konstanten Strom von 37,8 A ab. Wenn dieselbe Batterie mit 0,5 C entladen würde, gäbe sie 18,9 A für zwei Stunden ab. Bei 2 C würde sie 30 Minuten lang konstant 2 × 37,8 A = 75,6 A liefern.

Die obige Batterie gehört z. B. zu einem Mercedes GLC 300de Plug-In Hybrid mit einer 90-kW-E-Maschine. Bei voller Leistung der E-Maschine würde (aus den Nennwerten) ein Strom von 246,6 A fließen, das würde einer Entlade-Rate von 6,5 C entsprechen.

Wenn dieselbe HV-Batterie an einer Wallbox 2-phasig mit insgesamt 32 A geladen wird, entspricht das einer Lade-Rate von 0,85 C. Das heißt, es dauert ca. 1 Std. und 11 min, um die Batterie voll zu laden, ohne Verluste beim Laden zu berücksichtigen.

Es ist üblich, statt von 1 C oder einer C-Rate von 1 von einer 1-Stunden-Entladung zu sprechen. Eine 2-Stunden-Entladung entspricht 0,5 C und eine 10-Stunden-Entladung 0,1 C (= 3,78 A für 10 Stunden für obige Batterie). Analog gilt dies auch für die Aufladung von Batterien (x-Stunden-Ladung).

- **SEI-Schicht**: Elektrolyte erzeugen während der Formierungsphase an der Oberfläche der Grafit beschichteten Cu-Elektrode (Anode) durch elektrochemische Zersetzung eine dünne Passivierungsschicht, der sogenannten Solid-Electrolyte-Interphase-Schicht (Feststoff-Elektrolyt-Grenzphase). Diese SEI-Schicht (Bild 28) ist für lange Lebensdauer der Li-Ionen-Batterie verantwortlich. Durch entsprechende Additive, an denen intensiv geforscht wird, ist es möglich, Leistung und Lebensdauer der Zelle zu optimieren.

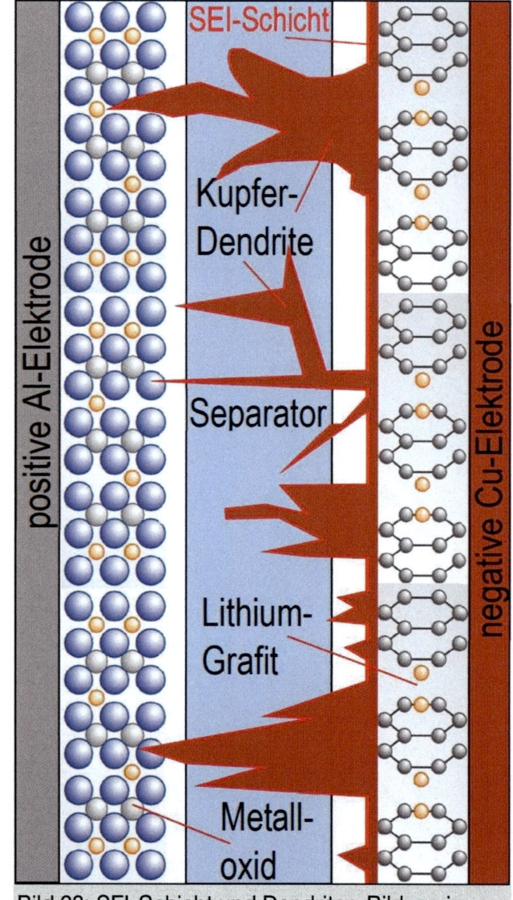

Bild 28: SEI-Schicht und Dendriten-Bildung in Li-Ion-Zelle

3.1.5 Alterung Li-Ionen-Akku

Ladung und Entladung der Lithium-Ionen-Zelle werden nur durch Verschiebung der Li-Ionen realisiert. Diesen Vorgang nennt man „Ionen-Swing". D. h., bei diesem Vorgang wird weder die Grafit- noch die Metalloxid-Struktur verändert. Damit könnten theoretisch unendlich viele Lade- und Entladezyklen reversibel und verschleißfrei durchlaufen werden. Jeder weiß jedoch, dass auch Li-Ionen-Akkus eine begrenzte Lebensdauer haben.

Es gibt eine **kalendarische Alterung**, die abhängig von der Zellchemie und damit vom Alter der Zelle und dem SoC (State of Charge) bei Nichtbenutzung ist. Hier spielt der Feuchtigkeitsgehalt während der Produktion und eventuelle Zunahme der Feuchtigkeit während der Nutzung eine große Rolle, die auch mit der Bauform zusammenhängt. Feuchtigkeit zersetzt den Elektrolyten und reagiert mit dem Lithium.
Wichtig ist in diesem Zusammenhang auch die **Temperatur**, der die Zelle bzw. das Modul ausgesetzt ist. Dauerhaft **gute Kühlung** ist entscheidend für eine lange Lebensdauer der Batterie.

Desweiteren gibt es eine **zyklische Alterung**, die ebenfalls von der Zellchemie und vom Nutzerverhalten wie Laderate C, dauerhafte Differenz des Ladezustands ΔSoC, DoD (Depth of Discharge) und Anzahl der Ladezyklen abhängig ist (Teilzyklen erhöhen die Lebensdauer überproportional). Beim Auf- und Entladen kommt es durch das Einlagern der Li-Ionen zu materialspezifischen **Volumenausdehnungen** bei den Aktivmaterialien. Betrachtet man beispielsweise Pouchzellen wie in Bild 09 auf Seite 50, die nebeneinander eng gepackt in einem Modul mit festem Gehäuse (Bild 11, Seite 51) sitzen, so werden die aktiven Schichten dicker und dünner beim Laden und Entladen. Diese mechanische Belastung führt zu Alterung.

Eine gefährliche Alterungserscheinung ist die **Dendriten**bildung (Bild 28), die typisch für Li-Ionen-Zellen ist. Ist eine Zelle ziemlich tief entladen, können bei der darauffolgenden Ladung Kupfer-Dendriten entstehen, die ständig weiterwachsen, weil bei der zu tiefen Entladung Kupfer durch den Elektrolyt korrodiert und in Lösung geht. Andere Forschungsberichte sagen, dass sich Lithium-Ionen an Vorsprüngen bzw. Unebenheiten der Elektrodenoberfläche anlagern und zu Kristallen durch die Separatoren wachsen, was anfangs zu stärkerer Selbstentladung aber auch zu **Kurzschlüssen** zwischen den Elektroden führen kann. Das kann zu starker Hitze-Entwicklung und brennenden Zellen führen, die wieder benachbarte Zellen „anstecken“ und zum Brand der gesamten Batterie führen kann. Dendriten sind also elektrochemische Ablagerungen von Metall an den Elektroden eines Akkus.

Hohe Ladespannungen beschleunigen die Dendritenbildung, was etwa ein Hemmnis für schnellere und mit höheren Spannungen durchgeführte Ladevorgänge ist.

Zusätzlich gibt es bei den Alterungsursachen durch die zyklische Verwendung der Li-Ion-Batterien das Li-**Plating**. Li-Plating ist einer der schwerwiegendsten Alterungsmechanismen und muss in jedem Fall während des Betriebs ausgeschlossen werden.

Das **Plating** entsteht vor allem beim Schnelladen, hat also eindeutig mit der Ladestromstärke, d. h. mit der C-Rate beim Laden zu tun. Beim Ladevorgang werden Li^+-Ionen abgeschieden und sammeln sich in einem Randbereich der Zellen.

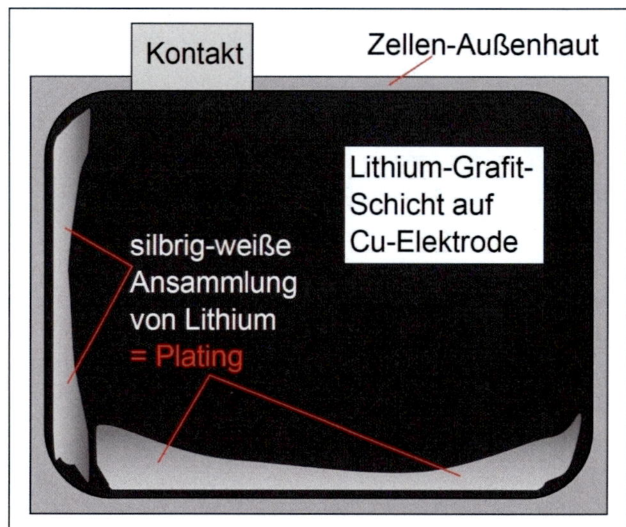

Bild 29: Schema geöffnete Pouchzelle mit Plating

Nach dem Öffnen von Zellen zur Analyse kann man das abgeschiedene Lithium auf der aktiven Lithium-Grafit-Schicht der Anode mit bloßem Auge als silbrige „Placken“ = „**Plating**“ (siehe Bild 29) sehen. Ein Teil des abgeschiedenen Lithiums ist reversibel. Verliert es

jedoch den elektrischen Kontakt zur Anode wird es zu sog. totem Lithium und ist irreversibel verloren. Metallisches Lithium reagiert mit dem Elektrolyten und zersetzt diesen. Damit geht sowohl aktives Lithium verloren als auch eine Alterung des Elektrolyten einher. Die Zersetzungsprodukte sind teils gasförmig, was die Zellen aufbläht.

3.1.6 Arbeitsbereich Li-Ionen-Zelle

Das Bild 30 zeigt den Arbeitsbereich (grün) einer 24-Ah-Pouchzelle in Abhängigkeit der Zellspannung *U*. Dieser Bereich ist nach oben begrenzt bei einer Spannung von ca. 4,1 bis 4,2 V. Höher darf die Zelle nicht geladen werden, weil durch diese **Überladung** anodenseitig die Grafit-Elektrode, wie oben beschrieben, irreversibel zerstört wird. Ebenso werden kathodenseitig die Metalloxide in der aktiven Schicht irreversibel entladen und dabei der Elektrolyt zersetzt.

Die untere Grenze wird von der Entladeschlussspannung bei ca. 2,8 V gebildet, deren Unterschreitung zu verkürzter Lebensdauer und bei **Tiefentladung** unterhalb von 2,0 V zu Elektroden-Korrosion, bei der Kupfer gelöst wird, zu irreversiblen Schäden mit Dendritenbildung und Li-Ablagerungen führt. Wird eine auf *U* = 0 V tiefentladene Zelle wieder geladen, kann es beim Ladevorgang zu explosionsartigen Bersten und Brennen der Zelle kommen.

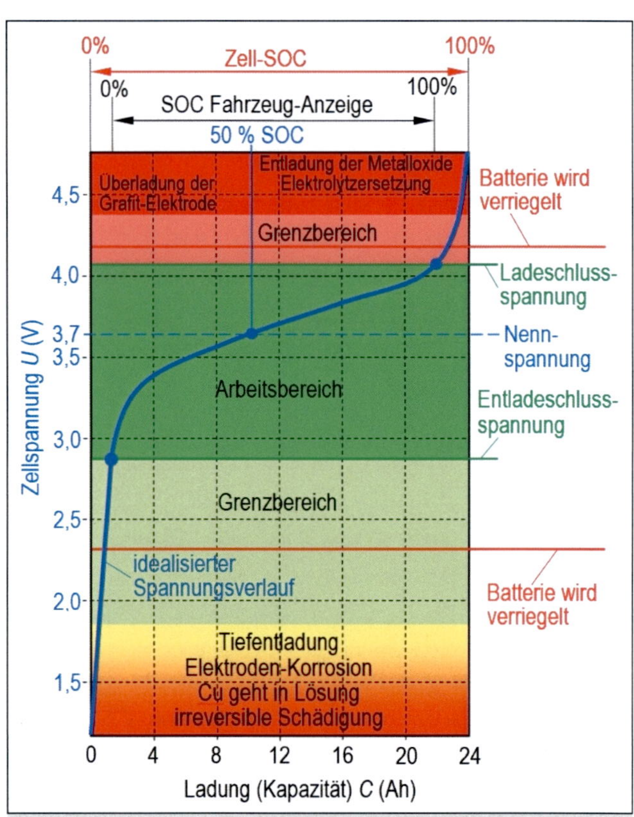

Bild 30: Diagramm Arbeitsbereich einer NMC-Li-Ionen-Pouchzelle mit einer Kapazität von 24 Ah

Das **B**atterie-**M**anagement-**S**ystem (**BMS**) überwacht die Einhaltung der Grenzen und lässt eine Überschreitung oder Unterschreitung zum Schutz und zum Erhalt der Lebensdauer nicht zu. Dieses Phänomen kennt man z. B. von Li-Akku-Bohrmaschinen, die bei voller „Kraft“ schlagartig ohne Vorankündigung abschalten und den Wechsel des Akkus bedingen.
Allerdings sind diese Grenzbereiche programmiert und damit abhängig von der Philosophie des Fahrzeugherstellers: Will der Hersteller möglichst viel Reichweite für seine Kunden, wird das BMS so programmiert, dass ab und zu ein Teil des Grenzbereichs mit genutzt wird.
Achtet der Hersteller eher auf hohe Lebensdauer, so wird die Grenze eher nicht überschritten, man bleibt sogar unterhalb dieser Grenze.

Die **Spannungsverlaufskurve** zeigt, dass ein SOC von 50 % ungefähr bei Nennspannung liegt. Ebenso sieht man oben im Bild, dass der SOC, den der Kunde im Fahrzeug von 0 bis 100 % angezeigt bekommt (vergleiche Bild 25), nicht der absolute SOC der Zelle ist und sich aber meist im „gesunden“ Arbeitsbereich der Zelle befindet.
Im Diagramm Bild 30 sieht man im Überladungs- und im Tiefentladungs-Grenzbereich je eine rote Linie. Bezogen auf ein Modul oder eine ganze automotive HV-Batterie mit vielen Li-Zellen wird an dieser Stelle die Batterie **verriegelt**. Man kann nicht höher laden oder nicht tiefer entladen.

Hierzu ein **Beispiel aus der Praxis**:
Ein neuer E-Mini (offiziell: Mini SE) wird nach Anlieferung in den Ausstellungsraum eines Autohauses gestellt. Dort wird vergessen, das Fahrzeug zu laden. Nach längerer Standzeit soll das Fahrzeug an einen Kunden ausgeliefert und vorher geladen werden, es nimmt aber keine Ladung mehr an: die HV-Batterie hat sich verriegelt. Der herstellerspezifische Tester kann diese **Verriegelung** nicht wieder aufheben. Die HV-Batterie (Bild 31) muss geöffnet werden, die Module müssen einzeln geladen werden. Das Spezialdiagnose-Gerät (Bild 32) zeigt die Spannungen je zwei Zellen des Moduls (Bild 07) an. Die meisten Spannungen liegen unter der Verriegelungsgrenze, die niedrigste ausgelesene Spannung beträgt 2,300 V, die Spannungsdifferenz ΔU = 0,451 V zwischen dem höchsten und niedrigsten Wert ist viel zu hoch: Sollwert ΔU_{max} = 20 mV. Das bedeutet auch, dass das Balancing nicht mehr funktioniert. Aus Verantwortung dem Kunden gegenüber werden jedoch alle Module getauscht (Bild 31 hierzu).

Die Verriegelung ist eine Schutzmaßnahme, damit überladene und tiefentladene Batterien nicht weiter betrieben werden können. Damit soll ausgeschlossen werden, dass keine verheerenden Folgen wie Brände etc. entstehen. Eine Reparatur mit Tausch aller Module oder Tausch der ganzen Batterie ist extrem teuer.

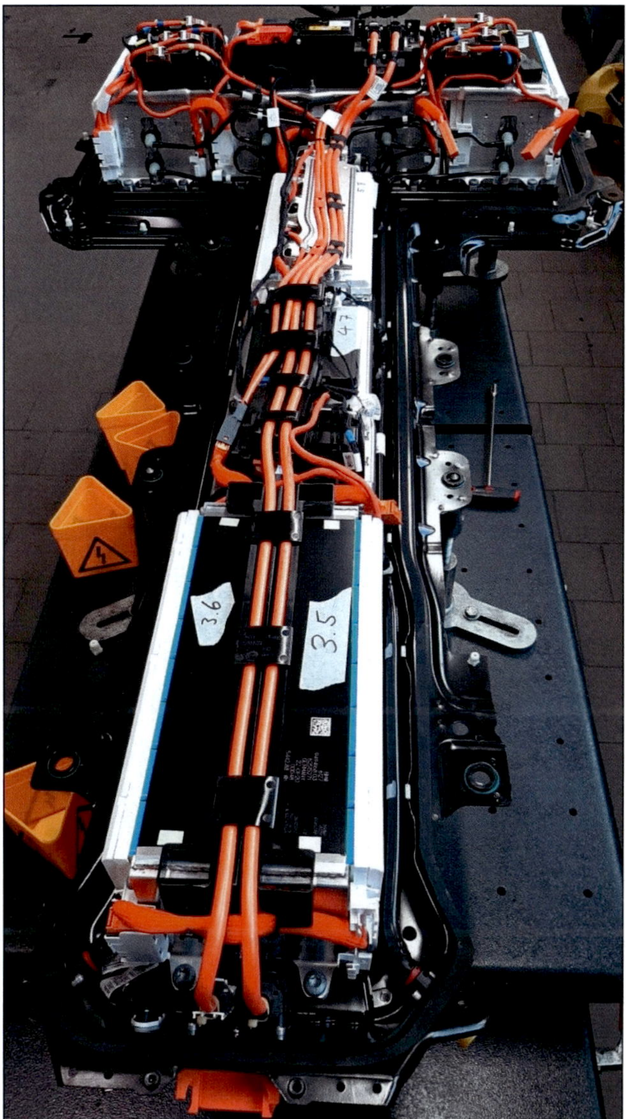

Bild 31: geöffnete HV-Batterie E-Mini, Module verriegelt

Bild 32: Spannungen der Zellen eines Moduls unter der Verriegelungsgrenze, niedrigste Zelle: 2,300 V

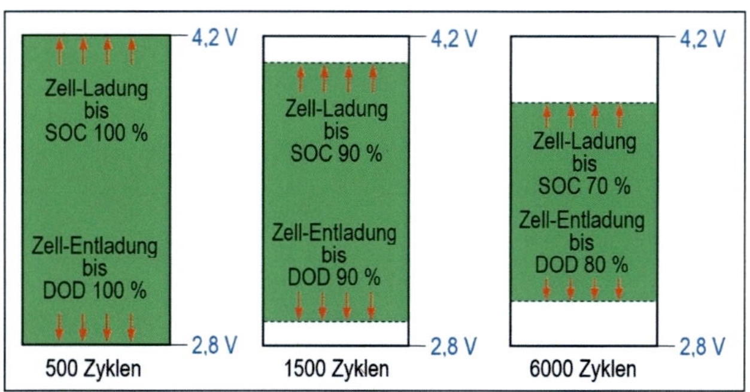

Bild 33: Schema Anzahl der Zyklen in Abhängigkeit der Zell-Ladung SOC und Entladung DOD

3.1.7 Lebensdauer von Li-Ionen-Zellen

Aufgrund einer Samsung-Studie zeigt Bild 33 nur den Arbeitsbereich einer Zelle aus Bild 30 mit den Spannungsgrenzen 2,8 V und 4,2 V für eine Zelle mit 3,7 V Nennspannung für drei unterschiedliche Nutzungen bei einer Lade- und Entladerate von 0,5 C:

- Links: die Zelle wird immer im Arbeitsbereich bis zu 100 % SOC geladen und immer bis 100 % DOD, also bis 0 % SOC entladen. Dann hat sie eine Lebensdauer von 500 Zyklen bei einer Restkapazität von 70 %.
- Mitte: die Zelle wird immer nur auf 90 % SOC geladen und bis 90 % DOD = 10 %

SOC entladen. Ergebnis: Sie erträgt 1500 Zyklen und hat danach noch 70 % Kapazität.

- Rechts: die Zelle wird immer nur auf 70 % SOC geladen und bis 80 % DOD = 20 % SOC entladen. Dabei steigert sich die Lebensdauer auf 6000 Zyklen bei einer Restkapazität von 70 %

Daraus kann man erkennen, dass die Lebensdauer der Li-Ionen-Akkus entscheidend vom Nutzerverhalten oder von dem vom Fahrzeughersteller programmierten Arbeitsbereich der Batterie abhängt.

Bei normalen Akkus im Hausgebrauch für Spielzeug, Taschenlampen, Digitalkameras, Bohrmaschinen, Handys etc. war es bisher üblich, sie bei der Nutzung komplett zu entladen, z. B. bis der Akku-Schrauber stehengeblieben ist, um sie dann wieder komplett aufzuladen (Bild 34 links).

Unter Berücksichtigung der Erkenntnisse aus Bild 33 kann die Anwendung eines Li-Akkus mit nur 500 Zyklen in einer Kamera (Bild 35), ähnlich wie bei einem NiMH ohne aufwendiges BMS, vollkommen in Ordnung sein: kleiner Akku, im Verhältnis dazu viel Kapazität, relativ seltene Nutzung mit wenig jährlichen Ladezyklen.

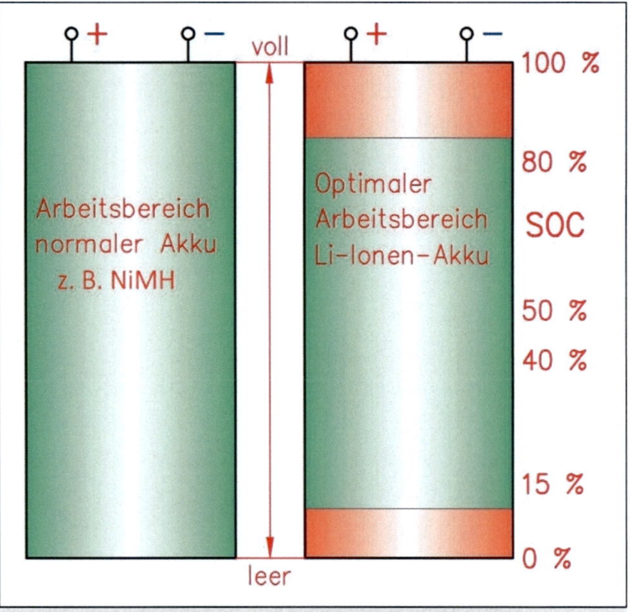

Bild 34: Schema Vergleich NiMH- mit Li-Ionen-Akku

Bild 35: Li-Akku für Fotoapparat

Eine solch geringe Zyklenzahl ist für ein E-Bike oder Auto nicht akzeptabel. Also werden Li-Ionen-Batterien für Autos wie in Bild 34 mit einem niedrigeren SOC und DOD betrieben. Für die Größe der Batterie bedeutet das, dass sie für eine bestimmte benötigte Energiemenge *über*dimensioniert werden muss, damit die Grenzen des Arbeitsbereichs nicht überschritten werden.

In der Anfangszeit unserer E-Fahrzeuge in den Jahren 2010 bis 2014 war das (grüne) Arbeitsfenster noch erheblich kleiner. Aufgrund der Reichweitendiskussion und technologisch immer stabileren Li-Zellen wurde der Arbeitsbereich immer weiter ausgedehnt, ohne die Lebensdauer dramatisch zu verschlechtern. Der Tesla Roadster wurde mit ca. 350 km Reichweite immer als das Maß aller Dinge hingestellt und als positiver Vorreiter gelobt. Dabei wird nicht erwähnt, dass schon im Verkaufsprospekt vermerkt war, dass die Kunden nach sieben Jahren eine neue HV-Batterie kaufen mussten. Das bedeutet aber: viel Reichweite bei hohem SOC und großem DOD mit starker Alterung auf Kosten von Lebensdauer. Es ist nicht vorstellbar, einem VW-e-up-Kunden bei einem Verkaufsgespräch zu sagen: „Ihre Batterie hält aber nur 7 Jahre!“ Der Kunde eines normalen E-Fahrzeugs erwartet, dass die HV-Batterie solange lebt wie das Fahrzeug, d. h., solange wie sein bisheriges „Verbrennerauto“ lebte.

Zusammenfassung:

- Je höher der SOC, desto geringer ist die Zyklenzahl, d. h. die Lebensdauer.
- Je niedriger der SOC, d. h. die Ladeschlussspannung, desto höher ist die Zyklenzahl und damit die Lebensdauer.
- Bild 36 zeigt, dass manche Anwendungen einen hohen SOC für eine große Energiemenge bei kleinem Bauraum (Notebook, Handy) benötigen, sodass nur ca. 500 Zyklen möglich sind.
- Manche Anwendungen (E-Bike, Scooter) liegen im mittleren Bereich bei ca. 1000 Zyklen.
- E-Fahrzeuge und stationäre Speicher benötigen erheblich höhere Zyklenzahlen, > 3000, so dass mit einem SOC von 80 bis 90 % gearbeitet werden muss.
- Es laufen Forschungen, die versuchen die Ladeschlussspannung auf 5 V anzuheben, um noch mehr Energie bei gleichem Volumen und Gewicht realisieren zu können. Dafür muss aber die Elektrochemie mit Additiven so verändert werden, dass ein absolut sicherer Betrieb gewährleistet bleibt. Zum Energiegewinn durch höhere Spannung hier ein Beispiel:
  $W = U \cdot C = 3{,}3\ V \cdot 22\ Ah = 72{,}6\ Wh \Rightarrow$ Gesamt-Energie bei 100 Zellen: 7,26 kWh
  $W = U \cdot C = 3{,}7\ V \cdot 22\ Ah = 81{,}4\ Wh \Rightarrow$ Gesamt-Energie bei 100 Zellen: 8,14 kWh
  $W = U \cdot C = 4{,}5\ V \cdot 22\ Ah = 99{,}0\ Wh \Rightarrow$ Gesamt-Energie bei 100 Zellen: 9,90 kWh

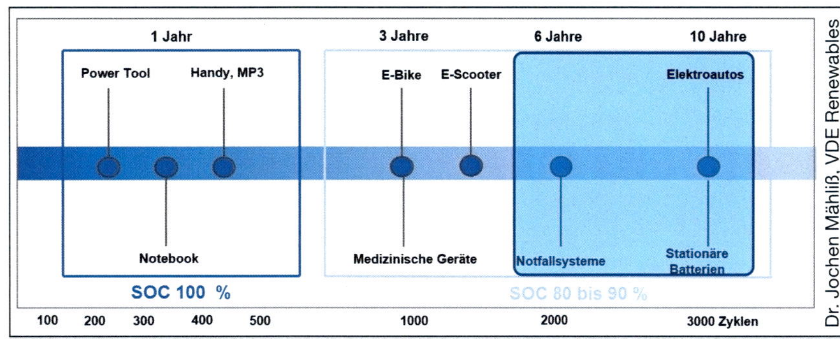

Bild 36: Schema Zyklenzahl u. SOC in Abhängigkeit des Einsatzzwecks

Das 1. Beispiel mit einer Zellen-Nennspannung von 3,3 V aus $LiFePO_4$-Zellen entspricht der Technik, die in Mercedes-Plug-In Hybrid-Fahrzeugen bis ca. Ende 2018 verwendet wurde. Das 2. Beispiel mit 3,7 V Zellenspannung einer NMC-Zelle entspricht der derzeitig (2021) eingesetzten Technik bei den gleichen Mercedes Fahrzeugen mit einer Steigerung um ca. 12 %. Zukünftige Zellen (Beispiel 3) könnten z. B. im Jahr 2026 Nennspannungen von 4,5 V realisieren, was einer Steigerung von 36 % im Vergleich zu 2018 nur durch Spannungserhöhung bedeuten würde.
Zusätzlich sind Energiesteigerungen durch Änderungen der Zellchemie, Zellausnutzung, Schichtdicke, Wechsel zu günstigeren und leistungsfähigeren Materialien sowie z. B. produktionsseitige Verbesserungen bei prismatischen Zellen vom Flachwickel hin zum Stack zu erwarten, die zu einer erheblich höheren Raumausnutzung führen würde.

3.1.8 Unterschiedliche Elektroden-Materialien für Li-Ionen-Zellen

Wenn man von Li-Ionen-Batterien spricht, gibt es nicht nur eine Sorte, sondern unter diesem Sammelbegriff gibt es zahlreich unterschiedliche Batterien, die sich in Bezug auf die aktiven Schichten der Elektroden unterscheiden:

- Es gibt positive Elektroden aus $LiCoO_2$ (Lithium-Cobalt-Oxid, kurz: LCO), $LiNiO_2$ (Lithium-Nickel-Oxid), $LiMn_2O_4$ (Lithium-Mangan-Oxid, kurz: LMO) oder $LiFePO_4$ (Lithium-Eisenphosphat) und
- Negative Elektroden aus Lithium-Grafit oder $Li_4Ti_5O_{12}$ (Lithium-Titanat).

Die anfangs (2008) z. B. als reine LCO-Elektroden benutzen Werkstoffe werden aufgrund des sehr teuren Cobalts so nicht mehr genutzt, sondern als **NMC**-Akkus, bei den die drei oben aufgelisteten Werkstoffe **M**n, **N**i und **C**o als Misch-Oxide für die positive Elektrode, die in

der Batterie als Kathode arbeitet, verwendet werden. Diese gibt damit auch den Namen des Akkus. Als Beispiel einer solchen Zusammensetzung soll hier $LiNi_{0,8}Mn_{0,1}Co_{0,1}O_2$ mit dem Produktnamen **NMC811** genannt werden. Es gibt weitere Zusammensetzungen: bisher (2021) wurde NMC111 und NMC622 eingesetzt. Die Zahlen hinter NMC geben die Mischungsverhältnisse von Ni, Mn und Co an. Die Nennspannung hier ist ebenfalls 3,7 V.

Als weiterer häufig genutzter Kathoden-Werkstoff ist Lithium-**N**ickel-**C**obalt-**A**luminium-Oxid für sogenannte **NCA**-Akkus zu nennen. Beispiel für eine aktuelle Zusammensetzung (2020) ist $LiNi_{0,84}Co_{0,12}Al_{0,04}O_2$ für die positive Elektrode als Kathoden-Werkstoff. Rundzellen dieser Zusammensetzung werden zum Beispiel im Tesla Model 3 und Model X verwendet. Vorteilhaft sind hier die hohe Kapazität und Schnelladefähigkeit, nachteilig ist die Gefahr des thermischen Durchgehens und des vorzeitigen Alterns bei steigendem Nickelgehalt sowie die knappen Ressourcen von Nickel und Cobalt, was wiederum zu hohen Kosten führt. Die Batterie eines Tesla Model 3 soll zwischen 4,5 und 9,5 kg Cobalt und 11,6 kg Lithium benötigen.

Lithium-Eisenphosphat ($LiFePO_4$) als Aktiv-Werkstoff für die Kathode (LFP-Akku) hat Vorteile in Bezug auf Kosten und Umweldverträglichkeit, da kein Cobalt benötigt wird. Sie ist sehr sicher auch bei Unfällen, da sie thermisch nicht durchgeht, sie ist relativ unempfindlich, auch bei tieferer Entladung. LFP-Akkus haben eine hohe Zyklenfestigkeit > 5.000 Zyklen und damit eine hohe Lebensdauer.
Nachteilig ist die niedrigere Nennspannung von 3,3 V und eine geringere Kapazität als eine NMC-Zelle, was zu mehr und größeren Zellen für z. B. einen 400-V-Fahrzeugbatterie führt und damit zu mehr Gewicht oder geringerem Energieinhalt.

Lithium-Titanat als Aktiv-Material für die negative Elektrode als Anoden-Werkstoff hat den Vorteil, dass sie weniger schnell altert als das herkömmliche Lithium-Grafit. Außerdem kann das Titanat nicht mit den Oxiden der Cu-Elektrode reagieren, was ein thermisches Durchgehen, auch bei mechanischen Beschädigungen des Akkus durch Unfälle sicher verhindert. Sie besitzt eine hohe Schnellladefähigkeit (10 C) und eine sehr hohe Zyklenzahl bis 30.000 Zyklen, also eine besonders hohe Lebensdauer. Diese Akku-Ausführung wird in normalen E-Fahrzeugen aber nicht verwendet, weil sie nur eine Nennspannung von 2,4 V hat, was zu einem erheblich geringeren Energieinhalt führt. Um auf dieselbe Gesamtspannung und Kapazität wie bei einer NMC-Batterie zu kommen, werden mehr und größere Zellen benötigt. Siemens benutzt solche Lithium-Titanat-Batterien für Batterie betriebene Züge. Bei Zügen kommt es auf das Mehrgewicht nicht so an, hier ist die Lebensdauer entscheidend. Die Vorteile der Schnelladefähigkeit und das höhere Gewicht bei sehr hoher Lebensdauer kann etwa auch für schwere Flugzeugschlepper etc. genutzt werden.

Die Tabellen Bild 37 und Bild 38 vergleichen und bewerten oben beschriebene Kathoden- und Anoden-Materialien nach unterschiedlichen Kriterien wie Energie- und Leistungsdichte, Sicherheit, Lebensdauer und Kosten. Anhand dieser Bewertung sieht man, warum LFP-Zellen einen guten Ruf haben trotz niedriger Energiedichte und warum sich NMC-Zellen zunehmend durchsetzen. NCA-Zellen haben bis auf den Punkt Sicherheit gute Werte.

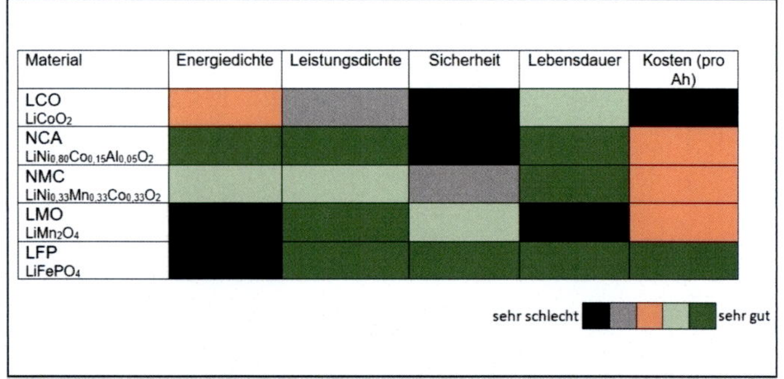

Material	Energiedichte	Leistungsdichte	Sicherheit	Lebensdauer	Kosten (pro Ah)
LCO $LiCoO_2$					
NCA $LiNi_{0,80}Co_{0,15}Al_{0,05}O_2$					
NMC $LiNi_{0,33}Mn_{0,33}Co_{0,33}O_2$					
LMO $LiMn_2O_4$					
LFP $LiFePO_4$					

Bild 37: Bewertung von Kathoden-Materialien nach wichtigen Kriterien

Bei den Anoden-Materialen schneidet die LTO-Zelle hervorragend ab, wird aber in normalen Fahrzeugen wegen der schlechten Energiedichte nicht verwendet. Grafit ist hier die das hauptsächlich eingesetzte Material und wird zukünftig durch Grafit/Si ersetzt.

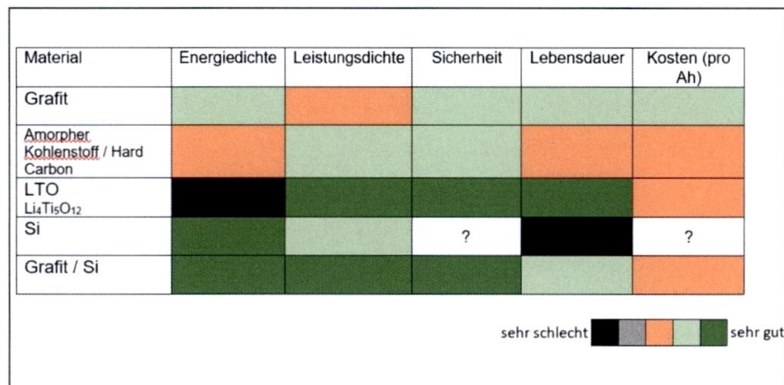

Material	Energiedichte	Leistungsdichte	Sicherheit	Lebensdauer	Kosten (pro Ah)
Grafit					
Amorpher Kohlenstoff / Hard Carbon					
LTO $Li_4Ti_5O_{12}$					
Si			?		?
Grafit / Si					

Bild 38: Bewertung von Anoden-Materialien nach wichtigen Kriterien

Nachfolgend ist eine Tabelle mit tatsächlichen Zellen für die in Kap. 3.1.2 ausgewählten Baugrößen dargestellt, die nach DIN SPEC 91252 genormt sind.

Zelltyp	Aufbau	Kathoden-Material	Anoden-Material	Zellausnutzung (%)	Schichtdicke Kathode (µm)	Schichtdicke Anode (µm)	Kapazität (Ah)
18650	Wickel	NCA	Grafit	93,7	90 – 100	90 – 116	3,3 – 3,5
21700	Wickel	NVA o. NMC 811	Grafit o. Grafit/Si	93,7	78	70 – 107	4,8 – 6,3
PHEV 2	2 Flachwickel o. Stack	NMC 111 o. NMC 811	Grafit o. Grafit/Si	65 – 70	78	70 – 107	43,4 – 67,5
BEV 2	4 Flachwickel o. Stack	NMC 111 o. NMC 811	Grafit o. Grafit/Si	65 – 70	78	70 – 107	108,9 – 169,3
Pouch	Stack	NMC 111 o. NMC 811	Grafit o. Grafit/Si	97	78	70 – 107	73,6 – 98,1

In dieser Tabelle wird beschrieben, welche der am Markt stark vertretenen Zellen die oben beschriebenen Materialien einsetzen. Bei der Auflistung bedeutet „oder (o.)“ und „bis (–)“ immer die neuere Variante mit der Prognose für das Jahr 2025. Die größten Möglichkeiten zur Optimierung der Energiedichte hat die Pouchzelle, gefolgt von der 21700er Rundzelle.

3.1.9 Feststoffbatterien mit Li-Ionen-Technik

Neu entwickelte Feststoffbatterien ersetzen den flüssigen Elektrolyten durch einen festen Stoff, der ebenfalls fähig ist, positive Li-Ionen durchwandern zu lassen und damit leitfähig zu sein. Bekannt ist dieser Feststoff-Elektrolyt bereits aus Lambdasonden.

Der Feststoff-Elektrolyt soll
- eine möglichst gute Ionen-Leitfähigkeit
- aber keine elektrische Leitfähigkeit

besitzen, d. h. als Isolator funktionieren. In Feststoffbatterien wird also ein Elektrolyt aus einer Keramik bzw. aus Glas oder aber auch aus einem Glas-Keramik-

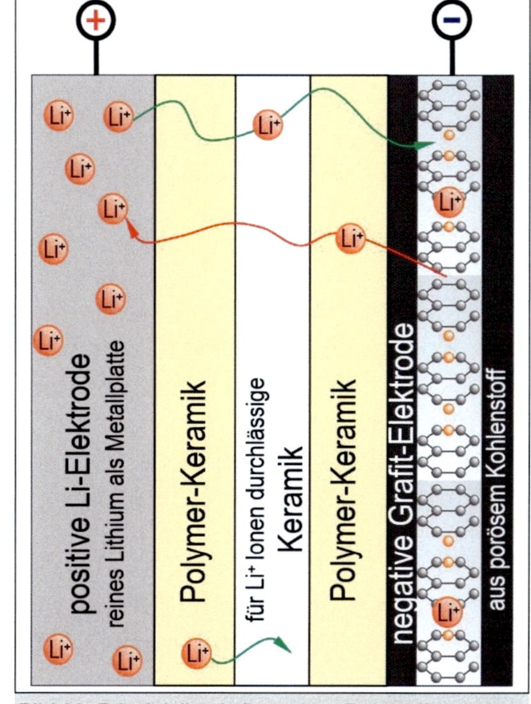

Bild 39: Prinzipieller Aufbau einer Feststoffbatterie

Kompositmaterial verwendet. Der Elektrolyt muss eine gute Verbindung zu den Elektroden eingehen, soll aber den Separator aus Kunststoff ersetzen, da dieser wie auch der flüssige Elektrolyt brennbar ist und sich bei Unfällen durchdrückt und zu verheerenden Kurzschlüssen führen kann.

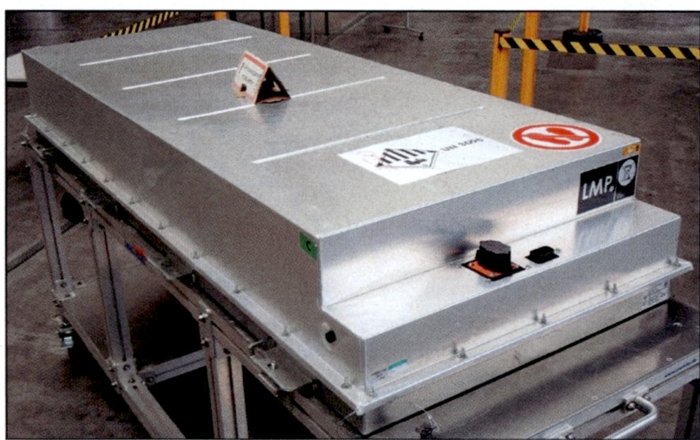

Bild 40: LMP-Feststoffbatterie aus eCitaro-Omnibus

Damit der Ionen-Übergang zwischen den Elektroden und dem festen Elektrolyt funktioniert, benötigt die Zelle eine Temperatur von etwa 80 °C. Das bedeutet, dass die Batterie im Stand, wenn nicht geladen wird oder das Laden nicht genügend Temperatur erzeugt, geheizt werden muss. Der feste Elektrolyt kann weder „einfrieren" noch „kochen". Daher muss die Batterie nicht gekühlt werden.

Um höhere Energiedichten als herkömmliche Li-Ionen-Akkus zu erhalten, wird keine Metall-Oxid-Schicht an der positiven Elektrode verwendet, sondern festes Lithium(-Metall). Das bringt einen weiteren großen Vorteil: es werden keine kostspieligen Metalle wie Nickel, Mangan und Cobalt benötigt. Die negative Elektrode kann anstatt aus Grafit auch aus $LiFePO_4$ bestehen. Mercedes/EVO-Bus verwendet im eCitaro bereits diese neuen Feststoff-Batterien als sogenannte LMP-Batterien (Lithium-Metall-Polymer) des französischen Unternehmens Blue-Solutions mit einem Gesamt-Energie-Inhalt von 441 kWh. Bei einem normalen Omnibus (ohne Gelenk) reicht das für 320 km, bei einem Gelenkbus für 220 km. Blue-Solutions nennt diese Batterie auch „All-Solid-State-Batterie".

Ein weiterer Nachteil (außer der Beheiz-Notwendigkeit) ist, dass die LMP-Batterien nicht schnellladefähig sind und deswegen auch keine Schnell-Zwischenladungen über Pantografen vertragen. Sie müssen nachts „langsam" bzw. „normal" geladen werden. Deswegen bietet Daimler die Omnibusse mit beiden Batterie-Varianten an: herkömmlich mit NMC-Batterien mit flüssigem Elektrolyt und mit der neuen Feststoff-LMP-Batterie.

3.1.10 Sicherheitskonzepte für HV-Batterien mit Li-Ionen-Technik

HV-Batterien, die 2010-2014 in unsere Fahrzeuge eingebaut wurden, würden heutige Zulassungen nicht mehr erhalten. Erfahrungen durch Unfälle, Ereignisse beim Laden etc. zwingen den Gesetzgeber und die Hersteller zu besseren und umfangreicheren Sicherheitsmaßnahmen, sodass sich Li-Ionen-Batterien nicht entzünden und in Brand geraten können. Hier geht es nicht um die elektrische Berührsicherheit, die von Anfang an hervorragend gelöst worden war, sondern darum, dass die HV-Batterie mit ihrer immensen gespeicherten Energie als „eigensicher" gilt und es bei Defekten und Unfällen nicht zu verheerenden Bränden mit entsprechenden Folgen für die beteiligten Menschen, Gebäude etc. führt.

Das Schema in Bild 41 zeigt, welche Sicherheitsauflagen an heutige HV-Batterien gestellt werden. Dazu kommen natürlich die Maßnahmen wie Berührschutz, Schütze, Abschalteinrichtung, Dichtigkeit, Versteifungen für Crash-Sicherheit.

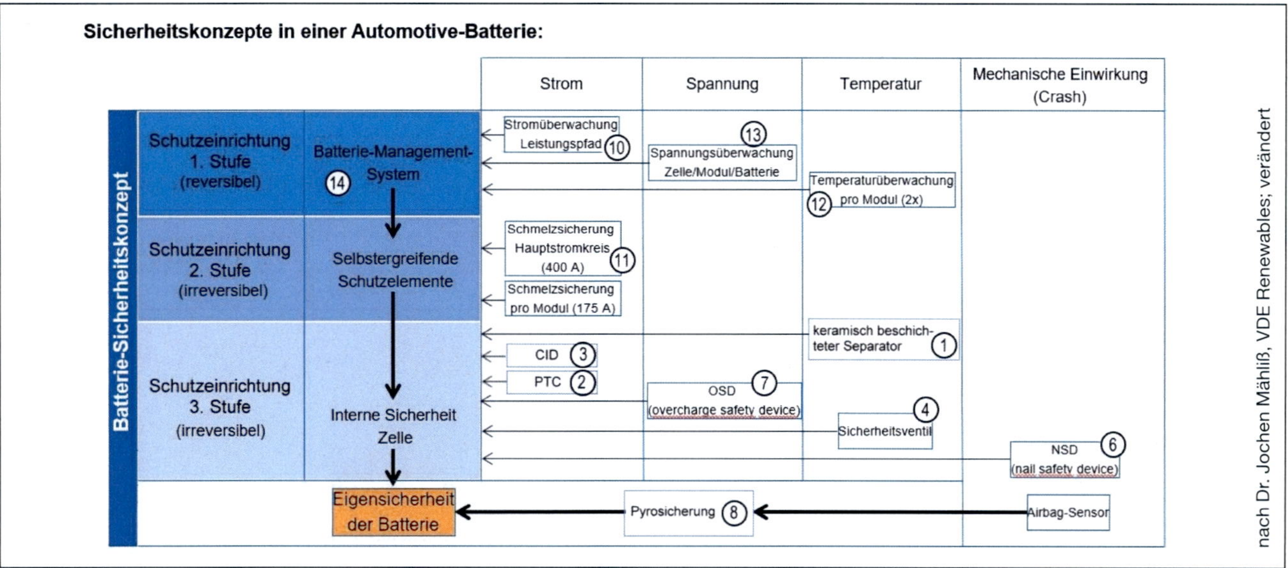

Bild 41: Sicherheitskonzepte heutiger Li-Ionen-Fahrzeug-Batterien

Bild 42 bis Bild 46 zeigen Sicherheitseinrichtungen in Rund- und prismatischen Zellen zu obiger Aufstellung der Konzepte. Im oberen Bereich der Zellen befinden sich folgende zellinterne Sicherheitselemente:

① Keramisch beschichtete **Shutdown-Separatoren**, die bei hoher Wärmeentwicklung in der Zelle durch Schmelzen der Isolatorschicht den Li^+-Ionen den Durchlass versperren. Dadurch kann die Zelle keinen Strom mehr abgeben.

② Der Pluspol wird über ein **PTC**-Kontakt-Material mit der Kathode (Metalloxid-Schicht) verbunden. Bei zu hohem Lade- oder Entladestrom wird der PTC heiß und begrenzt diesen mit seinem größer werdenden Widerstand.

③ Bei Überladung (ca. 5 V) entsteht in der Zelle Sauerstoff (O_2) aufgrund der Zersetzung der Metalloxid-Kathode. Dadurch steigt der Druck in der Zelle und die rote Scheibe (Bild 44) wölbt sich nach oben. Dabei öffnet sich die orange Metall-Kontaktierung (Kontakt reißt ab) und der **CID** (**C**urrent **I**nterrupt **D**evice) unterbricht den Ladestrom irreversibel.

④ Steigt der Druck trotzdem weiter an, reißt die rote Scheibe (**Sicherheitsventil**, Bild 45) an einer Sollbruchstelle, und das Gas kann entweichen (siehe Video). Das verhindert ein explosionsartiges Bersten der Zelle.

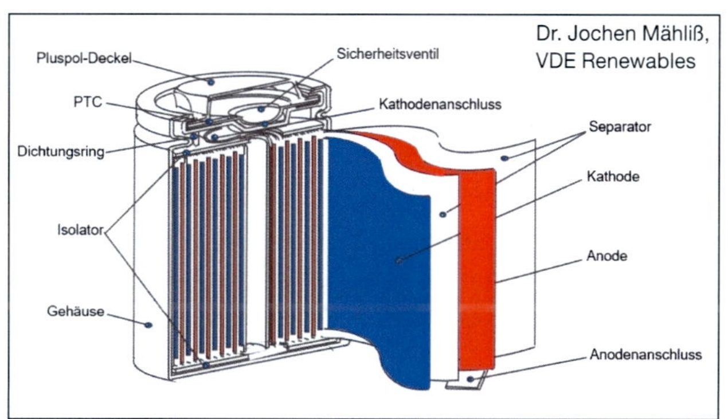

Bild 42: Aufbau u. Sicherheitseinrichtung Li-Ion-Zelle

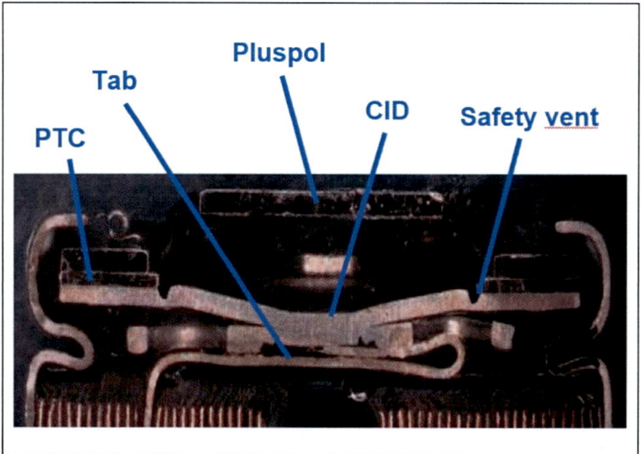

Bild 43: Schnitt Rundzelle mit Sicherheitseinrichtung

Video „Flash Battery Safety, https://www.youtube.com/watch?v=hCDkjOak3E0

⑤ Die Kontaktierung der Kathode kann in der Zelle so gestaltet sein, dass sie als **Schmelzsicherung** bei zu hohen Strömen wirken und durchbrennen kann. Eine andere Möglichkeit besteht beim Zusammenschalten der Zellen zu einem Modul mithilfe von dazu dimensionierten Bonddrähten (siehe Bild 04, Seite 48 Tesla-Modul). Hier kann der **Bonddraht** als Sicherung wirken und durchbrennen.

⑥ Eine weitere Sicherheitseinrichtung ist das Nail Savety Device **NSD**. Auf der Außenseite der prismatischen oder Pouch-Zelle (Bild 47) wird eine isolierte dickere Metallschicht angebracht (die auch der Kühlung dient). Bei einer punktuellen Verletzung der Zelle bei einem Unfall durch Druck oder durch Eindringen eines spitzen Gegenstandes wird der dabei entstehende lokale große Kurzschluss-Strom an der kleinen kreisrunden Mantelfläche der Verletzung schnell in einen Strom über eine große Fläche überführt. Dadurch entsteht punktuell nicht so große Wärme, sodass ein thermisches Durchgehen der Zelle und des Moduls verhindert wird. (Siehe dazu das obige Video.)

Bild 47: NSD-Kupfer-Blech in Zellenmitte angeordnet und auf der Bodenseite als Kühlfläche abgewinkelt

⑦ Eine weitere Sicherheitseinrichtung in der einzelnen Zelle wird **OSD** (**O**vercharge **S**afety **D**evice) genannt. Bild 48 zeigt die prinzipielle Funktion: Der steigende Druck durch ein Überladen der Zelle verwölbt eine metallische Membran am Minuspol der Zelle, die einen Zell internen Kurzschluss erzeugt. Es stellt sich ein sehr hoher Kurzschlussstrom ein, der eine am Pluspol integrierte Schmelzsicherung zum irreversiblen Durchbrennen bringt. Damit ist der Ladestromkreis unterbrochen, bevor es zu einem Brand oder Bersten der Zelle kommt.

Neben den Maßnahmen in der einzelnen Zelle gibt es Einrichtungen, die für die gesamte HV-Batterie zuständig sind. Das ist zum einen die

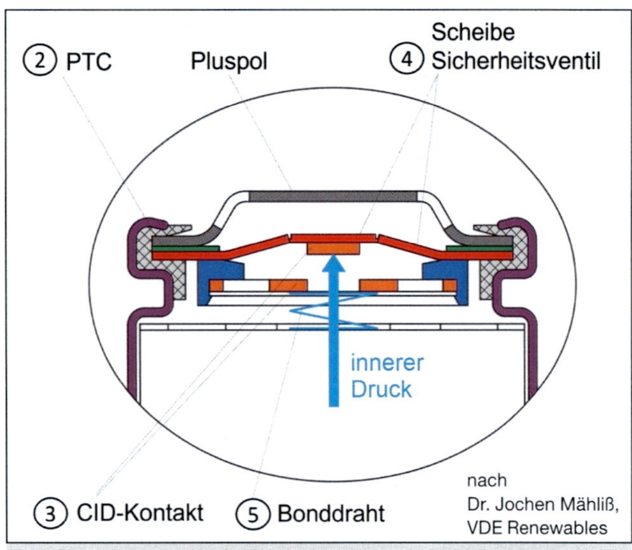

Bild 44: Schema CID unterbricht Stromkreis (Rundzelle)

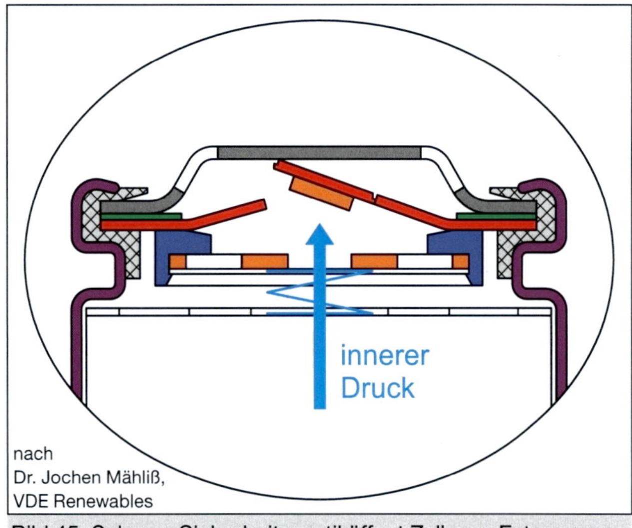

Bild 45: Schema Sicherheitsventil öffnet Zelle zur Entgasung

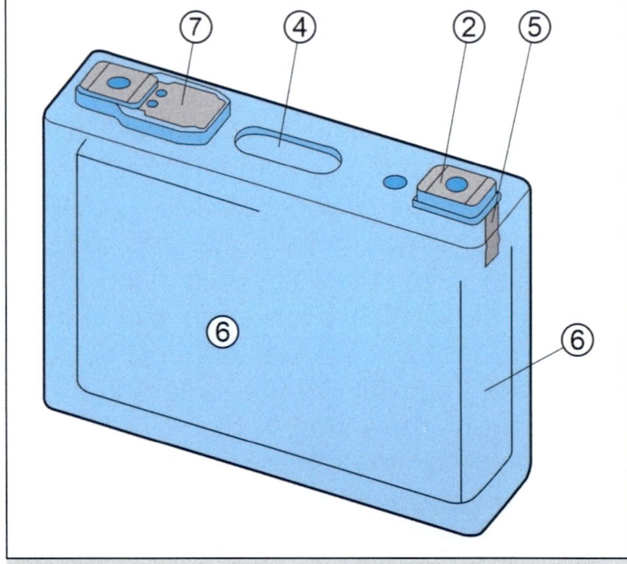

Bild 46: Schema prismatische Zelle mit Sicherheitseinrichtungen (die Zahlen ② – ⑦ verknüpfen den Text)

Pyrosicherung und zum anderen das Überdruckventil.

⑧ Die **Pyrosicherung** der HV-Batterie eines VW ID.3 wird in Bild 49 gezeigt. Sie sitzt am Ausgang der HV-Batterie zwischen den Außenanschlüssen zum Wechselrichter und zur DC-Ladesteckdose und beinhaltet den Minus-Schütz sowie den Minus-DC-Ladeschütz. Kommt es zu einem Crash, bei dem ein Airbag oder Gurtstraffer Stufe 2 aktiviert wird, wird auch die Pyrosicherung aktiviert und trennt die Batterie sicher vom HV-Netz. Die Trennung ist irreversibel. Die HV-Batterie des ID.3 muss ausgebaut und geöffnet werden. Dann muss die Pyrosicherung oder die gesamte minus-seitige Schaltbox der Batterie getauscht werden. (Der Ladeschütz und Widerstand entfallen beim VW ID.3 und 4, da der Zwischenkreiskondensator über den DC/DC-Wandler vorgeladen wird.)

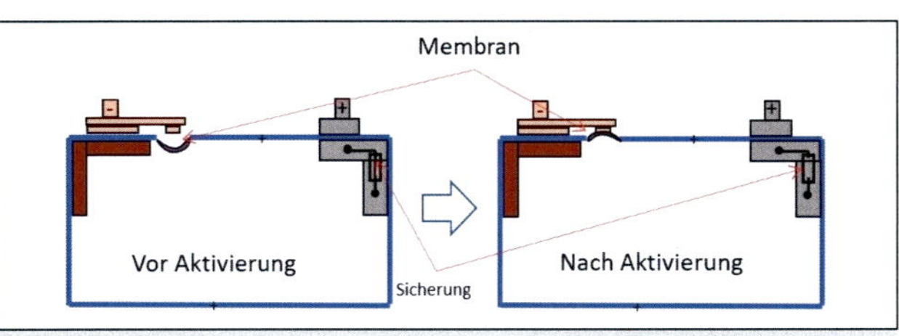

Bild 48: Schema Funktion Overcharge Safety Device

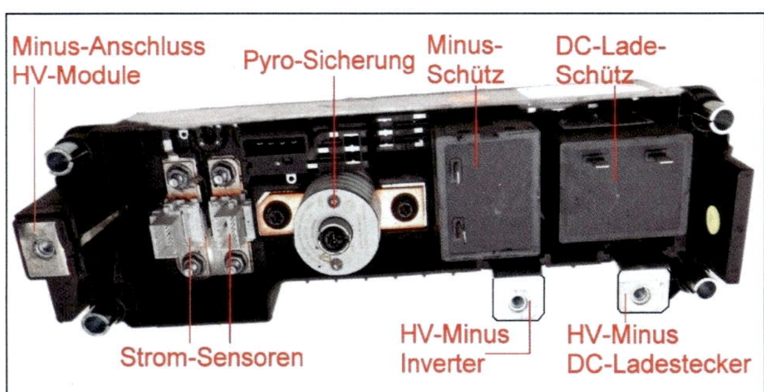

Bild 49: Pyrosicherung der Minus-Schaltbox eines VW ID.3

⑨ Bild 50 zeigt das Überdruckventil einer HV-Batterie, an die eine flexible Edelstahl-Rohrleitung angeschlossen ist, die eventuelle Gase aus den Zellen ins Freie abblasen lässt. Diese Leitung mit dem Ventil dient auch zum „Atmen" der Batterie bei Druckänderungen aufgrund von Temperaturschwankungen und Höhenänderungen.

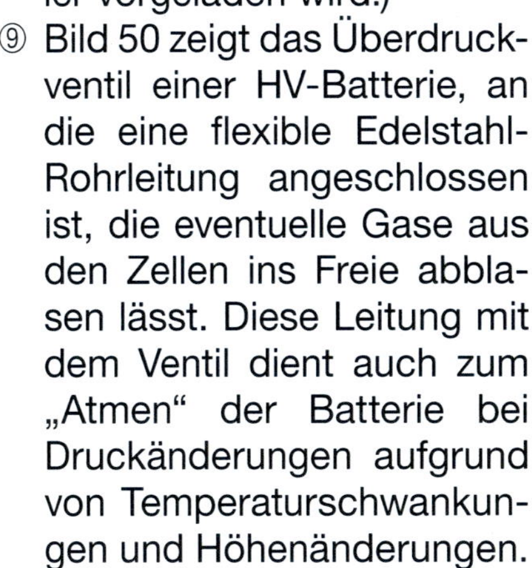

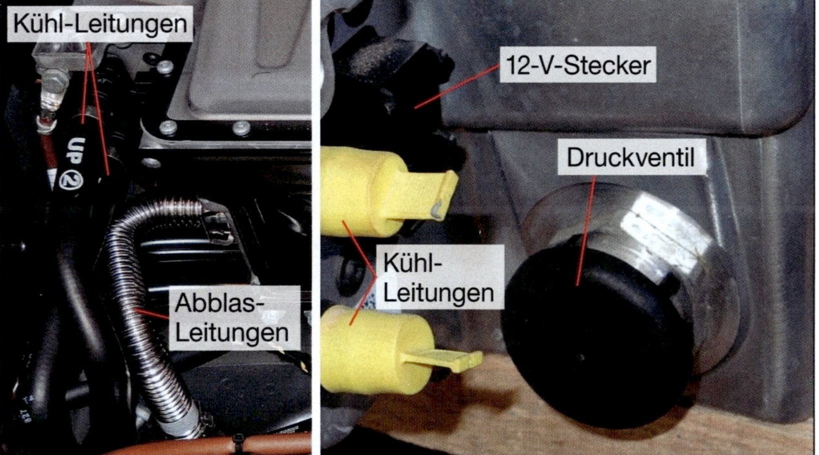

Bild 50: links: Entgasungs-Leitung nach Außen, rechts: Druckventil an HV-Batterie

3.1.11 Aufbau einer HV-Batterie

Bild 51 zeigt den prinzipiellen Aufbau einer Hochvolt-Batterie mit allen sicherheitstechnischen Zusatzeinrichtungen (die Nummern beziehen sich auf das Schema Bild 41):

- Druckausgleich (geht direkt ins Freie, da Batterie unter dem Fahrzeug angeordnet ist),
- Stromsensor, meldet die in und aus der Batterie fließende Stromstärke,
- Hauptsicherung spricht bei gefährlich hohen Strömen über 350 A an,
- Temperaturüberwachung: bei zu hoher Temperatur wird die Leistung reduziert oder sogar abgeschaltet,
- das Balancing-Steuergerät überwacht die Temperaturen und Spannungen der Module und sorgt für gleichmäßige Spannungen der Zellen innerhalb jedes Moduls,
- BMS sorgt für die Gesamtkommunikation mit dem Fahrzeug, schaltet die Schütze,
- der Batterie-Deckel ist aus Kunststoff und wegen EMV mit einer Aluminiumhaut versehen. Der Deckel ist mit dem Unterteil wasserdicht verklebt,
- der Batterie-Unterteil ist eine Stahlwanne und gegen Seitenaufprall verstärkt,

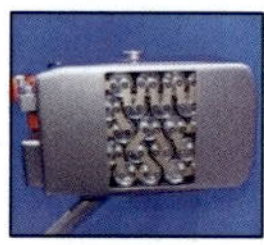

- der 12-V-Anschluss mit CAN-Kommunikation und Klemme 30c befindet sich vorne
- der vordere HV-Anschluss ist die Verbindung zum Wechselrichter; über ihn findet auch der AC-Ladevorgang statt,
- der hintere HV-Anschluss ist der DC-Ladeanschluss,
- die Schützbox in der Mitte (Kardan-Tunnel beim Verbrenner e-up) hat drei Schütze für HV+ und HV– sowie den Vorladeschütz sowie zwei Schütze für das DC-Laden.

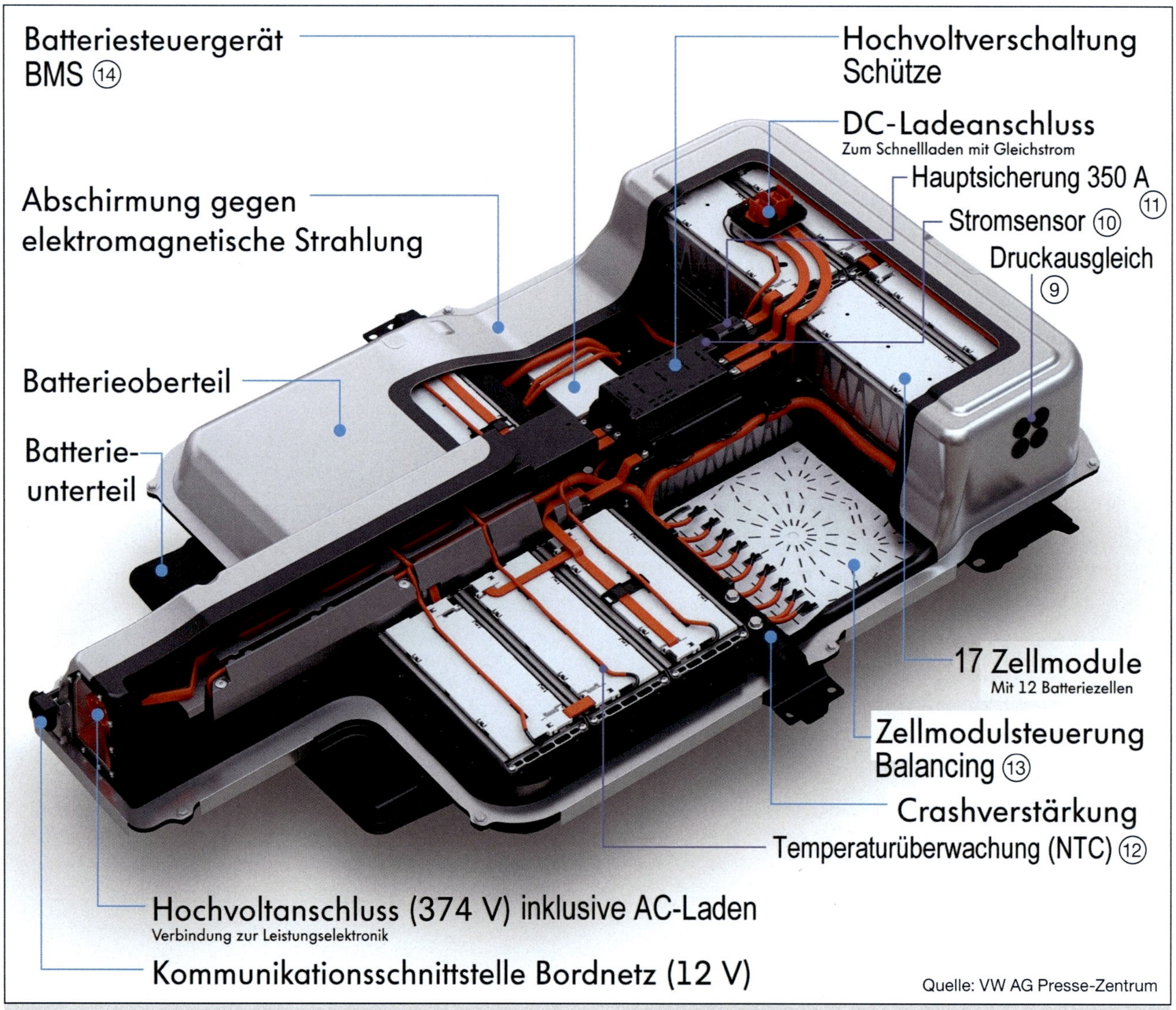

Batteriesteuergerät
BMS ⑭
Abschirmung gegen
elektromagnetische Strahlung
Batterieoberteil
Batterie-
unterteil
Hochvoltverschaltung
Schütze
DC-Ladeanschluss
Zum Schnellladen mit Gleichstrom
Hauptsicherung 350 A
⑪
Stromsensor ⑩
Druckausgleich
⑨
17 Zellmodule
Mit 12 Batteriezellen
Zellmodulsteuerung
Balancing ⑬
Crashverstärkung
Temperaturüberwachung (NTC) ⑫
Hochvoltanschluss (374 V) inklusive AC-Laden
Verbindung zur Leistungselektronik
Kommunikationsschnittstelle Bordnetz (12 V)
Quelle: VW AG Presse-Zentrum

Bild 51: prinzipieller Aufbau einer HV-Batterie (mit Sicherheitseinrichtungen), hier VW e-up

Eine Besonderheit stellt der Aufbau dieser VW-e-up-Batterie dar: sie hat keine aktive Kühlung.

Daher ist eine 2. HV-Batterie eines 5er PHEV-BMW mit Kühlung dargestellt, die sonst aber ähnliche Elemente aufweist. Diese Batterie wird mit Kältemittel gekühlt. Die unten plangeschliffenen Module sitzen auf Kühlgittern, die die Wärme aus den Modulen aufnehmen. Das Kältemittel transportiert die Wärme über den elektrischen Klimakompressor zum Kondensator.

Module
Kühlgitter
Balancing-SG
BMS
Kühlmittel-
Leitungen

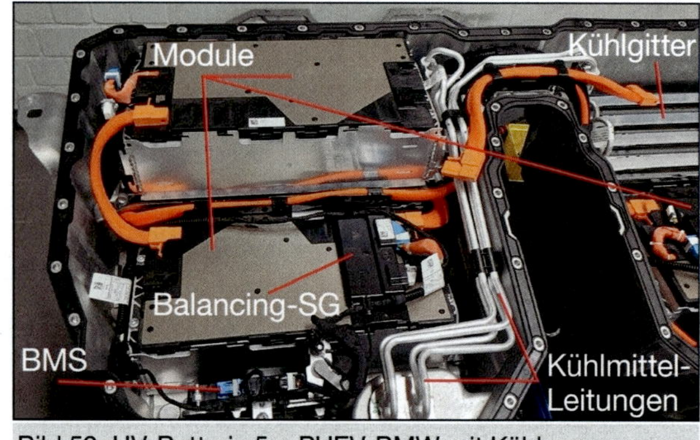

Bild 52: HV-Batterie 5er PHEV-BMW mit Kühlung

3.1.12 Zell-Balancing

Da sich die einzelnen Zellen einer Hochvolt-Batterie aufgrund von Nebenreaktionen wie z. B. Zelloxidation, Benutzerverhalten, Temperatur und Selbstentladung verändern, haben sie nach einiger Zeit unterschiedliche Ladezustände.
Es gibt dann Zellen, die nur sehr niedrig geladen sind (Bild 53 Zelle 3 und 5) und gleichzeitig Zellen, die relativ hoch geladen (Zelle 1 und 2) sind. Die Zellen, die niedrig geladen sind, bestimmen die Entladegrenze für die gesamte HV-Batterie (Gesamtkapazität sinkt), während die noch hoch geladenen Zellen die Ladegrenze vorgeben. Lädt man z. B. die HV-Batterie weiter auf, bis auch die niedrig geladenen Zellen die Ladeschlussspannung erreicht haben, sind die zuvor noch hoch geladenen Zellen bereits geschädigt. Im Extremfall kann der Ladezustand der einzelnen Zellen so weit auseinanderdriften, dass die Batterie weder entladen noch geladen werden dürfte, ohne Zellen zu schädigen.

Daher benötigt man für Hochvolt-Antriebsbatterien mit Li-Ion-Technik ein aufwendiges Batteriemanagement, das neben anderen Aufgaben die Zellen in bestimmten Zeitabständen auf den gleichen Ladezustand bringt, d. h. die Zellen einander angleicht, damit sie wieder gleichmäßig in gleicher Menge Strom abgeben und Spannung zur Verfügung stellen können. Diesen Vorgang nennt man Balancing.
Je nach Hersteller und Größe der Li-Ion-Batterie kann diese Aufgabe das Steuergerät des Batterie-Management-Systems (BMS) oder ein eigenes Balancing-Steuergerät (SG) übernehmen. Häufig hat jedes Modul sein eigenes Balancing-SG. Dieses Steuergerät (BMS) muss die Spannung jeder einzelnen Zelle überwachen und für jede einzelne Zelle eine zuschaltbare Entlademöglichkeit besitzen (Schema Bild 55).
Dieser „Reset" der Zellenspannung wird im Ruhezustand des Fahrzeugs bei Überschreitung einer vorgegebenen Spannungsdifferenz (bei VW z. B. $\Delta U = 20$ mV) der Zellen durchgeführt. Dabei wird der Pluspol der Zelle mit der höheren Spannung über einen Entladewiderstand und eine Endstufe mit dem Minuspol verbunden (siehe Schaltung und Bild 56).

Hat diese Zelle dann die Ruhespannung der Zelle mit der niedrigsten Spannung erreicht, wird die

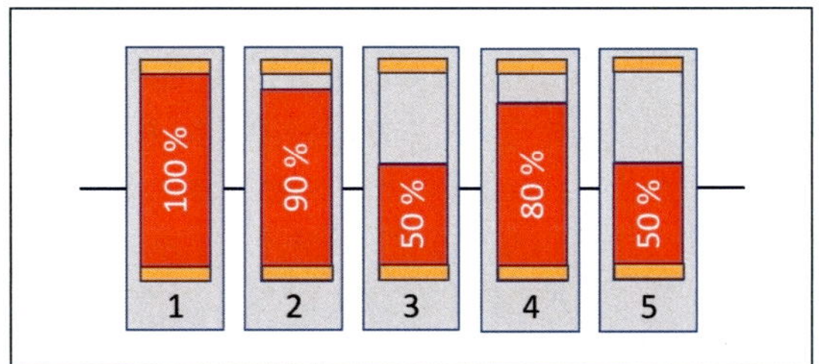

Bild 53: Schema Modul mit ungleich geladenen Zellen

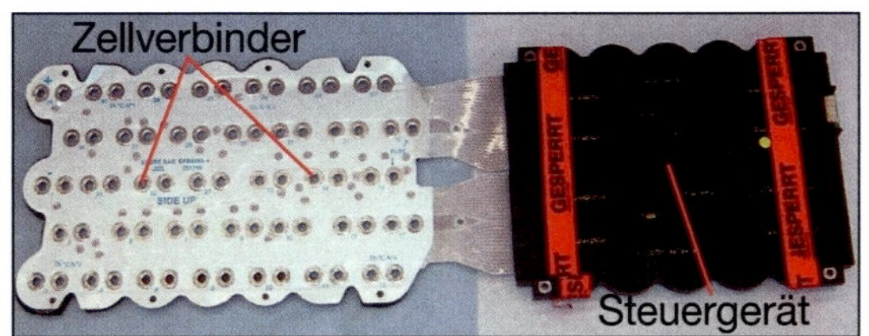

Bild 54: Balancing-Steuergerät mit Zell-Verbinder Li-Ion-Akku Mercedes S 400 bzw. BMW 7er Active Hybrid

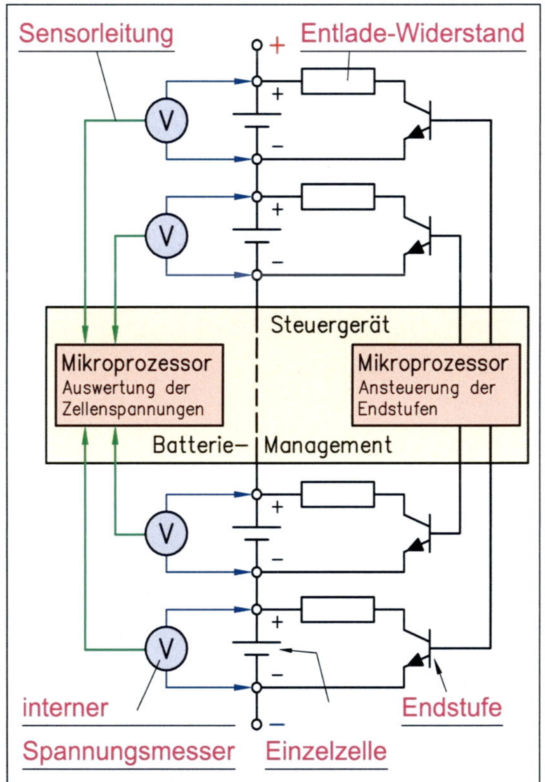

Bild 55: Schema-Schaltung Balancing

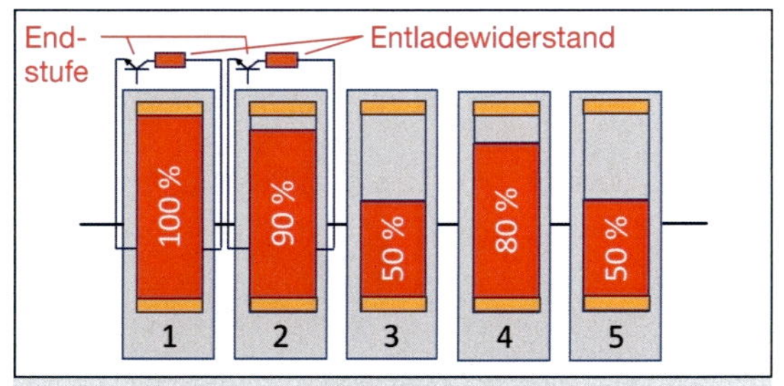

Bild 56: Schema Balancing aktiv an Zellen 1 und 2

Entladung durch Sperren des Endstufen-Transistors abgebrochen. Nach diesem „Reset“ aller Zellen, haben alle Zellen wieder den gleichen Ladezustand. Für den Begriff „Ladezustand“ einer Batterie gibt es den Fachbegriff „SOC“ (state of charge).
Für den Ladungsausgleich und die Spannungserfassung benötigt man eine aufwendige Zellenkontaktierung (siehe Bild 54).

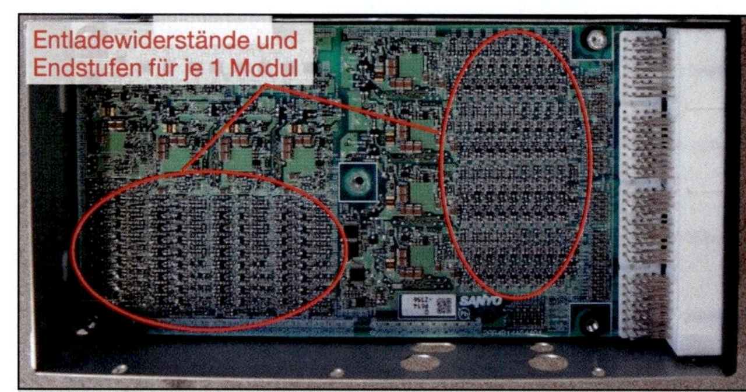

Bild 57: Balancing-Platine HV-Batterie Audi Q5 Hybrid

3.1.13 Batterie-Bauformen/-Größen

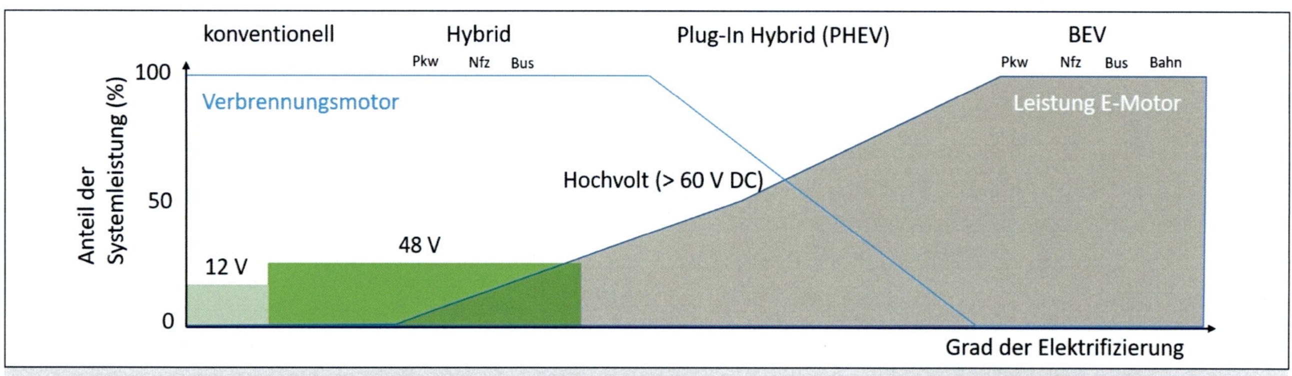

Bild 58: Diagramm Verwendung Li-Ion-Batterien in Abhängigkeit der el. Systemleistung u. dem Elektrifizierungsgrad

Je nachdem, ob es sich um ein konventionelles Fahrzeug, einen Hybriden, einen Plug-In-Hybriden oder ein reines E-Fahrzeug (BEV) handelt, steigt damit der Anteil der elektrischen Systemleistung und damit der notwendigen Batteriegröße.
Je kleiner die Batterie ist, desto größer ist die Leistungsanforderung, d. h. die C-Rate für Laden und Entladen. Das bedeutet, für Mild- und Full-Hybride wird die Batterie mehr auf Leistung ausgelegt. Bei BEV hingegen kommt es mehr auf den Energieinhalt mit geringeren C-Raten an. PHEV befinden sich im Bereich dazwischen. Teilweise werden trotzdem die gleichen Batterien eingesetzt: Der Mercedes E-Sprinter hat als BEV z. B. vier Pkw-PHEV-Batterien unter seinem Aufbau im Rahmen untergebracht.

Quelle: CS-Electronic GmbH

Bild 59: 12-V-Li-Ion-Starterbatterie

Bild 60: 48-V-Li-Ion-Batterie aus BMW-Mild-Hybrid mit Kühlanschlüssen (10 Ah, 0,44 kWh)

Bild 61 zeigt eine Mild-Hybrid-Batterie aus Mercedes-Fahrzeugen der Baureihen W 222, W 205 u. W 212 mit 125 V Nennspannung, 6,5 Ah Kapazität und 0,8 kWh Energieinhalt u. 23 kg Gewicht.

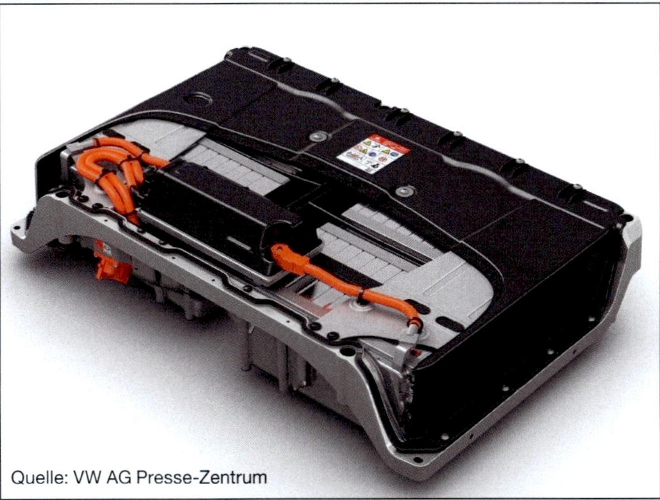
Quelle: VW AG Presse-Zentrum

Bild 62: HV-Batterie eines VW Golf GTE (PHEV) mit 345 V, 25 Ah, 8,8 kWh, 8 Module à 12 Zellen, 120 kg

Bild 64: HV-Batterie eines Mercedes eCitaro Omnibus (BEV) mit ca. 750 V, 33 kWh, 180 Zellen

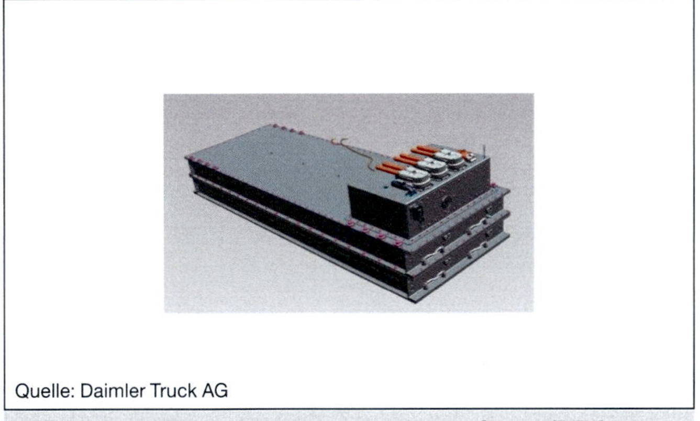
Quelle: Daimler Truck AG

Bild 65: HV-Batterie eines Mercedes eActros Gen. 2 (BEV) mit ca. 400 V, 223 Ah, 105 kWh, 216 Zellen, 700 kg

Quelle: Daimler AG
Multiplikatoren-Schulung

Bild 61: Mercedes Hybrid-Batterie PB 110

Quelle: Daimler AG Media

Bild 63: HV-Batterie eines Mercedes EQC (BEV) mit 400 V, ca. 200 Ah, 80 kWh, 384 Zellen, 650 kg

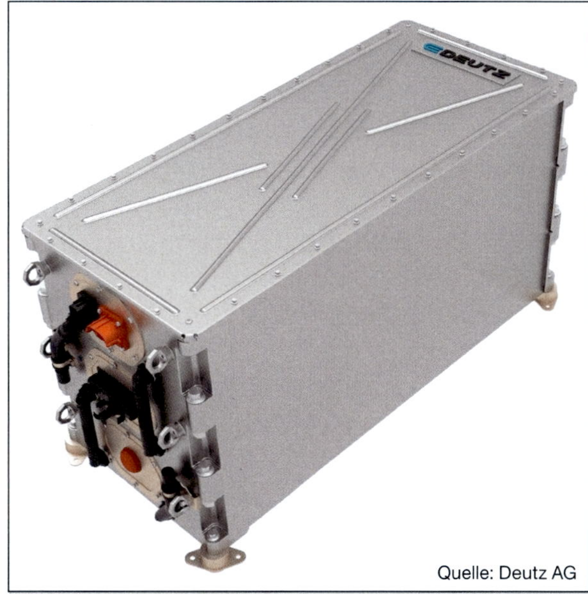

Quelle: Deutz AG

Bild 66: HV-Batterie für Baumaschinen, Radlader mit 360 V, 42 kWh

3.1.14 Zusammenfassung Li-Ion-Batterien

Der Lithium-Ionen-Akku hat viele gute Eigenschaften, die dazu geführt haben, dass er sich als Antriebsbatterie durchgesetzt hat, sodass es zurzeit keine Alternative gibt:

- Kein Memory-Effekt
- Kaum Selbstentladung
- Hohe Lebensdauer
- Hoher Wirkungsgrad: ca. 90 %
- Hohe Leistungs- und Energiedichte
- Hohe Spannung (dreimal so hoch wie ein NiMH-Akku) 3,6 bis 3,8 V

Li-Ionen-Akkus haben auch **gravierende Nachteile**, zum Teil aus den Gründen, die am Anfang des Kapitels angesprochen wurden:

- *Große* Temperaturempfindlichkeit: bei zu niedrigen Temperaturen (< 10 °C) nimmt die Beweglichkeit die Li-Ionen und damit der Wirkungsgrad stark *ab*; bei zu hohen Temperaturen kommt es zu Zell*oxidation* mit beschleunigter Alterung der Zellen. Hohe Temperaturen können bei hohen Strömen durch den relativ hohen Innenwiderstand der Li-Zellen entstehen, was zu *schmelzenden* Separatoren und verheerenden *Kurzschlüssen* mit Brand- und Explosionsgefahr führen kann.
- Hohe Empfindlichkeit gegen *Überladung*, weil es auch hier zu Zelloxidationen und irreversiblen *Schäden* und starken Alterungsprozessen kommen kann.
- Hohe Empfindlichkeit gegen *Tiefentladung*. Auch hier kommt es zu großen Kapazitätsverlusten aufgrund irreversibler Schädigungen der aktiven Schichten an den Elektroden.
- Hohe Empfindlichkeit gegen mechanische Belastungen, Quetschungen, Beschädigungen, z. B. bei Unfällen, was ebenfalls zu inneren *Kurz*schlüssen führen kann.
- Bei Beschädigungen kann sehr **gefährlicher Elektrolyt** *austreten*; dieser Elektrolyt aus *Lithiumhexafluorophosphat* bildet mit Wasser *Flusssäure* (HF), die farblos ist und stechend riecht. Flusssäure gehört zu den *gefährlichsten* Stoffen, mit denen man in Berührung kommen kann, da sie ein starkes Kontakt*gift* ist, das von der Haut aufgenommen wird. Die Schmerzwirkung tritt sehr *spät* (meist zu spät) auf, die Verätzungen gehen bis in tiefste *Gewebe*schichten; auch die Knochen werden angegriffen. Flusssäure ist ein *Nerven*gift und kann schon bei kleinen Mengen *tödlich* wirken. Daher sind beschädigte Lithium-Ionen-Akkus sehr gefährlich. Der nachfolgend beschriebene Rettungsleitfaden bestätigt auf S. 45, dass in Daimler HV-Batterien dieser gefährliche Elektrolyt verwendet wird: „Das entstehende Rauchgas enthält giftige und ätzende Komponenten wie z. B. Flusssäure!“
- Bei Beschädigungen (auch kleiner Li-Ionen-Zellen wie in Handys) kann *Wasser bzw. Luftfeuchtigkeit* in die Zellen eintreten, die dann wegen des Lithiums sehr heftig (explosionsartig) reagieren können.

3.1.15 Transport und Lagerung von Li-Ionen-Batterien

Aufgrund der Gefahren, die von Li-Ionen-Akkus ausgehen sind sie in sehr stabilen, wasserdicht geschlossenen, berstsicheren und säurefesten Gehäusen (wie beim Mercedes S 400 Hybrid) untergebracht, die anfangs sogar zugeschweißt waren. Deswegen sind Li-Ionen-Akkus aus Kraftfahrzeugen beim Transport auch als Gefahrgut zu behandeln.

Bild 67: HV-Batterie PB 100 aus Mercedes S400 Hybrid mit Edelstahl-Gehäuse, verschweißt

Die HV-Batterie ist unabhängig vom Verkehrsträger unter folgender Klassifizierung zu befördern: **UN 3480 Lithium-Ionen-Batterie, Klasse 9, VG II**. Die Beförderung der HV-Batterie hat unter strikter Einhaltung der, für den jeweiligen Verkehrsträger anzuwendenden, internationalen und nationalen Vorschriften für die Beförderung gefährlicher Güter zu erfolgen.

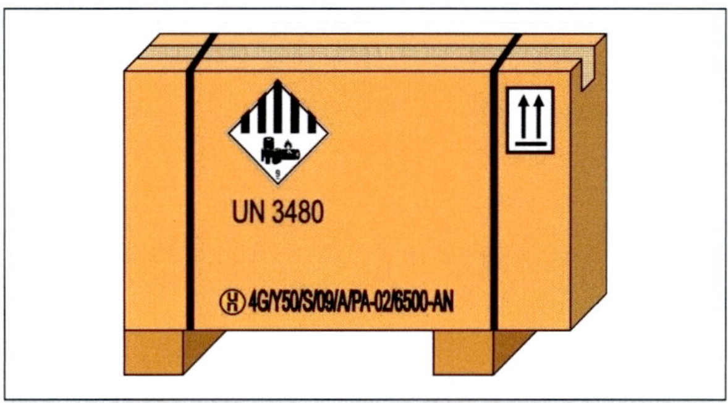

Bild 68: Transportkiste für obige Batterie S400 Hybrid

Neue HV-Batterien bzw. Module und unkritische gebrauchte Batterien und Module, die z. B. wegen zu niedriger Kapazität getauscht werden, dürfen in der Originalverpackung (Bild 68) versandt werden.
Eine gebrauchte Batterie gilt als transportsicher, wenn folgende Kriterien erfüllt sind:

- Das Gehäuse der Batterie weist **keine** Risse oder erhebliche Deformationen auf.
- Aus der Batterie tritt kein Elektrolyt aus bzw. in der Batterie befindet sich kein freier Elektrolyt.
- Die Gefahr der Überhitzung der Batterie oder der Entstehung von Bränden während der Beförderung kann ausgeschlossen werden.
- Im Zusammenhang mit der Beförderung besteht *keine Gefahr durch inneren oder äußeren Kurzschluss*.

Bild 69: Logo BAM

Daher unterlagen in den ersten Jahren (bis ca. 2015) gebrauchte HV-Batterien, die als NICHT TRANSPORTSICHER einzustufen waren, einem VERBOT DER BEFÖRDERUNG. Jetzt gibt es entsprechende Ausnahmegenehmigungen der zuständigen nationalen Behörden. In Deutschland ist das das **B**undes**a**mt für **M**aterialforschung und -prüfung. Dort muss für jede HV-Batterie oder Modul mit Angabe des Zellentyps, Elektrolyts, Kapazität, ..., der Transport mit einer geeigneten Verpackung und einem geeigneten und benannten Transportunternehmen beantragt werden.

Bild 70: Defekte HV-Batterie (PB 100) aus 7er BMW Active Hybrid mit 3 kurzgeschlossenen Zellen

Beispiel für eine defekte Batterie: fällt eine HV-Batterie aus einer Höhe von über 50 cm auf den Werkstattboden, muss sie entsorgt werden.

Bild 70 und Bild 71 zeigen eine defekte HV-Batterie aus einem 7er BMW Active Hybrid, die zu Analysezwecken geöffnet wurde. Die Batterie wurde getauscht, weil der Werkstatttester den Kurzschluss von 3 Zellen als Fehler ausgelesen hatte. Die funktionierenden Zellen dieser Batterie hatten zwei Jahre nach dem Defekt immer noch fast volle Spannung.

Bild 71: HV-Batterie wie Bild 70 mit Hitze-Schäden

Eine solche Batterie gilt als **unklar** und **kritisch**:

→ Batterie in Quarantäne im Freien mind. fünf Tage in Quarantäne-Box (Bild 72 u. Bild 74) lagern.

→ Temperatur an mehreren Stellen der HV-Batterie überwachen, z. B. mit Temperatur-Messstreifen zum Aufkleben wie Bild 73.
→ Kritische Batterie darf erst dann transportiert werden, wenn mind. fünf Tage keine Temperaturerhöhung festzustellen war.
→ Qualifikation hierfür: mind. Stufe 3 nach DGUV 200-005 bzw. 209-093
→ Gefahrgutunterweisung erforderlich
→ Steigt die Temperatur, muss Feuerwehr benachrichtigt werden
→ Bei Brand: „Mit sehr viel Wasser löschen, um auch einen Kühleffekt zu erreichen!“ (Im Kap. 2.7 wurde bereits dargelegt, dass hier ein Umdenken zum "Löschen" mit Wasser angeraten ist.)

Wie werden unklare und kritische HV-Batterien verpackt?
- Kiste in Kiste-Prinzip (Bild 75)
- Isolation mit Mineralwolle
- Aufsaugen von Elektrolyt durch Mineralwolle
- Gassperre durch doppelte Kunststofffolie
- **Personenschutz** mit Schutzanzug, Atemschutz, säurefeste Handschuhe (Bild 76).

Wie werden HV-Batterien gelagert?
- Lagerbereich von HV-Batterien ist mit Warn- und Verbotsschildern zu versehen

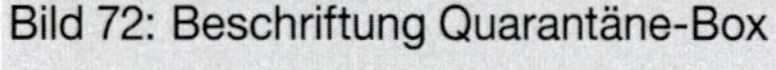

Bild 72: Beschriftung Quarantäne-Box

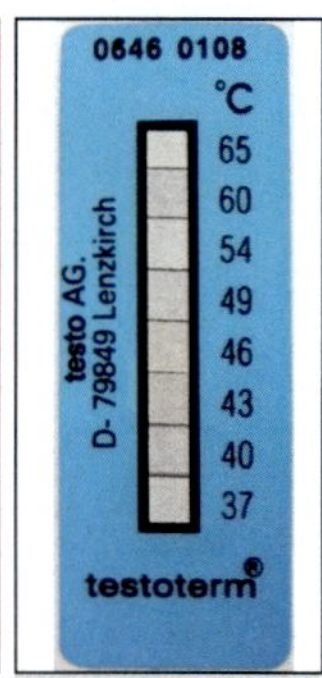

Bild 73: Temp.-Messstreifen

Bild 74: Quarantäne-Box bei EVO-Bus für E-Citaro-HV-Batterien, doppelwandig, wassergekühlt

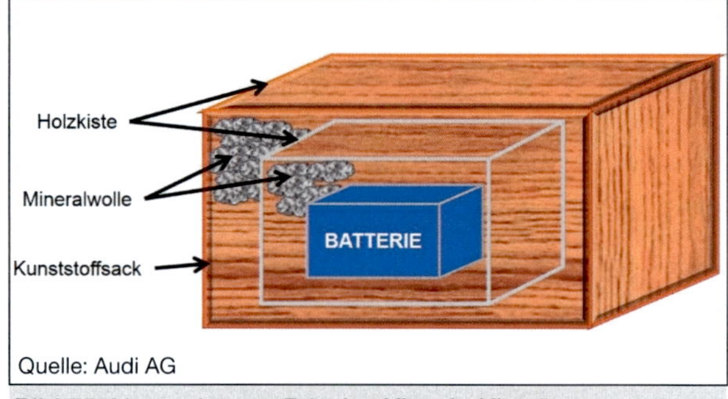

Quelle: Audi AG

Bild 75: Verpackungs-Prinzip „Kiste in Kiste“

Quelle: GENIUS Technologie GmbH

Bild 77: Edelstahl-Transportbox

Quelle: VW AG

Bild 76: Verpacken mit persönlicher Schutzausrüstung

- Der Lagerbereich muss ausreichend be- und entlüftet werden.
- Im Lagerbereich sollte ein geeigneter ABC-Löscher vorhanden sein.
- Es gibt Grenzen für die Anzahl der gelagerten HV-Batterien abhängig von ihren Energieinhalten.
- Behälter und Lagerkammern können mit automatisierten Löschgas-Anlagen mit inerten Gasen ausgestattet sein, die einem eventuellen Brand den Sauerstoff entziehen.

Audi schreibt als Alternative für Kiste in Kiste-System den Transport in Stahl-Transportboxen der Fa. GENIUS Technologie GmbH vor:

- Isolation mit Fire Bubbles (PyroBubbles)
- Aufsaugen von Elektrolyt durch Fire Bubbles
- Stahlbehälter gasdicht mit Druckablassventilen
- PyroBubbles ist ein Löschgranulat aus Siliziumdioxid, das bei Wärme schmilzt und dadurch erstickend und kühlend wirkt.

Bild 78: Löschgranulat PyroBubbles

Quelle: GENIUS Technologie GmbH

Notizen

3.2 HV-Batterien im Einsatz

3.2.1 Kühlung der NiMH- und Li-Ion-Hochvolt-Batterien

Aus den zuvor dargelegten Eigenschaften der NiMH- und Li-Ionen-Batterien wird klar, dass die Lebensdauer und Leistung der Batterien abhängig von der Betriebstemperatur ist. Zu hohe Temperaturen können die Zellen zerstören und zu tiefe reduzieren die Leistungsfähigkeit, da die elektrochemischen Vorgänge zu langsam ablaufen oder die Batterien sogar einfrieren können.

Daher ist es wichtig, dass ihre Arbeitstemperatur von 45–60 °C nicht überschritten wird. Grundsätzlich kann man sagen, dass die Batterien am besten bei den Temperaturen funktionieren, bei denen es dem Menschen auch gut geht. Das nebenstehende Diagramm verdeutlicht das.

Daher werden die HV-Batterien entweder über ein Gebläse mit Luft aus dem Innenraum des Fahrzeugs (Beispiel VW Touareg Hybrid), mit Kühlwasser aus dem Kühlwasserkreislauf (Beispiel BMW X6 Active Hybrid) oder über die Klimaanlage (Beispiel Mercedes S 400 Hybrid) gekühlt bzw. erwärmt.

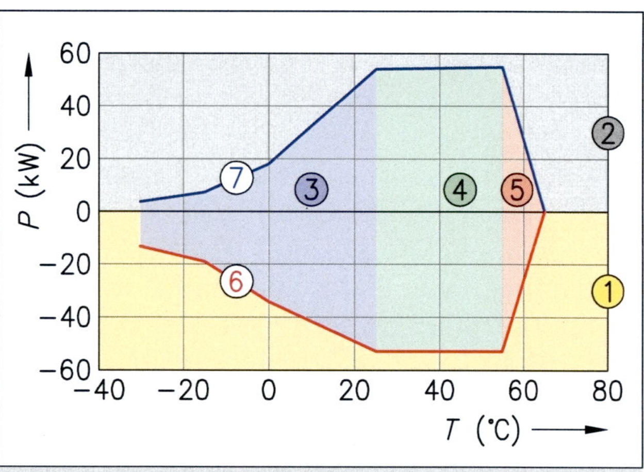

Bild 79: Diagramm „gesundes Klima" für HV-Batterien

Verfügbare Leistung der Hochvolt-Batterie in Abhängigkeit von der Zellentemperatur:

① = Laden
② = *Entladen*
③ = Temperatur (zu niedrig) mit stark *begrenzter* Leistung
④ = Temperatur mit optimaler *Leistung*
⑤ = Temperatur (zu hoch) mit stark *begrenzter* Leistung
⑥ = max. *Leistung* beim Laden
⑦ = max. Leistung beim *Entladen*

Bild 80: Gebläse der Luftkühlung VW Touareg Hybrid

Hier hat man einen Blick in die HV-Batterie des VW Touareg: Die NiMH-Zellen sind rund, links gehen die HV-Kabel an die Anschlussbox mit den Schützen, vorne sieht man zwei elektrische Gebläse, die die Luft zur Kühlung durch die HV-Box saugen.

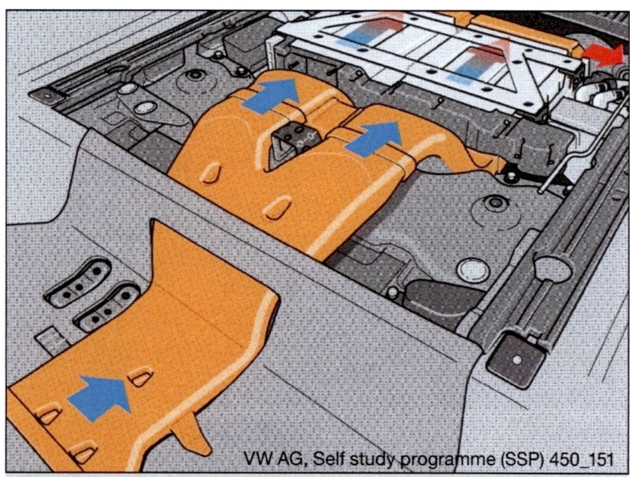

Bild 81: Ansaug-Kanal im Fond des VW Touareg Hybrid

Durch einen flachen Kunststoffkanal wird die Kühl- (bzw. Erwärmungs-)Luft aus dem Innenraum unter der hinteren Sitzbank in den Kofferraum geführt, wo die NiMH-HV-Batterie des Touareg unter der Abdeckung sitzt.

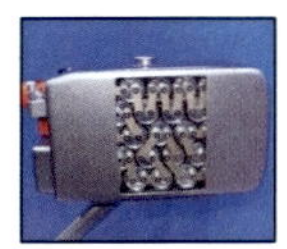

Auch beim Porsche Cayenne wird die Hochvolt-Batterie eindrucksvoll mit Luft gekühlt. Zwei groß dimensionierte Lüfter hinter den Rücksitzen blasen die Luft durch die NiMH-Batterie:

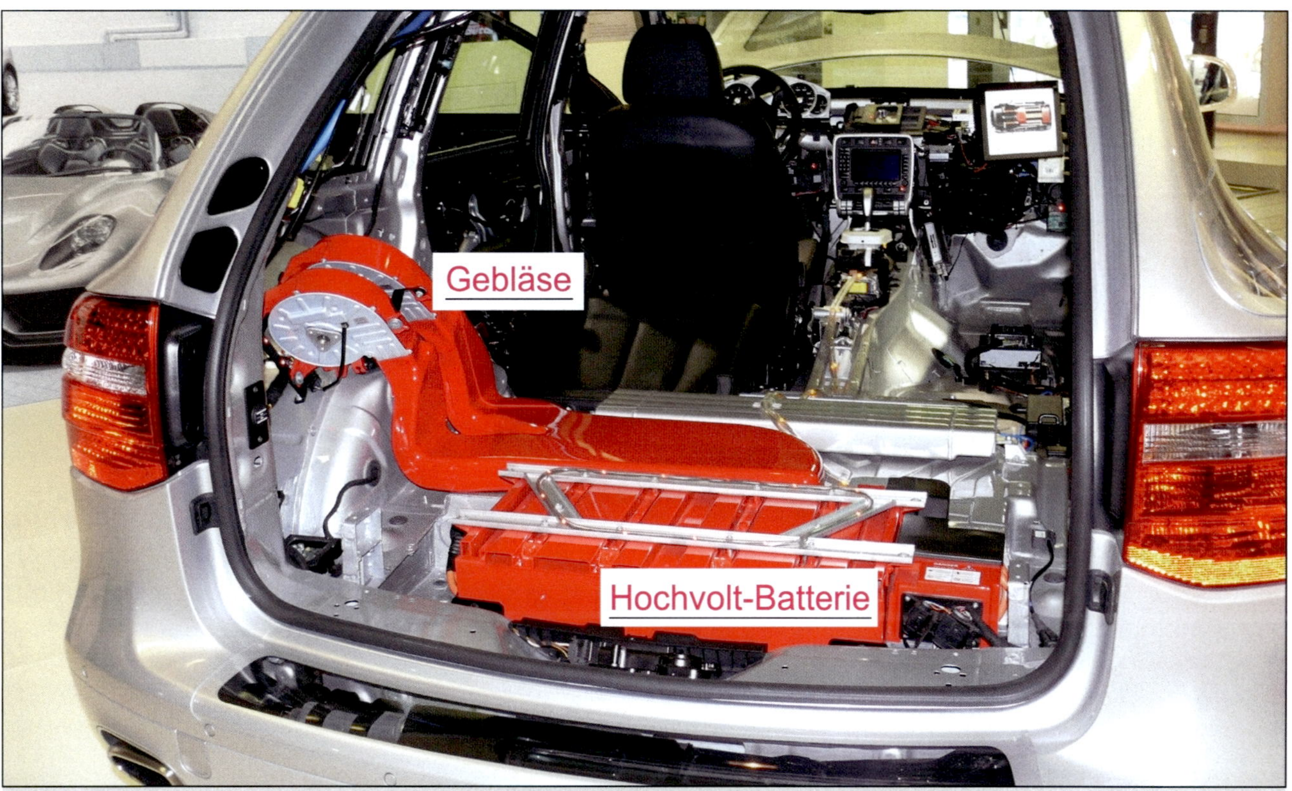

Bild 82: NiMH-Hochvolt-Batterie des Porsche Cayenne mit großen Gebläsen hinter dem Rücksitz

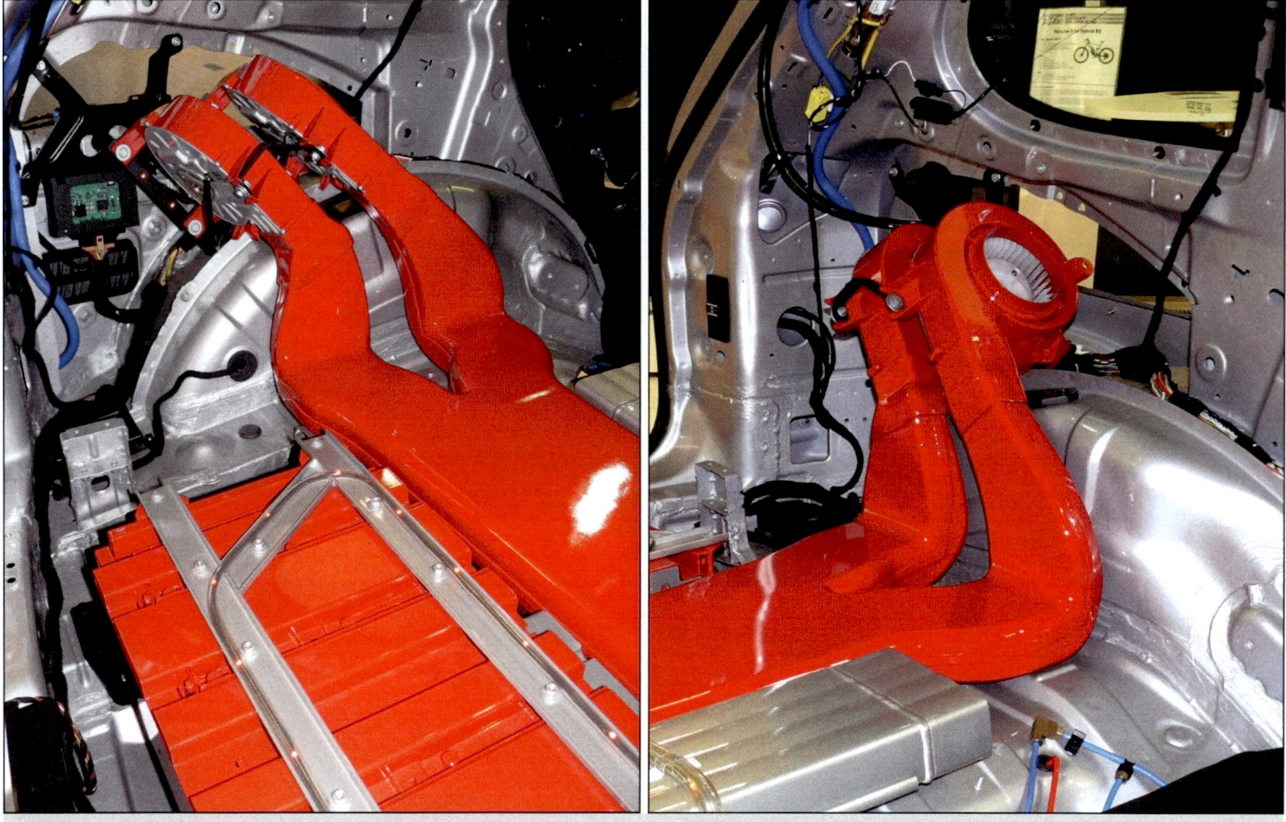

Bild 83: Luftführung und Gebläse für die Kühlung der HV-Batterie des Porsche Cayenne

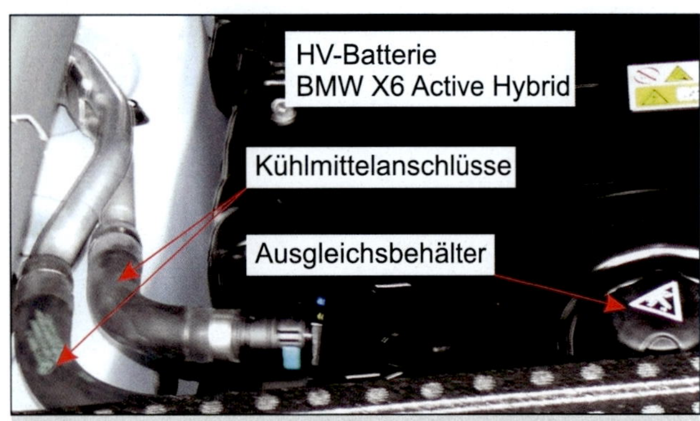

Bild 84: Kühlwasser-Anschlüsse und Ausgleichsbehälter der Flüssigkeitskühlung des BMW X6 Active Hybrid

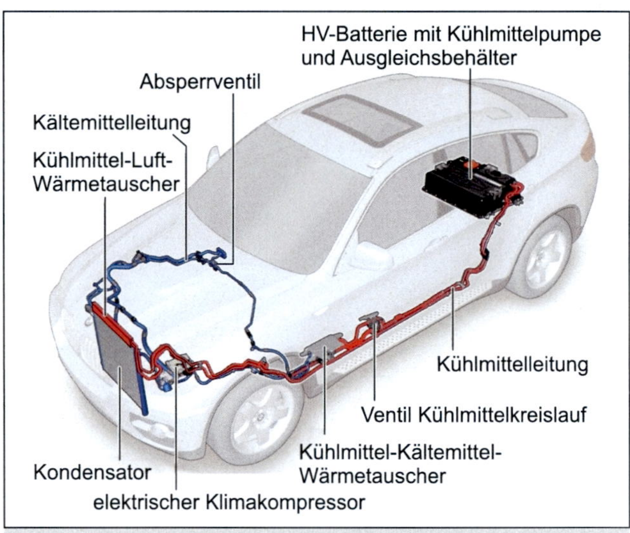

Bild 85: Führung der Kühlleitungen BMW X6 Active Hybrid

Beim **BMW X6 Active Hybrid** hat das Kühlmittel einen eigenen Kühler oberhalb des Kondensators der Klimaanlage. Das bedeutet, es müssen spezielle Kühlmittelleitungen (rot) durch das ganze Fahrzeug bis nach vorne geführt werden. Wenn diese Wärmeabfuhr nicht ausreichend ist, kann das HV-Batterie-Kühlmittel zusätzlich mithilfe eines Wärmetauschers Wärme an das Kältemittel der Klimaanlage abgeben. Dieser Kältemittelkreislauf kann mithilfe eines elektronisch geregelten Absperrventils zugeschaltet werden.

Welche Vorteile bietet diese Variante? *Die Kühlung ist sehr effizient und es kann sehr viel Wärme abgeführt werden. Bei normalem Wärmeaufkommen muss der elektrische Hochvolt-Kompressor nicht laufen.*

Die dritte Variante der HV-Batterie-Kühlung zeigt das Beispiel des **Mercedes S 400 Hybrid**. Hier ist die HV-Batterie selbst in den Kältemittelkreislauf der Klimaanlage eingebunden.

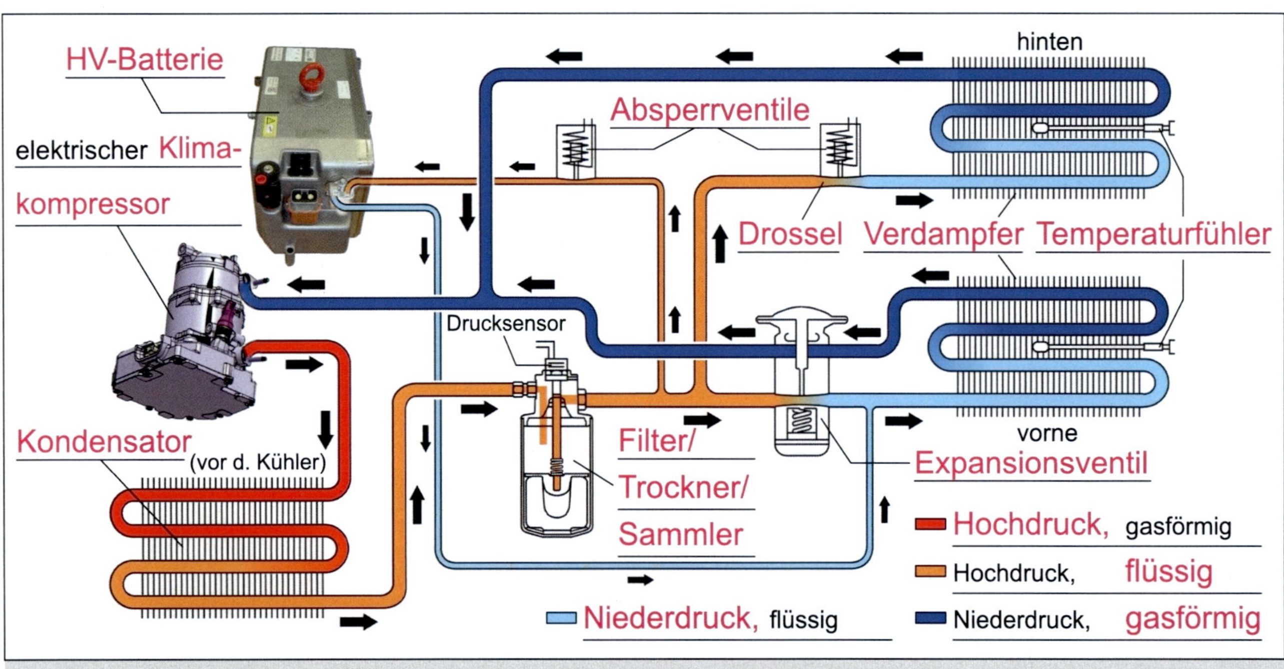

Bild 86: Schema Kühlsystem mit Kältemittel der Klimaanlage beim Mercedes S 400 Hybrid

Weitere Beispiele für Kältemittel-Kühlung der HV-Batterie zeigen Bild 40 und Bild 41 im Kap. 2.1 für den BMW i3 und das Bild 52 im Kap. 3.1.10 für den 5er BMW PHEV.

Im Mercedes-Beispiel wird das Kältemittel direkt durch die Hochvolt-Batterie geführt, indem es hinter der Filter-Trockner-Ausgleichsbehälter-Einheit aus dem Kreislauf abgezapft wird. Hat es Wärme aus der Batterie aufgenommen, wird es dem Kreislauf mit niedrigerem Druck zwischen dem Expansionsventil und dem vorderen (Haupt-)Verdampfer wieder zugeführt. Dieser HV-Kreislauf kann von den Steuergeräten nach Bedarf über ein Absperrventil zugeschaltet werden. Reicht die Kälteleistung des Systems nicht aus oder soll Strom gespart werden, kann die Klimaanlage im Fond ebenfalls durch ein elektronisch geregeltes Absperrventil abgeschaltet werden.

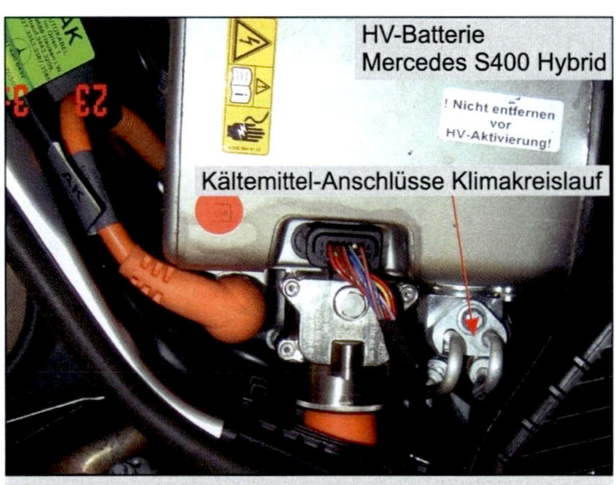

Bild 87: Kältemittel-Anschluss an HV-Batterie

Welche Folge hat die zu gewährleistende Kühlung der Batterie, auch wenn der Verbrennungsmotor abgeschaltet ist, auf den Antrieb des Klimakompressors? *Der Klimakompressor muss ebenfalls elektrisch angetrieben werden.*

Da Klimakompressoren für die Fahrzeuge in der Größe einer S- oder M-Klasse Leistungen von > 4,5 kW benötigen, ist es sinnvoll, diese ebenfalls ins *Hochvolt-Netz* des Fahrzeugs einzubinden. Der Kompressor arbeitet daher beim S 400 Hybrid mit 126 V Nennspannung.

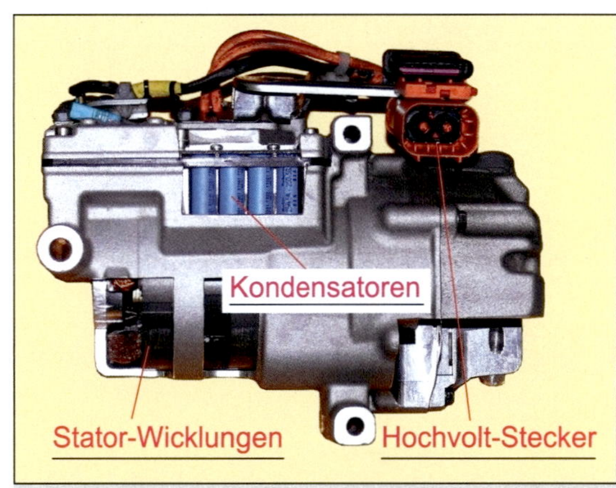

Bild 88: elektrischer HV-Klimakompressor von Denso

Dem Kältemittel darf bei Wartungsarbeiten nur elektrisch nicht leitendes Öl beigegeben werden!

Einen 288 V-Klimakompressor einer Mercedes M-Klasse zeigen die Bilder oben und unten.

Bild 89: Einzelteile des elektrischen Spiral-Klima-Kompressors von Denso, geschmiert durch Kältemittel

3.2.2 Rechenaufgabe zu HV-Batterien zur Verdeutlichung der Zusammenhänge

■ Formeln zu Klemmenspannung und Innenwiderstand von Batterien:

Klemmenspannung U in V: $U = U_0 - U_i$, $U = R_V \cdot I$

Leerlaufspannung U_0 in V: $U_0 = U + U_i$, $U_0 = (R_i + R_V) \cdot I$

Spannungsverlust U_i in V: (oder innerer Spannungsfall) $U_i = U_0 - U$

Innenwiderstand R_i in Ω: $R_i = \frac{U_i}{I}$ $R_i = \frac{U_0}{I_K}$

Überschlägige Berechnung des Innenwiderstands R_i in Ω: $R_i \approx \frac{0{,}1}{K} \cdot \text{Zellenzahl}$

Kurzschlussstrom I_K in A:

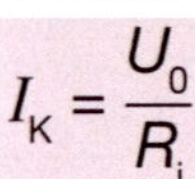

$I_K = \frac{U_0}{R_i}$

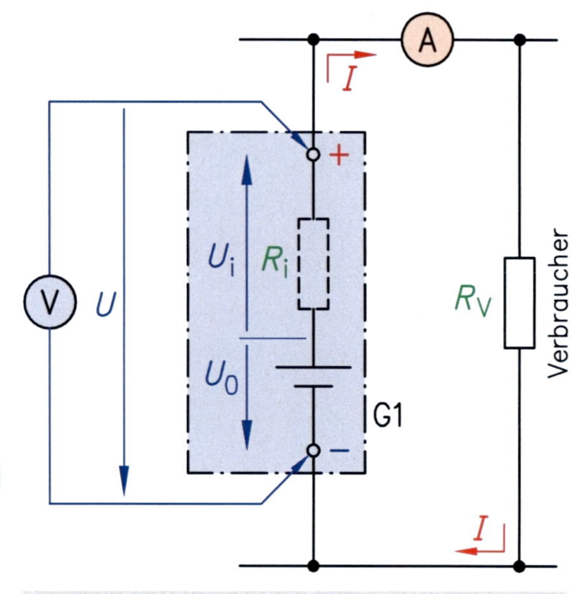

Bild 90: Schaltung einer Batterie an einen Verbraucher

■ Formeln zur Kapazität von Batterien:

Kapazität K in Ah: $K = I \cdot t$

Zeit t in h: (zum Laden oder Entladen) $t = \frac{K}{I}$

Stromstärke I in A: (beim Laden und Entladen) $I = \frac{K}{t}$

Die Kapazität der Batterie ist abhängig von der *Temperatur*, der Entlade*stromstärke* und dem zeitlichen *Verlauf* der Entladung.

■ Formeln zu Energie und Wirkungsgrad von Batterien:

Die Energie(menge) W in Wh (kWh), die in der Batterie gespeichert (laden) oder von ihr abgegeben (entladen) wird (Arbeitsvermögen der Batterie): $W = U \cdot I \cdot t$

Amperestunden-wirkungsgrad η_{Ah}: $\eta_{Ah} = \frac{K_E}{K_L} = \frac{I_E \cdot t_E}{I_L \cdot t_L}$

Wattstunden-wirkungsgrad η_{Wh}: $\eta_{Wh} = \frac{W_E}{W_L} = \frac{U_E \cdot I_E \cdot t_E}{U_L \cdot I_L \cdot t_L}$

(Beim Laden und Entladen gibt es z. B. aufgrund des Innenwiderstands der Batterie *Verluste*, die zur Erwärmung führen.)

Index L für Laden
Index E für Entladen

Aufgabe (Hochvolt-Batterie):

Der abgebildete Tesla Roadster hat eine Hochvolt-Batterie mit 375 V Nennspannung. Sie besteht aus 6831 Laptop-Rundzellen mit der Bezeichnung 18650 mit je einer Nennkapazität von 3000 mAh (s. Bild 92).

Hat ein Fahrzeug Batterieprobleme, kann mit dem herstellerspezifischen Testgerät festgestellt werden, in welchem Bereich der HV-Batterie z. B. eine defekte Zelle sitzt. Zur Reparatur muss die gesamte HV-Batterie ausgebaut werden und wird in den abgebildeten schwenkbaren Reparatur-Rahmen platziert:

Bild 91: Heck u. HV-Batterie Tesla Roadster

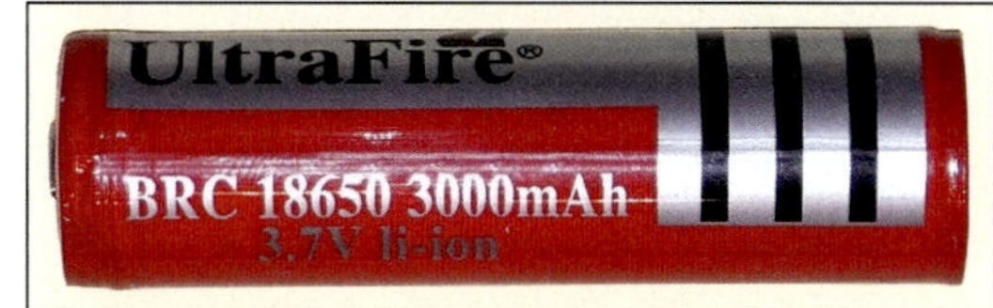

Bild 92: Zelle 18650 für Tesla Roadster Batterie

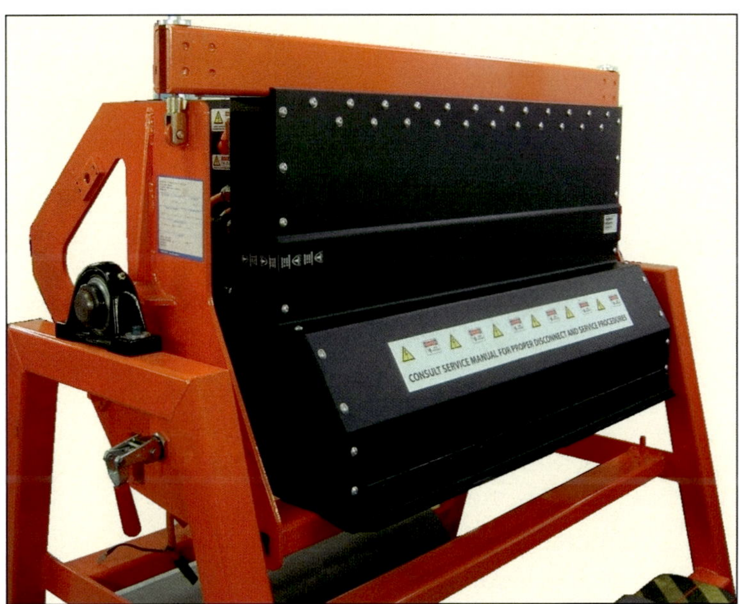

Bild 93: ausgebaute Roadster-HV-Batterie in Montage-Rahmen

Vor dem Öffnen der Batterie muss die Batterie auf einen Ladezustand SOC von 50 % entladen werden. Geöffnet kann man den Aufbau erkennen (Bild 94).

Die Batterie besteht aus elf Modulen, die in Reihe geschaltet sind. Jedes Modul besteht aus neun in Reihe geschalteten Schichten. In diesen Schichten sind die Li-Ionen-Zellen parallel geschaltet (siehe Schema unten).

- Warum werden die Schichten und Module in Reihe geschaltet? *Um eine hohe Spannung zu bekommen.*
- Warum werden die Zellen in den Modulen parallel geschaltet? *Um eine hohe Kapazität zu erhalten.*
- Welchen Vorteil hat im Reparaturfall die Modul-Bauweise? *Es können einzelne Module ausgetauscht werden.*

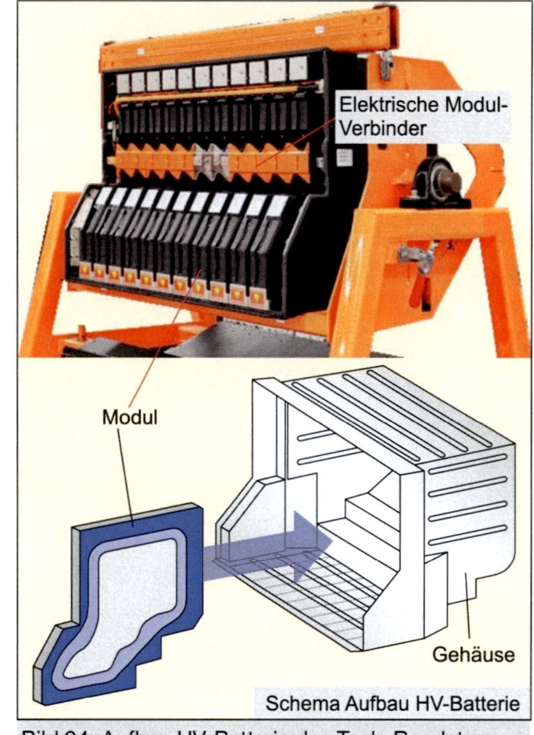

Bild 94: Aufbau HV-Batterie des Tesla Roadsters

Einzelne Zellen oder Schichten können nicht repariert werden. Sie berechnen:

a) die Spannung eines Moduls. geg.: $U_N = 375$ V $z_{Modul} = 11$ ges.: $U_{Modul} = ?$

Lösung: $U_{Modul} = U_N / z_{Modul} = 375 \text{ V} / 11 \approx \underline{\underline{34 \text{ V}}}$

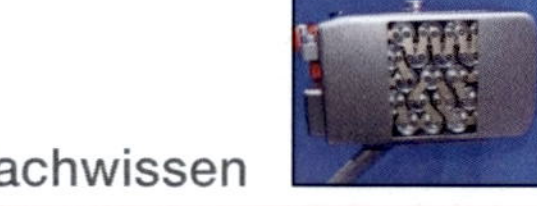

b) die Spannung einer Schicht bzw. einer Zelle, da die Zellen parallel geschaltet sind.
geg.: $U_{Modul} = 34\ V$ $z_{Schicht} = 9$ ges.: $U_{Schicht} = ?$
Lösung: $U_{Schicht} = U_{Modul} / z_{Schicht} = 34\ V / 9 \approx \underline{\underline{3{,}78\ V}}$

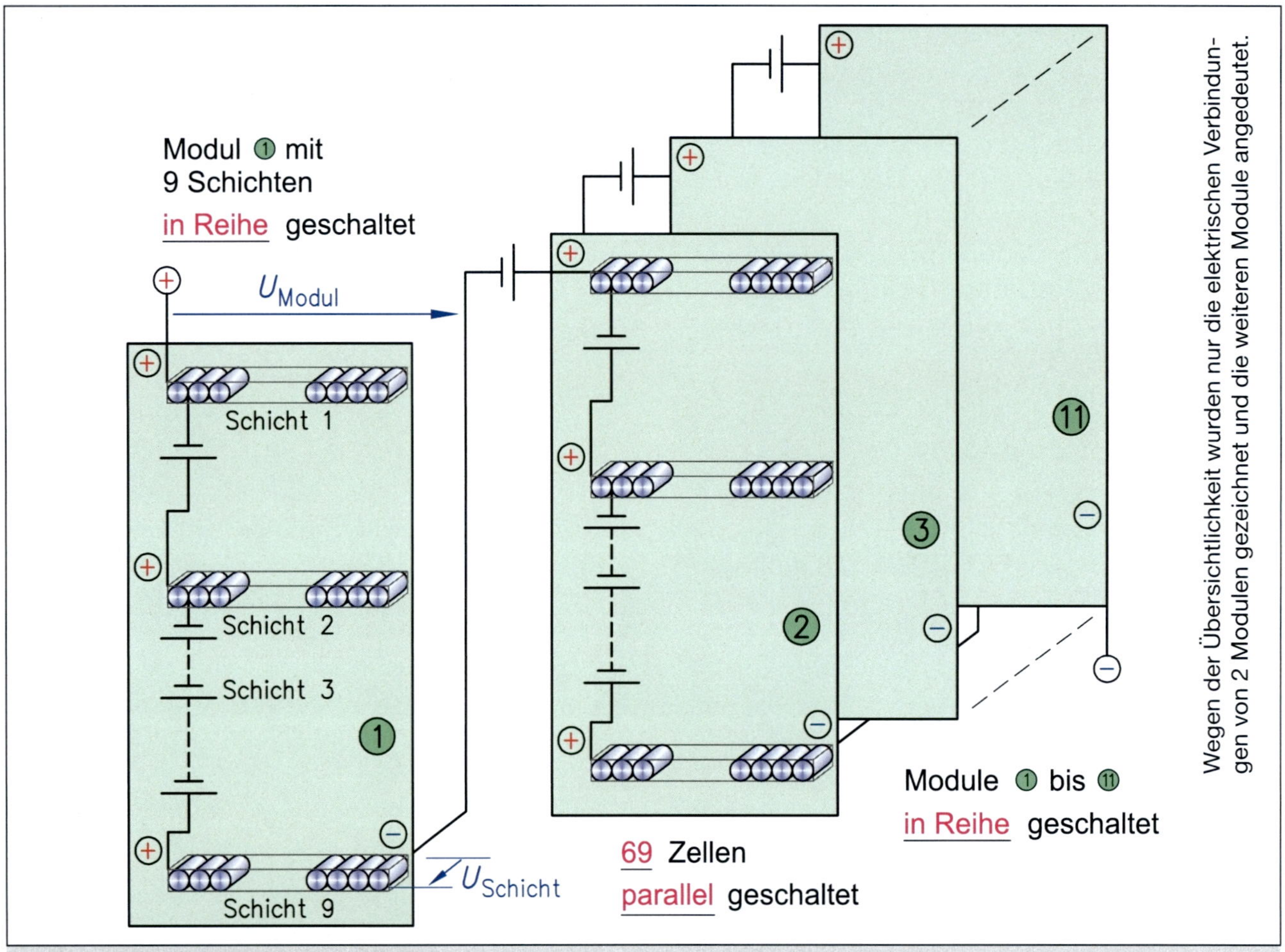
Modul 1 mit
9 Schichten
in Reihe geschaltet
U_{Modul}
Schicht 1
Schicht 2
Schicht 3
Schicht 9
$U_{Schicht}$
69 Zellen
parallel geschaltet
Module 1 bis 11
in Reihe geschaltet
Wegen der Übersichtlichkeit wurden nur die elektrischen Verbindungen von 2 Modulen gezeichnet und die weiteren Module angedeutet.

Bild 95: Schema und Verschaltung der Tesla Roadster HV-Batterie mit 11 Modulen

c) die Anzahl der Zellen, die in einer Schicht parallel geschaltet sind.
geg.: $z = 6831$ $z_{Schicht} = 11$ $z_{Modul} = 9$ ges.: $z_{Zellen/Schicht} = ?$

Lösung: $z_{\frac{Zellen}{Schicht}} = \frac{z}{z_{Modul} \cdot z_{Schicht}} = \frac{6831}{11 \cdot 9} = \underline{\underline{69}}$ Jede Schicht besitzt 69 Zellen.

d) die Kapazität einer Zelle, wenn sie wegen der Lebensdauer zu max. 90 % geladen werden darf.
geg.: $K_N = 3000\ mAh = 3\ Ah$ ges.: $K_{90\%} = ?$
Lösung: $K_{90\%} = K_N \cdot 0{,}9 = 3\ Ah \cdot 0{,}9 = \underline{\underline{2{,}7\ Ah}}$

e) die Kapazität einer Zelle, wenn sie wegen der Lebensdauer nicht tiefer als 25 % entladen werden darf.
geg.: $K_N = 3\ Ah$ ges.: $K_{25\%} = ?$
Lösung: $K_{25\%} = K_N \cdot 0{,}25 = 3\ Ah \cdot 0{,}25 = \underline{\underline{0{,}75\ Ah}}$

f) die maximale Kapazität der gesamten Hochvolt-Batterie, die unter Berücksichtigung der geforderten Lebensdauer genutzt werden kann.
geg.: $K_{90\%} = 2{,}7\ Ah$ $z_{Zellen/Schicht} = 69$ ges.: $K_{max} = ?$
Lösung: $K_{max.} = K_{90\%} \cdot z_{Zellen / Schicht} = 2{,}7\ Ah \cdot 69 = \underline{\underline{186{,}3\ Ah}}$

g) die minimale Kapazität der gesamten Hochvolt-Batterie, die unter Berücksichtigung der geforderten Lebensdauer genutzt werden kann.
geg.: $K_{25\%} = 0{,}75$ Ah $z_{\text{Zellen/Schicht}} = 69$ ges.: $K_{\text{min.}} = ?$
Lösung: $K_{\text{min.}} = K_{25\%} \cdot z_{\text{Zellen / Schicht}} = 0{,}75\ \text{Ah} \cdot 69 = \underline{\underline{51{,}7\ \text{Ah}}}$

h) die nutzbare Kapazität der Hochvolt-Batterie des Tesla Roadsters.
geg.: $K_{\text{max.}} = 186{,}3$ Ah $K_{\text{min.}} = 51{,}7$ Ah ges.: $\Delta K = ?$
Lösung: $\Delta K = K_{\text{max.}} - K_{\text{min.}} = 186{,}3\ \text{Ah} - 51{,}7\ \text{Ah} = \underline{\underline{134{,}6\ \text{Ah}}}$

Betrachtet man die nebenstehende idealisierte Kennlinie einer Lithium-Ionen-Zelle, sieht man leicht, dass die Nennspannung einer Zelle und damit die Nennspannung der gesamten Hochvolt-Batterie einen guten Mittelwert für Berechnungen darstellen. Berechnen Sie

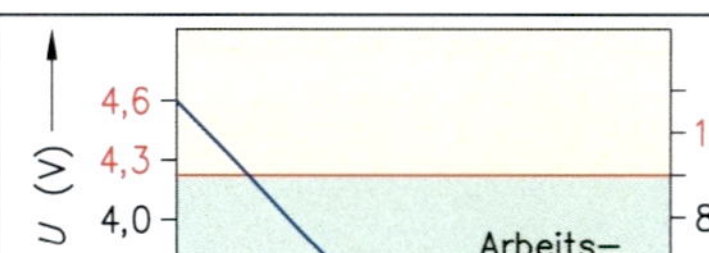
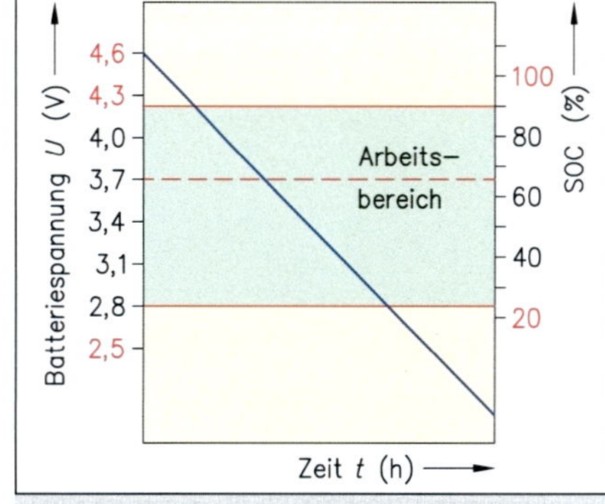

Bild 96: Diagramm Arbeitsbereich NCA-Zelle

i) die nutzbare Energiemenge der Tesla-Batterie:
geg.: $\Delta K = 134{,}6$ Ah $U_N = 375$ V ges.: $W = ?$
Lösung: $W = \Delta K \cdot U_N = 134{,}6\ \text{Ah} \cdot 375\ \text{V} = 50\,475\ \text{Wh}$
$= \underline{\underline{50{,}475\ \text{kWh}}}$

j) die Stromstärke, die der E-Antriebsmotor des Tesla bei voller Leistung (215 kW) bei Nennspannung aus der Batterie (unter Vernachlässigung der Umwandlungsverluste) benötigt:
geg.: $P = 215$ kW $U_N = 375$ V ges.: $I = ?$

Lösung: $I = \dfrac{P}{U} = \dfrac{215.000\ \text{W}}{375\ \text{V}} \approx \underline{\underline{573\ \text{A}}}$

k) die Leerlaufspannung bei einem Innenwiderstand der Batterie von 0,035 Ω, wenn die Klemmenspannung bei Vollast der Nennspannung entspricht.
geg.: $U = 375$ V $R_i = 0{,}035\ \Omega$ $I = 573$ A ges.: $U_i = ?$ $U_0 = ?$
Lösung: $U_0 = U + U_i = 375\ \text{V} + 20\ \text{V} = \underline{\underline{395\ \text{V}}}$ $U_i = R_i \cdot I = 0{,}035\ \Omega \cdot 573\ \text{A} \approx \underline{\underline{20\ \text{V}}}$

l) das Wärmeaufkommen in der Batterie bei Volllast, das die Kühlung aufnehmen muss:
geg.: $I = 573$ A $U_i = 20$ V ges.: $P_{\text{Wärme}} = ?$
Lösung: $P_{\text{Wärme}} = U \cdot I = 20\ \text{V} \cdot 573\ \text{A} = 11\,460\ \text{W} = \underline{\underline{11{,}46\ \text{kW}}}$

m) die mögliche Fahrdauer des Tesla, wenn der Roadster mit einer durchschnittlichen Leistung von 10 % unterwegs ist (Verluste und Rekuperation werden vernachlässigt).
geg.: $W = 50{,}475$ kWh $P_{10\%} = 215\ \text{kW} \cdot 0{,}1 = 21{,}5$ kW ges.: $t_{\text{Fahren}} = ?$

Lösung: $t_{\text{Fahren}} = \dfrac{W}{P} = \dfrac{50\,475\ \text{Wh}}{21\,500\ \text{W}} = 2{,}35\ \text{h} = \underline{\underline{2\ \text{h} + 21\ \text{min}}}$

Der Tesla soll nach EG-Testzyklus eine Reichweite von ca. 350 km haben, d. h. er muss im Durchschnitt mit weniger als 10 % Leistung fahren.

n) überschlägig den Ladestrom, wenn die leere Batterie (SOC 25 %) entsprechend der Werksangaben nach 3,5 Stunden wieder voll (SOC 90 %) geladen ist. Der Wattstundenwirkungsgrad beim Laden an einer 400-V-Drehstromsteckdose beträgt 90 %.
geg.: $W_E = 50{,}475$ kWh $U_L = 400$ V $t_L = 3{,}5$ h $\eta_{Wh} = 0{,}9$ ges.: $I_L = ?$

Lösung: $I_L = \dfrac{W_E}{\eta_{Wh} \cdot U_L \cdot t_L} = \dfrac{50\,475\ \text{Wh}}{0{,}9 \cdot 400\ \text{V} \cdot 3{,}5\ \text{h}} \approx \underline{\underline{40\ \text{A}}}$ wenn gilt: $W_L = U_L \cdot I_L \cdot t_L = \dfrac{W_E}{\eta_{Wh}}$

4 Rechtliche Grundlagen für das Arbeiten unter Spannung

Das Arbeiten unter Spannung ist im Bereich der E-Mobilität als „Fachkundige Person für Arbeiten an unter Spannung stehenden HV-Systemen bzw. HV-Komponenten" im Kraftfahrzeug nur ein eingeschränkter Bereich, jedoch mit der höchsten Anforderung an die Qualifikation der Mitarbeiter. Die Vielzahl der Gesetze, Verordnungen, Vorschriften, Informationen und Normen, die hier Einfluss nehmen und zu berücksichtigen sind, wird im Fachbuch „Alternative Antriebe – E-Mobilität" ausführlich angesprochen. Als besonders wichtig und für den Kfz-Bereich gut verständlich wurde auch die Verankerung des „Arbeitens unter Spannung" in der DGUV 209-093 hervorgehoben. Deswegen soll sich hier die Betrachtung der rechtlichen Grundlage vor allem auf die Besonderheiten für das Arbeiten unter Spannung beschränken. Hier müssen nicht Begriffe wie *fachkundig unterwiesene Person* oder *Elektrofachkraft für eingeschränkte Tätigkeiten* etc. erneut erklärt werden.

4.1 Gesetze, Verordnungen, Richtlinien, Normen

Der allgemeine Personenschutz für Arbeiten unter Spannung ist in folgenden Gesetzen, Verordnungen und Richtlinien verankert:

- ArbSchG — Arbeitsschutzgesetz
- ArbStättV — Arbeitsstättenverordnung
- BetrSichV — Betriebssicherheitsverordnung
- DGUV Vorschrift 1 — Unfallverhütungsvorschrift
- DGUV Vorschrift 3 — Unfallverhütungsvorschrift
- DGUV Regel 103-011 — Richtlinie Arbeiten unter Spannung an elektrischen Anlagen und Betriebsmitteln
- DGUV 209-093 — Qualifizierung für Arbeiten an Fahrzeugen mit Hochvoltsystemen
- DIN VDE 0105-100 — Bedienen und Betreiben elektrischer Anlagen sowie das Arbeiten unter und in der Nähe von Spannung stehender Anlagen.
- DIN EN 50110-1 — Europäische Norm des Inhalts der DIN VDE 0105-100

Das Arbeitsschutzgesetz (ArbSchG) als Gesetz über die Durchführung von Maßnahmen des Arbeitsschutzes zur Verbesserung der Sicherheit und des Gesundheitsschutzes der Beschäftigten bei der Arbeit regelt

- die Pflichten des Arbeitgebers und
- die Pflichten und Rechte der Beschäftigten

> Beispiel HV-Technik:
> Der **Arbeitgeber** hat den Beschäftigten für die Tätigkeit AuS zu qualifizieren, die notwendigen Hilfsmittel, Werkzeuge und Schutzausrüstungen zur Verfügung zu stellen. Er muss den für diese Tätigkeit geeigneten Mitarbeiter auswählen, …
> Der **Beschäftigte** muss z. B. nach den Schutzbestimmungen die Schutzausrüstung tragen und nach Herstellervorschrift handeln, die Sicherheitsregeln beachten, …
> Der Beschäftigte hat z. B. das Recht, Tätigkeiten zu verweigern, für die er nicht qualifiziert ist.

Die Arbeitsstättenverordnung (ArbStättV) dient der Sicherheit und dem Gesundheitsschutz der Beschäftigten beim Einrichten und Betreiben von Arbeitsstätten. Hier wird in § 3 für jede Tätigkeit eine

- Gefährdungsbeurteilung gefordert (Beispiele hierzu im Bereich HV-Technik finden sich im Fachbuch „Alternative Antriebe – E-Mobilität")

- Grundsätze zur Gefährdungsbeurteilung laut DGUV 209-093:
  Der Arbeitgeber hat dafür zu sorgen, dass Arbeiten unter Spannung nur Personen übertragen wird, die für diese Arbeiten speziell qualifiziert sind.
  Die Gefährdungsbeurteilung ist ein Prozess zur Ermittlung von Gefährdungen und zur Bewertung der damit verbundenen Risiken.
  Die Gefährdungsbeurteilung besteht aus einer systematischen Feststellung und Bewertung relevanter Gefährdungen und der Ableitung entsprechender Maßnahmen.

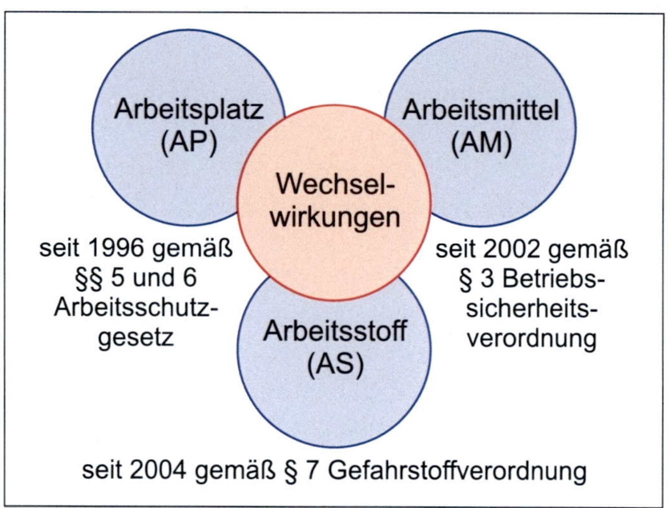

Bild 01: Einfluss der verschiedenen Gesetze und Verordnungen auf die Erstellung einer Gefährdungsbeurteilung

Die §§ 5 und 6 des Arbeitsschutzgesetzes sind die gesetzliche Basis für die Gefährdungsbeurteilung:

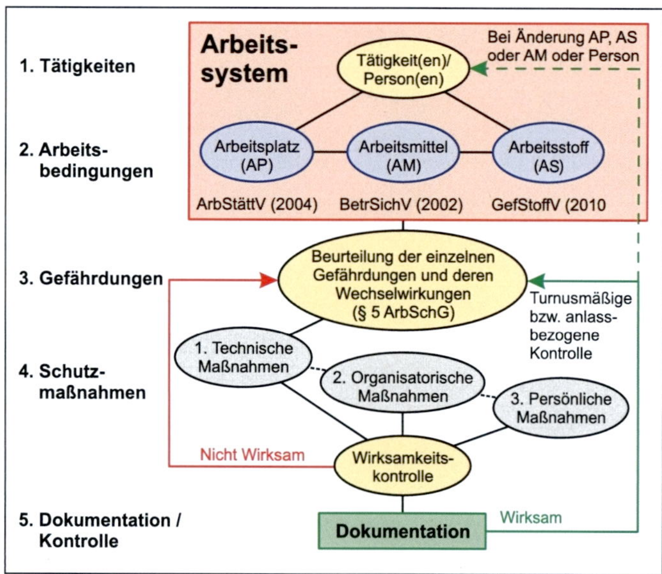

Bild 02: Gefährdungsbeurteilung als Entwicklungsprozess

§ 5 Beurteilung der Arbeitsbedingungen

(1) Der Arbeitgeber hat durch eine Beurteilung der für die Beschäftigten mit ihrer Arbeit verbundenen Gefährdung zu ermitteln, welche Maßnahmen des Arbeitsschutzes erforderlich sind.

(2) Der Arbeitgeber hat die Beurteilung je nach Art der Tätigkeiten vorzunehmen. Bei gleichartigen Arbeitsbedingungen ist die Beurteilung eines Arbeitsplatzes oder einer Tätigkeit ausreichend.

(3) Eine Gefährdung kann sich insbesondere ergeben durch
1. die Gestaltung und die Einrichtung der Arbeitsstätte und des Arbeitsplatzes,
2. physikalische, chemische und biologische Einwirkungen,
3. die Gestaltung, die Auswahl und den Einsatz von Arbeitsmitteln, insbesondere Arbeitsstoffen, Maschinen, Geräten und Anlagen sowie der Umgang damit,
4. die Gestaltung von Arbeits- und Fertigungsverfahren, Arbeitsabläufen und Arbeitszeit und deren Zusammenwirken,
5. unzureichende Qualifikation und Unterweisung der Beschäftigten.

§ 6 Dokumentation

(1) Der Arbeitgeber muss über die je nach Art der Tätigkeiten und der Zahl der Beschäftigten erforderlichen Unterlagen verfügen, aus denen das Ergebnis der Gefährdungsbeurteilung, die von ihm festgelegten Maßnahmen des Arbeitsschutzes und das Ergebnis ihrer Überprüfung ersichtlich sind …

(2) Unfälle in seinem Betrieb, bei denen ein Beschäftigter getötet oder so verletzt wird, dass er stirbt oder für mehr als drei Tage völlig oder teilweise arbeits- oder dienstunfähig wird, hat der Arbeitgeber zu erfassen.

Diese Gefährdungsbeurteilung mündet in einer Betriebsanweisung, die in der Arbeitsstätte für jeden sichtbar ausgehängt ist. Die folgende Abbildung zeigt exemplarisch eine solche Betriebsanweisung. Weitere Hinweise finden Sie im Fachbuch „Alternative Antriebe – E-Mobilität" (4. Auflage in Vorbereitung), Abschnitt „Grundsätze zur Gefährdungsbeurteilung". Dort werden die Grundsätze zur Erstellung einer Gefährdungsbeurteilung eingehend beschrieben und ein Beispiel dazu vorgestellt.

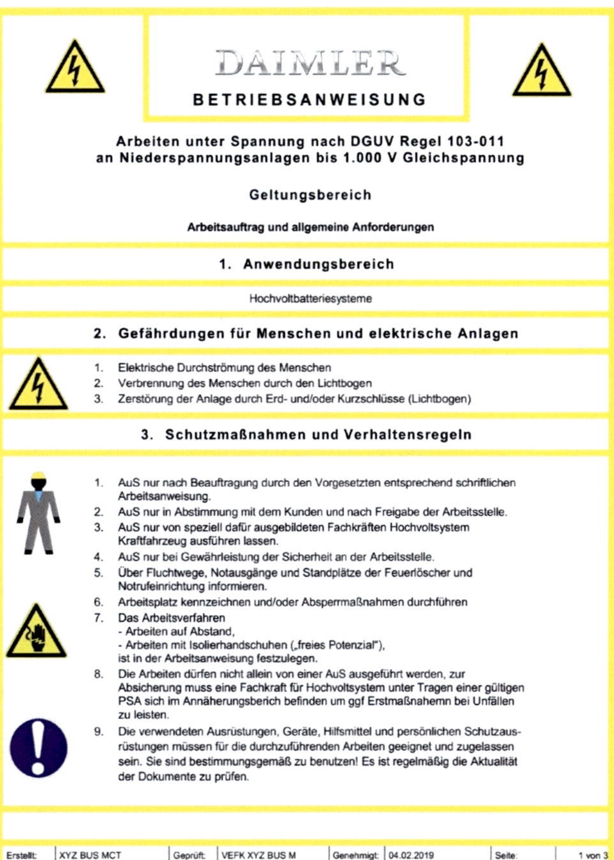

DAIMLER

BETRIEBSANWEISUNG

Arbeiten unter Spannung nach DGUV Regel 103-011 an Niederspannungsanlagen bis 1.000 V Gleichspannung

Geltungsbereich

Arbeitsauftrag und allgemeine Anforderungen

1. Anwendungsbereich

Hochvoltbatteriesysteme

2. Gefährdungen für Menschen und elektrische Anlagen

1. Elektrische Durchströmung des Menschen
2. Verbrennung des Menschen durch den Lichtbogen
3. Zerstörung der Anlage durch Erd- und/oder Kurzschlüsse (Lichtbogen)

3. Schutzmaßnahmen und Verhaltensregeln

1. AuS nur nach Beauftragung durch den Vorgesetzten entsprechend schriftlichen Arbeitsanweisung.
2. AuS nur in Abstimmung mit dem Kunden und nach Freigabe der Arbeitsstelle.
3. AuS nur von speziell dafür ausgebildeten Fachkräften Hochvoltsystem Kraftfahrzeug ausführen lassen.
4. AuS nur bei Gewährleistung der Sicherheit an der Arbeitsstelle.
5. Über Fluchtwege, Notausgänge und Standplätze der Feuerlöscher und Notrufeinrichtung informieren.
6. Arbeitsplatz kennzeichnen und/oder Absperrmaßnahmen durchführen
7. Das Arbeitsverfahren
   - Arbeiten auf Abstand,
   - Arbeiten mit Isolierhandschuhen („freies Potenzial"),
   ist in der Arbeitsanweisung festzulegen.
8. Die Arbeiten dürfen nicht allein von einer AuS ausgeführt werden, zur Absicherung muss eine Fachkraft für Hochvoltsystem unter Tragen einer gültigen PSA sich im Annäherungsberich befinden um ggf Erstmaßnahemn bei Unfällen zu leisten.
9. Die verwendeten Ausrüstungen, Geräte, Hilfsmittel und persönlichen Schutzausrüstungen müssen für die durchzuführenden Arbeiten geeignet und zugelassen sein. Sie sind bestimmungsgemäß zu benutzen! Es ist regelmäßig die Aktualität der Dokumente zu prüfen.

Erstellt:	XYZ BUS MCT	Geprüft:	VEFK XYZ BUS M	Genehmigt:	04.02.2019	Seite:	1 von 3
Arbeitsanweisung Nr.:	0003	Kurztitel:	VVA AUS	Revision:	20.03.2021	Gültig ab:	20.03.2021

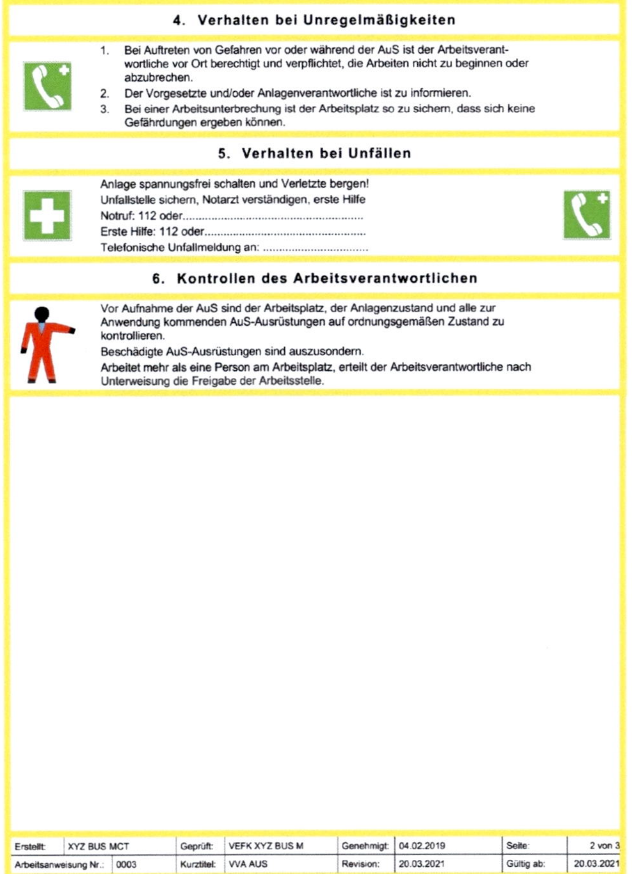

4. Verhalten bei Unregelmäßigkeiten

1. Bei Auftreten von Gefahren vor oder während der AuS ist der Arbeitsverantwortliche vor Ort berechtigt und verpflichtet, die Arbeiten nicht zu beginnen oder abzubrechen.
2. Der Vorgesetzte und/oder Anlagenverantwortliche ist zu informieren.
3. Bei einer Arbeitsunterbrechung ist der Arbeitsplatz so zu sichern, dass sich keine Gefährdungen ergeben können.

5. Verhalten bei Unfällen

Anlage spannungsfrei schalten und Verletzte bergen!
Unfallstelle sichern, Notarzt verständigen, erste Hilfe
Notruf: 112 oder...
Erste Hilfe: 112 oder...
Telefonische Unfallmeldung an: ....

6. Kontrollen des Arbeitsverantwortlichen

Vor Aufnahme der AuS sind der Arbeitsplatz, der Anlagenzustand und alle zur Anwendung kommenden AuS-Ausrüstungen auf ordnungsgemäßen Zustand zu kontrollieren.
Beschädigte AuS-Ausrüstungen sind auszusondern.
Arbeitet mehr als eine Person am Arbeitsplatz, erteilt der Arbeitsverantwortliche nach Unterweisung die Freigabe der Arbeitsstelle.

Erstellt:	XYZ BUS MCT	Geprüft:	VEFK XYZ BUS M	Genehmigt:	04.02.2019	Seite:	2 von 3
Arbeitsanweisung Nr.:	0003	Kurztitel:	VVA AUS	Revision:	20.03.2021	Gültig ab:	20.03.2021

Bild 03: Betriebsanweisung aus dem HV-Bereich des Unternehmens Daimler (Evo-Bus)

7. Arbeitsablauf und Sicherheitsmaßnahmen

Checkliste für den Arbeitsablauf	Ja	Nein
gültiger Arbeitsauftrag für AuS	☐	☐
Arbeitanweisung/Arbeitsablauf für AuS vor Ort	☐	☐
gültiger Befähigungsnachweis für AuS	☐	☐
geeignete, ausreichende, kontrollierte AuS-Ausrüstung	☐	☐
geeignete, ausreichende Einrichtungen zum Sichern des Arbeitsplatzes	☐	☐
Anlagenzustand erlaubt AuS	☐	☐
Sicherheit vor Ort: - Bewegungsfreiheit - Standsicherheit - Beleuchtung - Absperrung - Fluchtweg	☐	☐
leitfähige Gegenstände vom Körper und aus der Arbeitskleidung entfernt	☐	☐
Fahrzeug hochvoltspannungsfrei geschaltet	☐	☐
Sichtkontrolle, Bereitlegen der AuS-Ausrüstungen	☐	☐
zugelassene klimatische Bedingungen vor Ort	☐	☐
geeigneter momentaner Gesundheitszustand der Personen	☐	☐
Anlegen der erforderlichen PSA	☐	☐
Anbringen der AuS-Abdeckungen, Funktionstüchtigkeit der Anlage erhalten	☐	☐
technologisch bedingte Hilfsmittel führen zu keiner Gefährdung	☐	☐
erforderliche Schutzmaßnahmen nicht unwirksam machen	☐	☐
Durchführung der Arbeiten lt. Anweisung	☐	☐
AuS-Ausrüstungen bestimmungsgemäß verwenden	☐	☐

Alle Punkte müssen mit „ja" beantwortet sein!

8. Abschluss der Arbeiten

Herstellen des ordnungsgemäßen und sicheren Anlagenzustands
Beräumen der Arbeitsstelle
Kontrolle und Reinigung der AuS-Ausrüstungen

Erstellt:	XYZ BUS MCT	Geprüft:	VEFK XYZ BUS M	Genehmigt:	04.02.2019	Seite:	3 von 3
Arbeitsanweisung Nr.:	0003	Kurztitel:	VVA AUS	Revision:	20.03.2021	Gültig ab:	20.03.2021

Ein weiteres Beispiel für eine allgemein gültige Betriebsanweisung zeigt Bild 04 auf den beiden folgenden Seiten.

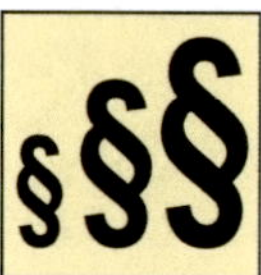

Firmen-Logo	**Betriebsanweisung**	**Datum:** 25.01.2022
Raum: Werkstätte XXX, Halle YYY …	**Tätigkeit:** Arbeiten an nicht eigensicheren Hochvolt-Kfz, Arbeiten unter Spannung an HV-Batterien	**Unterschrift Firmenleitung:**

BEZEICHNUNG = ANWENDUNGSBEREICH

Arbeiten an nicht eigensicheren Hochvolt-Kfz mit elektrischen Anlagen gem. ECE R 100 in Bereichen, die sich nicht freischalten lassen, auch unter Spannung

HV-Anlagen sind elektrische Anlagen mit Komponenten der Fahrzeugtechnik mit Spannungen größer 30 V AC und 60 V DC

- Fahrzeuge, die sich auf Grund von Defekten nicht freischalten lassen, eventuell Vorserien-, Versuchs-, zu … umgebaute mit Messstellen versehene, zu Test- und Prüfungszwecken vorbereitete Fahrzeuge.
- Die Fahrzeuge arbeiten im Niederspannungsbereich mit bis zu 800 V 3-Phasen-Wechselspannung. Messen und Diagnose mit Fehlersuche an der unter Spannung stehenden Anlage.
- Die Batterien arbeiten mit DC-Spannungen bis ca. 800 V. Reparatur von HV-Batterien mit Tausch der Schütze, der Steuergeräte, Modul-Verbinder, Tausch von Modulen oder einzelnen Zellen

GEFAHREN FÜR MENSCH UND UMWELT

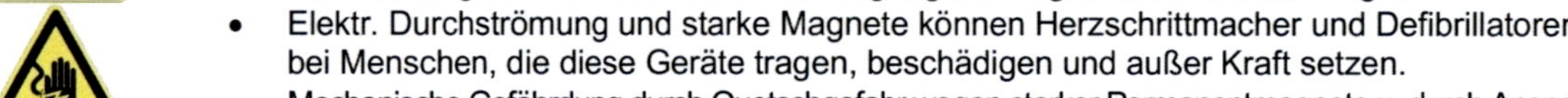

- Elektrische Durchströmung des Menschen durch lebensgefährliche Körperströme beim Berühren von unter Spannung stehenden Komponenten.
- Verbrennung des Menschen und Schädigung der Augen durch Störlichtbögen
- Elektr. Durchströmung und starke Magnete können Herzschrittmacher und Defibrillatoren bei Menschen, die diese Geräte tragen, beschädigen und außer Kraft setzen.
- Mechanische Gefährdung durch Quetschgefahr wegen starker Permanentmagnete u. durch Anspringen von Verbrennungsmotoren bei Hybridfahrzeugen u. elektr. Lüftern bei eingeschalteter Zündung.
- HV-Batterien beinhalten chemische Gefährdungen durch gefährliche Elektrolyte in Form von Säuren, Laugen und organischen Lösungsmitteln, die auslaufen und schwere Verätzungen erzeugen können.

SCHUTZMASSNAHMEN UND VERHALTENSREGELN

- Die obere Aufsicht über die HV-Fahrzeuge und die HV-Ausstattung haben die gleichberechtigten und benannten **Verantwortlichen Elektrofachkräfte** (VEFK bzw. EFK):
  - für den XXX-Bereich: Herr **XXX**
  - für den YYY-Bereich: Herr **YYY**
- Wird an einem HV-Fahrzeug gearbeitet, darf niemand an dem Fahrzeug schalten!
- Bei Arbeiten an oder in der unmittelbaren Nähe von HV-Bauteilen, die die **folgende Kennzeichnung** tragen, ist das Fahrzeug nach DGUV Information 200-005 freizuschalten oder es sind folgende AuS-Schutzmaßnahmen und Verhaltensregeln zu befolgen:
-   

- **Es gelten dieselben Schutzmaßnahmen und Regeln wie die, die in der Betriebsanweisung für eigensichere HV-Fahrzeuge beschrieben sind.**
- **Zusätzlich gelten folgende strengere Schutzmaßnahmen und Verhaltensregeln:**
- Es dürfen nur Mitarbeiter an den Fahrzeugen und Komponenten arbeiten/ schulen, die zur Elektrofachkraft für eingeschränkte Tätigkeiten bzw. zum **Fachkundigen für Arbeiten an HV-Systemen unter Spannung nach DGUV Information 200-005 Stufe 3** qualifiziert sind. Diese Personen haben während der Arbeit die Fachaufsicht.
- **Obwohl am HV-System unter Spannung stehender Fahrzeuge und Komponenten nach DGUV Vorschrift 3 §6 nicht gearbeitet werden darf, gibt es** nach § 8 „Zulässige Abweichungen", wenn aus zwingenden Gründen der spannungsfreie Zustand nicht hergestellt und sichergestellt werden kann.
  Der **Zwingende Grund** hier ist z.B. die Inbetriebnahme/ Herstellung der Reihenschaltung der Zellen/Module bzw. Tausch eines Moduls einer HV-Batterie.

- Der **Arbeitsbereich** für das Arbeiten unter Spannung, z. B. an der HV-Batterie muss klar gekennzeichnet sein. Er muss für Unbefugte **abgesperrt** sein.
- Die Freigabe des Arbeitsbereiches darf nur durch den Aufsicht führenden HV-Fachkundigen erfolgen.
- Während der Arbeit unter Spannung (AuS) müssen die **verwendeten Hilfsmittel und Werkzeuge** eine Gefährdung durch Körperdurchströmungen oder durch Lichtbogenbildung ausschließen. Daher müssen isolierende Kabel-Tüllen, Abdeckkappen, Isolierendes Klebeband, und isolierende Werkzeuge nach IEC 60900 verwendet werden.

- Das gewählte **Arbeitsverfahren** verlangt die Verwendung von Isolierhandschuhen, isolierenden Matten und Abdecktüchern.
- Es dürfen **keine leitenden metallische Gegenstände** (Ringe, Uhr, Kette, …) getragen werden.
- Zusätzlich muss als **PSA** ein **Gesichtsschutz/ Visier** nach DIN EN 166 und eventuell ein **Helm/ Haube** nach DIN EN 397 sowie eine **gegen Lichtbögen schützende Jacke** nach IEC 61482-2: 2009 Klasse 2 (doppellagig) getragen werden. (Es dürfen keine ungeschützten Haut-Partien am Oberkörper, Hals und Armen offen liegen!)
- Beim Messen und Arbeiten unter Spannung **nur mit angelegter PSA** und dabei von sich weg arbeiten. Man darf sich **nicht über den Arbeitsbereich beugen**.
- Nicht betroffene gefährliche Bereiche am Fahrzeug oder an den Komponenten mit isolierenden Matten abdecken
- Bei AuS sind **immer mindestens 2 qualifizierte Personen** beteiligt: Einer führt die Arbeit aus, der andere überwacht die Tätigkeit. Hierbei reicht als Qualifikation die Sensibilisierung für die 2. Person aus. Beispiel: Fachkundiger mit Qualifikation Stufe 3 und Helfer mit Stufe 1.
- Bei Körperimplantaten muss wegen besonderer Gefahr bei Durchströmung u. durch starke Magnete vor Beginn der Arbeiten an einem HV-Fahrzeug durch einen von der BG zugelassenen Arzt schriftlich die Eignung der Person bestätigt werden. Sonst darf diese Person nicht an einem solchen Fahrzeug arbeiten.
- Für AuS benötigt der Mitarbeiter die gesundheitliche Eignung mit Nachweis der **arbeitsmedizinischen Untersuchung G25** und die **Erste-Hilfe-Ausbildung** mit HLW. Ein Schulungs-Teilnehmer kann diese nach seiner Qualifizierung vor Aufnahme seiner AuS-Tätigkeit erbringen.
- Für Arbeiten/ Diagnosen an der Lade-Einrichtung, an Lehrmitteln und Modellen, die mit **230 V bzw. 400 V AC des öffentlichen Niederspannungsnetzes** betrieben werden, gelten dieselben AuS-Schutzmaßnahmen und Verhaltensregeln wie an den HV-Fahrzeugen. Bei solchen Anlagen ist eine **Fehlerstromschutzeinrichtung** erforderlich.
- Typische Arbeiten für AuS am Kfz sind Reparaturen an HV-Batterien. Hier kann/ muss der Zellen-/Modul-Verbinder zur Aufhebung der Reihenschaltung gelöst bzw. getauscht, Schütze, Steuergeräte, Ladewiderstände und Zellen bzw. Module gewechselt werden.
- HV-Batterien können folgendermaßen gekennzeichnet sein:
- Bei defekten, offenen Batterien muss mit säurefester Schutzkleidung gearbeitet werden.
- Tiefentladene Li-Ion-Batterien dürfen nicht wieder geladen werden, weil dies zu Explosionen führen kann.

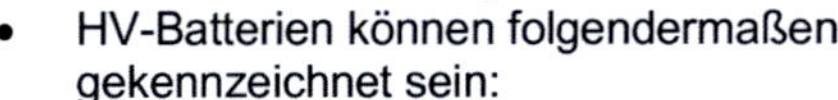

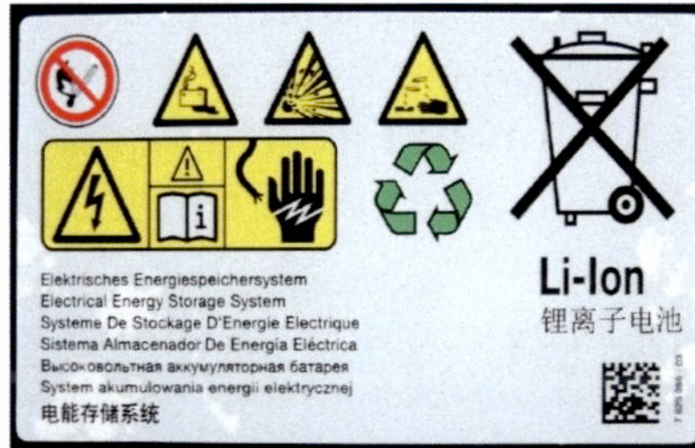

VERHALTEN BEI STÖRUNGEN

- Fahrzeuge komplett abschalten und gegen weitere Benutzung sichern
- Aufsichtführenden Fachkundigen informieren. Ist die Störung nicht zu beheben, VEFK informieren
- Fahrzeug oder HV-Anlage als „defekt“ kennzeichnen.
- Mängel nur durch befähigte Personen beseitigen lassen.

VERHALTEN BEI UNFÄLLEN - ERSTE HILFE - NOTRUF 112

- Not-Aus betätigen.
- Aufsichtführende Person und Ersthelfer informieren.
- Bei jeder Erste-Hilfe-Maßnahme den Selbstschutz beachten.
- Gegebenenfalls Notruf absetzen.
- Bei Atemstillstand Wiederbelebung einleiten und Rettungsdienst alarmieren.
- **Defibrillator** befindet sich **im Raum XXX** (Herr ZZZ) z.B. an der rechten Wand.
- Unfall im Verbandsbuch dokumentieren und ggf. der Firmenleitung melden.

WARTUNG

- PSA und Messgeräte regelmäßig auf einwandfreien Zustand prüfen und gegebenenfalls austauschen
- HV-Fahrzeuge, die in den öffentl. Verkehr dürfen, nach dem Arbeits-Einsatz wieder in einwandfreien Original-Zustand zurückbauen, regelmäßig warten und zur TÜV-Untersuchung zuführen

FOLGEN DER NICHTBEACHTUNG

- Erhöhte Verletzungsgefahr ===> Konsequenzen nach Straf- und Arbeitsrecht
- Sachschäden ===> Konsequenzen nach Zivilrecht

Bild 04: Muster-Betriebsanweisung für Arbeiten unter Spannung an HV-Fahrzeugen

Aus der DGUV Vorschrift 1 § 2 ergeben sich allgemeine Anforderungen an den Unternehmer:

„Der Unternehmer hat zur Verhütung von Arbeitsunfällen Einrichtungen, Anordnungen und Maßnahmen zu treffen, die den Bestimmungen dieser Unfallverhütungsvorschrift und den für ihn sonst geltenden Unfallverhütungsvorschriften und im Übrigen den allgemein anerkannten sicherheitstechnischen und arbeitsmedizinischen Regeln entsprechen.
Soweit in anderen Rechtsvorschriften, insbesondere in Arbeitsschutzvorschriften, Anforderungen gestellt werden, bleiben diese Vorschriften unberührt."

Diese Unfallverhütungsvorschrift regelt neben anderem auch die

- Beurteilung der Arbeitsbedingungen
- Dokumentation
- Auskunftspflichten
- Unterweisung der Versicherten
- Befähigung für Tätigkeiten
- Zutritts- und Aufenthaltsverbote
- Maßnahmen bei Mängeln

Bild 05: Absperrung um HV-Fahrzeug (Renault Fluence Z.E.)

Beispiel einer Maßnahme aufgrund der Unfallverhütungsvorschriften für den Punkt „Zutritts- und Aufenthaltsverbote:
Wird an einem HV-Fahrzeug gearbeitet, kann es je nach Herstellervorgabe oder je nach Zustand des Fahrzeugs, z. B. nach einem Unfall, bei Demontage gefährlicher Bauteile, wie z. B. einer HV-Batterie dazu kommen, dass der Zutrittsbereich für Mitarbeiter, die nicht HV-fachkundig sind, gesperrt wird. Hier im Bild wird bei einem Renault Fluence Z.E. die HV-Batterie wegen eines Fehlers im Batteriemanagement mithilfe eines Hubwagens ausgetauscht. Dazu ist das Fahrzeug freigeschaltet, die HV-Batterie in sich trägt jedoch hohe Spannung. Da ein Fehler im Batteriemanagement, d. h. in den Steuergeräten innerhalb der HV-Batterie vorliegt, wird sie als gefährlich eingestuft. Der Zutritt wird mithilfe einer Kettenabsperrung für andere Mitarbeiter oder den Kunden vorbildlich gesperrt.

4.2 Betriebliche Organisation

Die Verhütung von Arbeitsunfällen und die Einhaltung der entsprechenden Unfallverhütungsvorschriften haben direkt mit der betrieblichen Organisation und Weisungsbefugnis zu tun. Natürlich gibt es hier sehr große Unterschiede zwischen einem kleinen Kfz-Servicebetrieb und einem großen Industrieunternehmen:

- Wie soll sich die „Fachkundige Person Hochvolt (FHV)" eines Servicebetriebs gegen die Anordnung seines Chefs wehren, wenn ihm gesagt wird: „Tausche den korrodierten Batteriemodulverbinder an der HV-Batterie aus!", obwohl der Mitarbeiter gar nicht die Qualifikation für das „Arbeiten unter Spannung" hat.
- In einem industriellen Großbetrieb sind in dieser Beziehung normalerweise organisatorische hierarchische Strukturen aufgebaut, die die Verantwortlichkeiten festschreiben und regeln. Der Unternehmer ist meistens nicht mehr selbst weisungsbefugt, sondern hat die Verantwortung auf fachlich qualifizierte Führungskräfte delegiert und betriebliche Abläufe

schriftlich so festgelegt, dass sich der einzelne Mitarbeiter vor Ort darauf berufen kann. Er ist damit rechtlich abgesichert und damit auch besser vor einem Unfall geschützt.

- In größeren Betrieben sehen die DGUV Vorschrift 3, das Arbeitsschutzgesetz und die DIN-VDE 1000-10 vor, für elektrotechnische Arbeiten so genannte Verantwortliche Elektrofachkräfte (VEFK) zu berufen und einzusetzen:

Auszug aus DGUV Vorschrift 3 „Elektrische Anlagen und Betriebsmittel“

§3 Grundsätze

(1) **Der Unternehmer** hat dafür zu sorgen, dass elektrische Anlagen und Betriebsmittel nur von einer Elektrofachkraft oder unter Leitung und Aufsicht einer Elektrofachkraft (...) errichtet, geändert und instand gehalten werden. (...)

Der Arbeitgeber kann Aufgaben und Pflichten auf geeignete Mitarbeiter **übertragen** (ArbSchG §7, §13), bleibt aber in jedem Fall verpflichtet, die Erfüllung der übertragenen Aufgaben zu kontrollieren.

Verantwortliche Elektrofachkraft (VEFK) nach DIN-VDE 1000-10

ist, wer als Elektrofachkraft die Fach- und Aufsichtsverantwortung übernimmt und **vom Unternehmer** dafür beauftragt ist. Das heißt, die verantwortliche Elektrofachkraft ist im zugewiesenen elektrotechnischen Tätigkeitsfeld weisungsbefugt.

Daraus ergeben sich verschiedene Möglichkeiten betrieblicher gerichtssicheren Strukturen und der Verantwortlichkeit einer VEFK. Je nach Größe des Betriebs und Qualifikation des Unternehmers kann man zwei grundsätzliche Unterschiede machen:

1. der Unternehmer ist selbst VEFK oder
2. der Unternehmer beauftragt eine qualifizierte Person als VEFK.

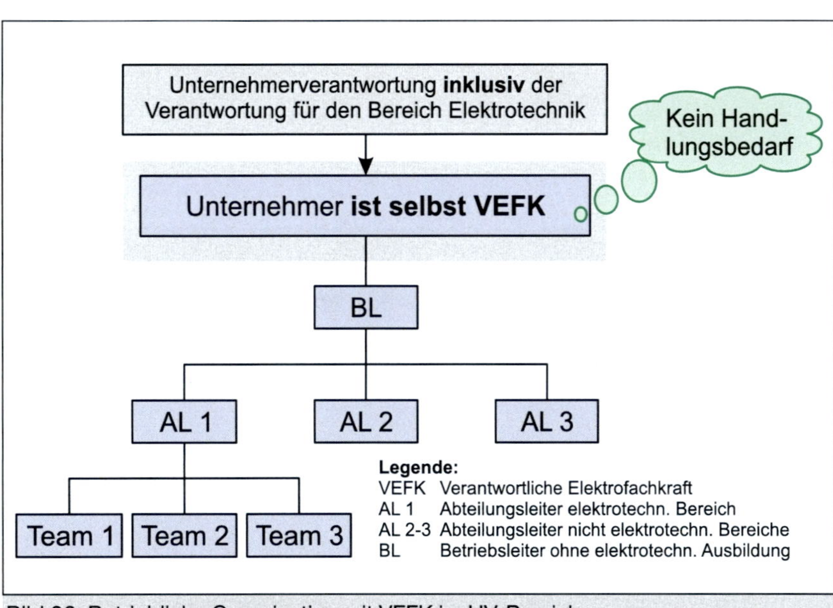

Bild 06: Betriebliche Organisation mit VEFK im HV-Bereich

Die DIN VDE 1000-10 beschreibt die VEFK als „verantwortliche Elektrofachkraft“ mit vorzugsweise **fachbezogener Ausbildung zum Meister, Techniker oder Ingenieur, Bachelor, Master.** In kleineren, insbesondere Kfz-Betrieben ohne großen hierarchischen Verantwortungs-Aufbau kann diese Aufgabe auch eine qualifizierte und erfahrene FHV übernehmen. Diese übernimmt in den Unternehmen die Fach- und Aufsichtsverantwortung vornehmlich für die tätigen Fachkräfte, aber auch für bestimmte Betriebs- und Anlagentechnik.

Nach **DIN VDE 1000-10 Ziffer 3.1** heißt es:

„Verantwortliche Elektrofachkraft ist, wer als Elektrofachkraft die Fach- und Aufsichtsverantwortung übernimmt und vom Unternehmer dafür beauftragt ist."

Typische Aufgaben einer VEFK zeigt die folgende Auflistung:

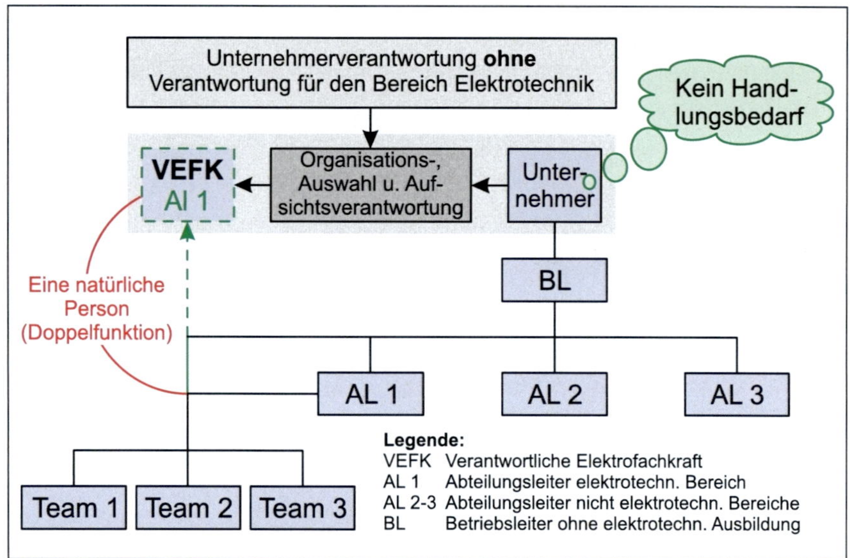

Bild 07: Betriebliche Organisation mit VEFK im HV-Bereich

Aufgabenbeispiele (Aufzählung erhebt keinen Anspruch auf Vollständigkeit; Reihenfolge ist keine Rangfolge)	**Quelle**
Wahrnehmung der Organisations-, Auswahl- und Aufsichtsverantwortung im Bestellungsbereich, insbesondere	ArbSchG, DIN VDE 1000-10
Schaffung einer Organisation im Elektrobereich gemäß geltenden Vorschriften. Hierzu gehört z. B. auch die Regelung der Anlagen- und Arbeitsverantwortung	ArbSchG, BetrSichV, DIN VDE 0105-100
Überwachung der Einhaltung der elektrotechnischen Sicherheitsfestlegungen	ArbSchG, BetrSichV, DIN VDE 0105-100
Erstellung von **Gefährdungsbeurteilungen** zu „Arbeiten am elektrischen System Hochvoltantrieb"	ArbSchG, BetrSichV, GefStoffV, TRBS 2210
Festlegung der Qualifizierungsnotwendigkeit für Mitarbeiter der unterstellten Bereiche	DGUV 209-093
Erarbeitung und Umsetzung eines umfassenden Schulungskonzepts inklusive praktischer Einarbeitung	DGUV 209-093
Schriftliche Beauftragung und Dokumentation von „Arbeiten unter Spannung"	DGUV Vorschrift 3
Bestimmung notwendiger Kennzeichnungen an Hybridkomponenten und Umfeld	ISO 6469 Teil 3
Auswahl und Bereitstellung notwendiger Arbeitsmittel	BetrSichV
Erstellung von Arbeits-, Montage-, Sicherheits- und Betriebsanweisungen	ArbSchG, BetrSichV sowie diverse TRBS und BG-Regeln
Definition von Prüfungen zur Freigabe eines HV-Systems bzgl. elektrischer Sicherheit	ISO 6469-3, ECE R-100 und div. VDE RL.
Regelprüfen für Hochvoltsysteme definieren (wann, wie, was und wie oft muss geprüft werden)	BetrSichV, TRBS 1201
...	

Das nebenstehende Schaubild zeigt die Verantwortungskette für normale Arbeiten und für spezielle „Arbeiten unter Spannung" im HV-Bereich eines größeren Unternehmens.

Hierbei ist es zum Schutz des Mitarbeiters, der beauftragt ist, z. B. „unter Spannung zu Arbeiten", wichtig, dass im Bereich der Elektrotechnik in letzter Instanz nur die VEFK weisungsbefugt ist.

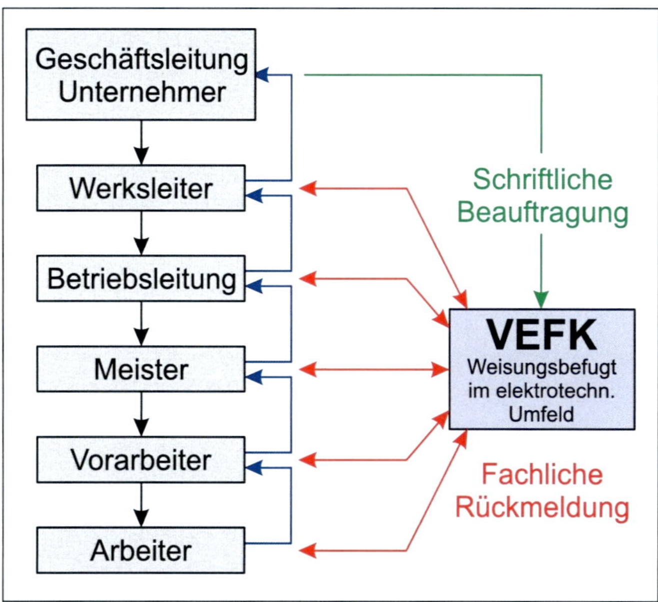

Bild 08: Verantwortungskette mit VEFK im HV-Bereich

Zu den wichtigen Aufgaben der VEFK gehört insbesondere auch, dafür zu sorgen, dass ein Konzept für die Sicherheits- und Erste-Hilfe-Ausstattung mit Planung und Festlegung der Standorte für AEDs (Defibrillatoren) und persönlichen Schutzausrüstung erstellt wird. Besonders wichtig ist dies vor allem in Bereichen, in denen auch „unter Spannung gearbeitet werden muss". Natürlich müssen solche Sicherheitseinrichtungen auch in kleinen Kfz-Servicebetrieben vorhanden sein.

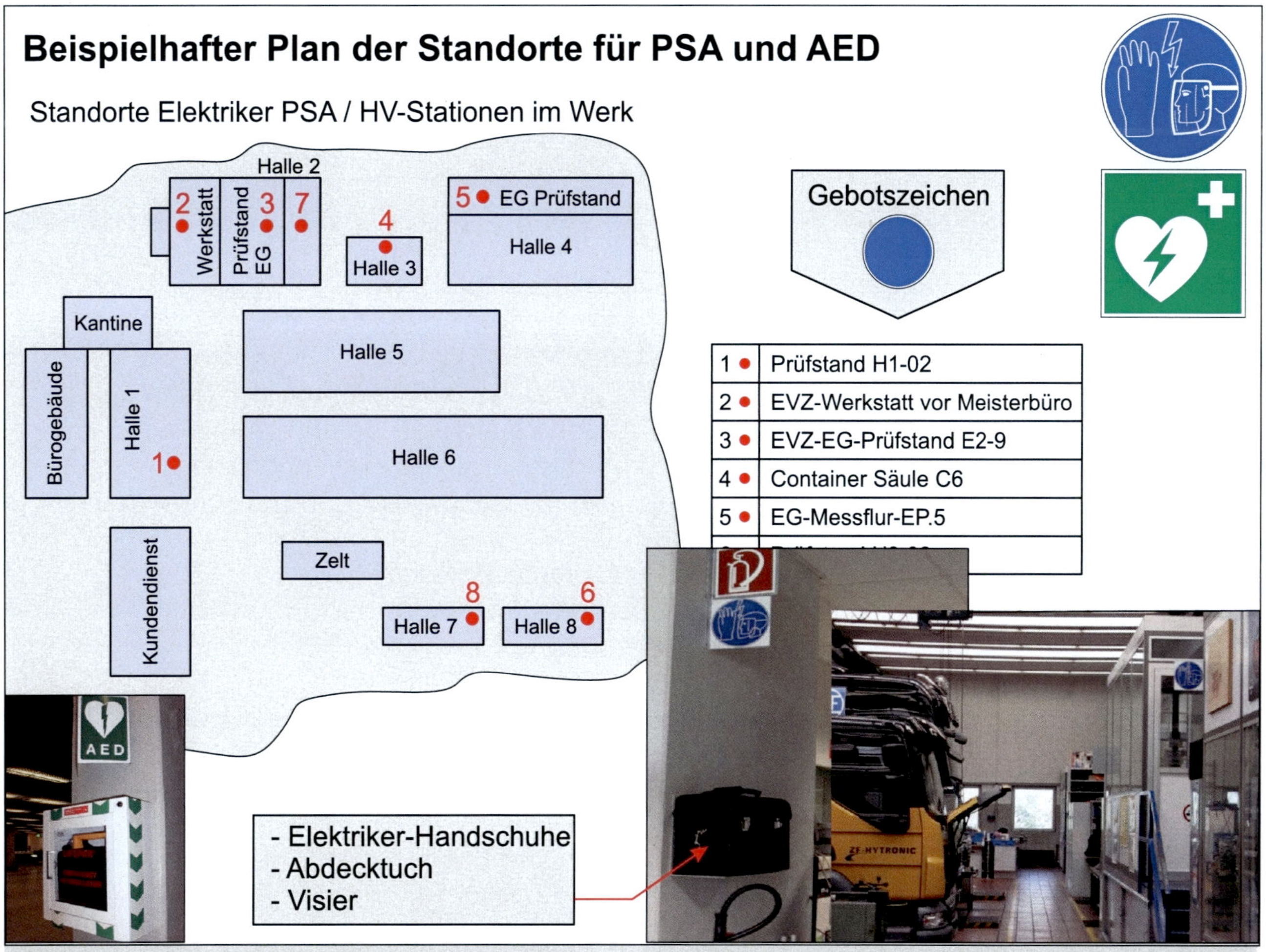

Beispielhafter Plan der Standorte für PSA und AED

Standorte Elektriker PSA / HV-Stationen im Werk

Halle 2, Werkstatt 2, Prüfstand EG 3, 7, Halle 3 4, 5 EG Prüfstand, Halle 4, Kantine, Halle 5, Bürogebäude, Halle 1 1, Halle 6, Kundendienst, Zelt, Halle 7 8, Halle 8 6

Gebotszeichen

1 ●	Prüfstand H1-02
2 ●	EVZ-Werkstatt vor Meisterbüro
3 ●	EVZ-EG-Prüfstand E2-9
4 ●	Container Säule C6
5 ●	EG-Messflur-EP.5

AED

- Elektriker-Handschuhe
- Abdecktuch
- Visier

Bild 09: Beispielhafter Plan der Standorte für PSA und AED

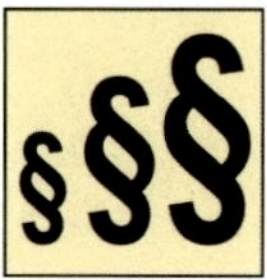

4.3 Fachkundige Person Hochvolt (FHV) mit Qualifikation Stufe 3 für Arbeiten an unter Spannung stehenden HV-Komponenten

„Mit der Qualifikation für Arbeiten an unter Spannung stehenden HV-Komponenten kann die Fehlersuche an unter Spannung stehenden HV-Komponenten durchgeführt werden, wenn das Fahrzeug nicht spannungsfrei geschaltet oder die Spannungsfreiheit nicht festgestellt werden kann. Dasselbe gilt für Arbeiten an unter Spannung stehenden Energiespeichern und für Arbeiten mit entsprechendem Gefährdungspotential, z. B. Hochspannungsprüfung nach Herstellervorgaben.
Jede Arbeit, bei der ein Mitarbeiter mit Körperteilen oder Gegenständen (Werkzeuge, Geräte, Ausrüstungen oder Vorrichtungen) HV-Komponenten oder Teile berühren kann, gilt dann als Arbeiten an unter Spannung stehenden HV-Komponenten, wenn der spannungsfreie Zustand nicht sichergestellt ist und eine elektrische Gefährdung nicht ausgeschlossen werden kann.
Das Feststellen der Spannungsfreiheit gilt nicht als Arbeiten an unter Spannung stehenden HV-Komponenten, wenn durch das Arbeitsverfahren und die Arbeitsmittel eine elektrische Gefährdung ausgeschlossen ist.“

4.3.1 DGUV Vorschrift 3 und „Arbeiten unter Spannung“

Die Berufsgenossenschaftliche Vorschrift DGUV Vorschrift 3 ist die Unfallverhütungsvorschrift, die die gesetzliche Grundlage für das „Arbeiten unter Spannung“ bildet:

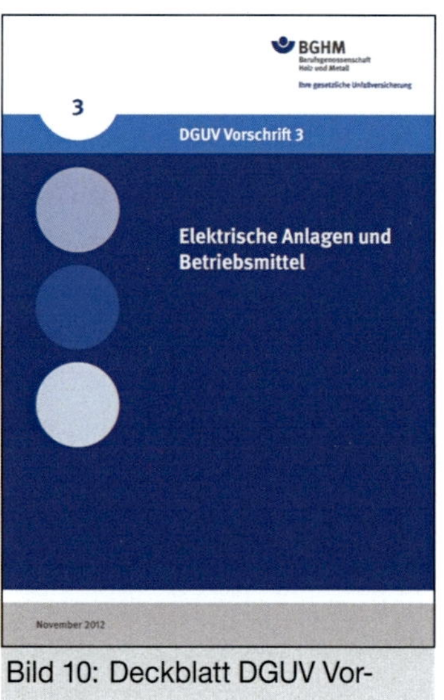

Bild 10: Deckblatt DGUV Vorschrift 3

§6 – Arbeiten an aktiven Teilen

(1) An unter Spannung stehenden aktiven Teilen elektrischer Anlagen und Betriebsmittel darf, abgesehen von den Festlegungen in §8, nicht gearbeitet werden.

Durchführungsanweisungen zu §6 Abs. 1:
Bei Arbeiten an aktiven Teilen elektrischer Anlagen, deren spannungsfreier Zustand für die Dauer der Arbeiten nicht hergestellt und sichergestellt ist (Arbeiten unter Spannung) sowie bei Arbeiten in der Nähe unter Spannung stehender aktiver Teile gemäß §7 kann es sich um gefährliche Arbeiten im Sinne des §8 der Unfallverhütungsvorschrift „Grundsätze der Prävention“ (DGUV Vorschrift 1) sowie des §22 Abs. 1 Nr. 3 „Jugendarbeitsschutzgesetz“ handeln.

§22 Jugendarbeitsschutzgesetz lautet: „Gefährliche Arbeiten
(1) Jugendliche dürfen nicht beschäftigt werden
1. … ,
2. … ,
3. mit Arbeiten, die mit Unfallgefahren verbunden sind, von denen anzunehmen ist, dass Jugendliche sie wegen mangelnden Sicherheitsbewusstseins oder mangelnder Erfahrung nicht erkennen können oder nicht abwenden können,
4. … ,
5. … ,
6. … ,
7. … .

(2) Absatz 1 Nr. 3 bis 7 gilt nicht für die Beschäftigung Jugendlicher, soweit
1. dies zur Erreichung ihres Ausbildungszieles erforderlich ist,
2. ihr Schutz durch die Aufsicht eines Fachkundigen gewährleistet ist und
3. … .

(3) …“

(2) Vor Beginn der Arbeiten an aktiven Teilen elektrischer Anlagen und Betriebsmittel muss der spannungsfreie Zustand hergestellt und für die Dauer der Arbeiten sichergestellt werden.

(3) Absatz 2 gilt auch für benachbarte aktive Teile der elektrischen Anlage oder des elektrischen Betriebsmittels, wenn diese

- nicht gegen direktes Berühren geschützt sind oder
- nicht für die Dauer der Arbeiten unter Berücksichtigung von Spannung, Frequenz, Verwendungsart und Betriebsort durch Abdecken oder Abschranken gegen direktes Berühren geschützt worden sind.

(4) Absatz 2 gilt auch für das Bedienen elektrischer Betriebsmittel, die aktiven unter Spannung stehenden Teilen benachbart sind, wenn diese nicht gegen direktes Berühren geschützt sind.

§8 der DGUV Vorschrift 3 beschreibt die „Zulässigen Abweichungen“, nämlich das Arbeiten unter Spannung“ unter bestimmten Bedingungen:

§8 – Zulässige Abweichungen

Von den Forderungen der §§6 und 7 darf abgewichen werden, wenn
1. durch die Art der Anlage eine Gefährdung durch Körperdurchströmung oder durch Lichtbogenbildung ausgeschlossen ist oder
2. aus zwingenden Gründen der spannungsfreie Zustand nicht hergestellt und sichergestellt werden kann, soweit dabei
   - durch die Art der bei diesen Arbeiten verwendeten Hilfsmittel oder Werkzeuge eine Gefährdung durch Körperdurchströmung oder durch Lichtbogenbildung ausgeschlossen ist und
   - der Unternehmer mit diesen Arbeiten nur Personen beauftragt, die für diese Arbeiten an unter Spannung stehenden aktiven Teilen fachlich geeignet sind und
   - der Unternehmer weitere technische, organisatorische und persönliche Sicherheitsmaßnahmen festlegt und durchführt, die einen ausreichenden Schutz gegen eine Gefährdung durch Körperdurchströmung oder durch Lichtbogenbildung sicherstellen.

Beim Arbeiten unter Spannung besteht eine erhöhte Gefahr der Körperdurchströmung und der Lichtbogenbildung. Dieses erfordert besondere technische oder organisatorische Maßnahmen. Das verbleibende Risiko (Eintrittswahrscheinlichkeit und Verletzungs-

schwere, siehe DIN VDE 31 000-2) muss damit auf ein zulässiges Maß reduziert werden. Dies wird erreicht, wenn die nachfolgenden Anforderungen erfüllt und die elektrotechnischen Regeln eingehalten werden.
Sollen Arbeiten unter Spannung durchgeführt werden, ist vom Unternehmer schriftlich für jede der vorgesehenen Arbeiten festzulegen, welche Gründe als zwingend angesehen werden. Hierbei muss das jeweilige gewählte Arbeitsverfahren, die Häufigkeit der Arbeiten und die Qualifikation der mit der Durchführung der Arbeiten betrauten Personen berücksichtigt werden. Für die Durchführung der Arbeiten ist eine Arbeitsanweisung zu erstellen; geeignete Schutz- und Hilfsmittel für das Arbeiten unter Spannung sind zur Verfügung zu stellen.
Im Rahmen der organisatorischen Sicherheitsmaßnahmen sollen die Arbeiten von einer in der Ersten Hilfe ausgebildeten und mindestens fachkundig unterwiesenen Person (FUP) überwacht werden (siehe §26 der Unfallverhütungsvorschrift „Grundsätze der Prävention" (DGUV Vorschrift 1)).
Die Sicherheitsmaßnahmen sind für den Einzelfall oder für bestimmte, regelmäßig wiederkehrende Fälle schriftlich festzulegen. Dabei sind die Festlegungen in den elektrotechnischen Regeln zu beachten.

Aus dem obigen vorletzten Abschnitt des Auszuges aus der DGUV Vorschrift 3 wird mit Verweis auf die DGUV Vorschrift 1 deutlich hervorgehoben, dass unter Spannung nicht alleine gearbeitet werden darf.

→ **Bei „Arbeiten unter Spannung" sind immer mindestens zwei qualifizierte Personen beteiligt: Einer führt die Arbeit aus, der andere überwacht die Tätigkeit.**

Zusammengefasst müssen beim **„Arbeiten unter Spannung"** folgende Voraussetzungen durch den Arbeitgeber in schriftlicher Form festgelegt werden:

- Welcher zwingende Grund liegt für diese AuS-Arbeit vor? → Auswahl der Arbeiten
  Beispiel: Tausch eines Zellenverbinders, Wechsel einer Zelle in einer HV-Batterie
- Welches Arbeitsverfahren wird hierfür gewählt?
  Beispiel: Arbeiten mit Isolierhandschuhen, isolierende Matten und Abdecktücher beim Tauschen von Zellenverbindern
- Welche organisatorischen Voraussetzungen müssen erfüllt werden?
- Wie groß ist die Häufigkeit dieser Arbeit?
  Beispiel: Selten, 3mal im Jahr
- Hat die mit der Arbeit beauftragte Person (Auswahl des Ausführenden) die richtige Qualifikation?
  Beispiel: Die Person ist Elektroingenieur und/oder Fachkundiger für Arbeiten an HV-Systemen der Stufe 3 DGUV I 209-093, ist als Elektrofachkraft im Unternehmen benannt
- Gibt es eine schriftliche Arbeitsanweisung?
  Beispiel: Es liegt eine schriftliche Arbeitsanweisung des Arbeitgebers vor, die die Verhaltensmaßregeln für die spezielle „Arbeit unter Spannung", hier das Auswechseln einer Zelle in der HV-Batterie beschreibt.
- Welche geeigneten Schutz- und Hilfsmittel müssen eingesetzt werden?
  Beispiel: Die nicht beteiligten Bereiche der HV-Batterie müssen isolierend nach IEC 60900 abgedeckt sein, es muss mit isolierendem Werkzeug nach IEC 60900 (VDE 0682-201) gearbeitet werden, der Mitarbeiter muss eine persönliche Schutzausrüstung (PSA) nach DIN EN 60903 tragen, die Durchströmungs- und Lichtbogenschutz gewährleistet.

Bei den **Arbeitsverfahren** für das Arbeiten unter Spannung unterscheidet man drei Verfahren:

1. Arbeiten auf Abstand: Die Arbeiten werden z. B. mit isolierenden Stangen ausgeführt. Dieses Verfahren wird im Mittelspannungsbereich U_N = 1 kV bis 36 kV angewandt.
2. Arbeiten auf Potenzial: Der Arbeitende wird auf das gleiche Potenzial wie die Anlage, an der er arbeitet, gebracht. Dieses Verfahren findet nur Anwendung im Hochspannungsbereich $U_N > 36$ kV.
3. Arbeiten mit isolierenden Handschuhen, Abdeckungen und Werkzeugen: Das bedeutet persönliche Schutzausrüstung, Standortisolierung, Abdeckung unter Spannung stehender Bauteile in der Nähe (siehe S. 147 ff.). Im Niederspannungsbereich $U_N < 1$ kV, d. h. also auch in der Hochvolttechnik im Kfz-Bereich.

Die DIN VDE 0105-100 EN 50110-1 gibt auf viele der obigen Fragen klare Antworten:
(Die nachfolgend grün geschriebenen Passagen sind Zitate aus der Norm.)

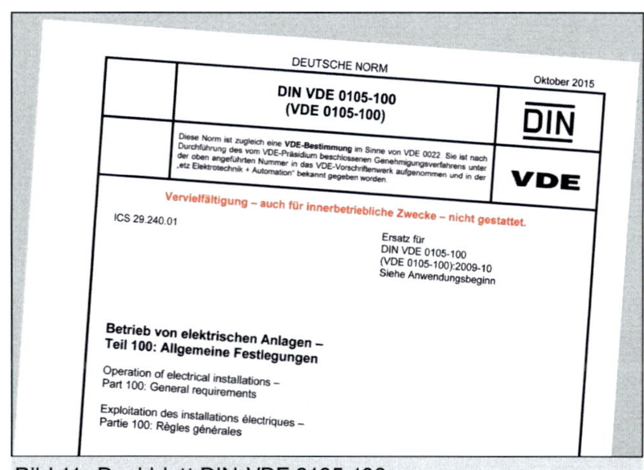

DEUTSCHE NORM

Oktober 2015

DIN VDE 0105-100
(VDE 0105-100)

DIN

Diese Norm ist zugleich eine **VDE-Bestimmung** im Sinne von VDE 0022. Sie ist nach Durchführung des vom VDE-Präsidium beschlossenen Genehmigungsverfahrens unter der oben angeführten Nummer in das VDE-Vorschriftenwerk aufgenommen und in der „etz Elektrotechnik + Automation“ bekannt gegeben worden.

VDE

Vervielfältigung – auch für innerbetriebliche Zwecke – nicht gestattet.

ICS 29.240.01

Ersatz für
DIN VDE 0105-100
(VDE 0105-100):2009-10
Siehe Anwendungsbeginn

Betrieb von elektrischen Anlagen –
Teil 100: Allgemeine Festlegungen

Operation of electrical installations –
Part 100: General requirements

Exploitation des installations électriques –
Partie 100: Règles générales

Bild 11: Deckblatt DIN-VDE 0105-100

Arbeitsanweisungen:

Abhängig von Art und Umfang der Arbeit müssen Verhaltensmaßregeln in Arbeitsanweisungen festgelegt sein. Sie legen den Arbeitsablauf fest unter Berücksichtigung der vorbereitenden Tätigkeiten sowie der zu benutzenden Spezialwerkzeuge und Ausrüstungen. (…) In der Arbeitsanweisung sind die Maßnahmen und Arbeitsschritte zur Durchführung der Arbeiten unter Spannung vom Unternehmer festzulegen. Hier sind Aussagen über die erforderlichen persönlichen Schutzausrüstungen, Schutz- und Hilfsmittel, Werkzeuge zu treffen. Weiter ist darauf hinzuweisen, dass die mit der Durchführung dieser Arbeiten ausführende Person entscheiden muss, ob sie die Arbeiten sicher durchführen kann. Die hierbei zu berücksichtigenden Kriterien sind zu benennen, z. B.:

- Einhaltung der erforderlichen Abstände zu benachbarten Teilen mit einer Potenzialdifferenz zum aktiven Teil;
- sicherer Standort;
- ausreichende Bewegungsfreiheit.

Auf der Grundlage der **Gefährdungsbeurteilung** ist festzulegen, ob eine zweite Person an der Arbeitsstelle anwesend sein muss. Diese Person muss in der **Ersten Hilfe** ausgebildet und mindestens elektrotechnisch unterwiesen sein. Ist für die sichere Ausführung von umfangreichen und schwierigen Arbeiten unter Spannung die Einhaltung von bestimmten Arbeitsschritten oder Abläufen erforderlich, so sind diese speziell festzulegen. Hier müssen Festlegungen über die notwendige Anzahl geeigneter Personen zur sicheren Durchführung dieser Arbeiten und der **Ersten Hilfe** getroffen werden.

In Einzelfällen kann es auch erforderlich sein, aktuelle Umstände (z. B. abweichende bauliche Besonderheiten, Schutz vor und von unbeteiligten Dritten) in einer ergänzenden Arbeitsanweisung zu berücksichtigen.

Organisatorische Voraussetzungen

Es sind organisatorische Voraussetzungen zu schaffen, in denen festgelegt ist, welche Arbeiten unter Spannung an elektrischen Anlagen durchgeführt werden dürfen. Diese Grundsätze für Arbeiten unter Spannung sind für die mit der Durchführung dieser Arbeiten beauftragten Person in einer Anweisung festzuschreiben. Es ist grundsätzlich festzulegen, für welche Arbeiten die Auftragserteilung **schriftlich** zu erfolgen hat und zu **dokumentieren** ist.

Auswahl der Arbeiten

Es ist festzulegen, welche Arbeiten unter Spannung ausgeführt werden dürfen. Hierbei ist zu berücksichtigen, ob es für diese Arbeiten geeignete Verfahren gibt oder diese entwickelt werden können. Es muss sich dabei um Verfahren handeln, die aufgrund einer umfassenden Gefährdungsermittlung, die nicht nur die elektrischen Gefährdungen berücksichtigt, als sicher beurteilt werden können. Bei der Gefährdungsbeurteilung ist **auch Fehlverhalten** der Arbeitsausführenden zu **berücksichtigen**, z. B. das Abrutschen mit einem Werkzeug oder das Herunterfallen von Teilen.

Auswahl der Ausführenden

Es ist dafür zu sorgen, dass Arbeiten unter Spannung nur Personen übertragen werden, die für diese Arbeiten nach … befähigt worden sind. Diesen Personen ist schriftlich eine Berechtigung für die Arbeiten unter Spannung zu erteilen, die sie durchführen dürfen. Es wird empfohlen, dies in einem sogenannten **AuS-Pass** festzuhalten.

Die ausführende Person muss die Grundsätze für Arbeiten unter Spannung nach … kennen und über eine Berechtigung zur Durchführung der Arbeiten verfügen.

Sicherheitspass

Fachkundiger für elektrische Fahrantriebe mit Hochvoltsystemen und Hochvoltkomponenten (FEFA)

Safety Pass

Expert for electric drives with high-voltage systems and components (FEFA)

Deutsche E-Antriebe GmbH

4. Allgemeine Ausbildung und berufliche Qualifikationen General Education and Occupational Qualifications	
Berufsausbildung 1 Vocational education 1	
Abschluss als Graduation	
Abgenommen durch / am Certification by / date	
Berufsausbildung 2 Vocational education 2	
Abschluss als Graduation	

Abgenommen durch / am Certification by / date	
Studium Course of studies	
Abschluss als Graduation	
Abgenommen durch / am Certification by / date	
Sonstige berufliche Qualifikation Other occupational qualifications	
Der Nachweis erfolgte durch die Einsichtnahme in offizielle Urkunde/Zertifikate Verified by inspection of official documents/certificates	

5.1.3 Ausbildung Stufe 3 gemäß DGUV 209-093 Arbeiten unter Spannung an Hochvoltsystemen und Arbeiten in der Nähe unter Spannung stehender berührbarer Teile Training Step 3 acc. to DGUV 209-093: Work on Live HV Systems and Near Live, Touchable Parts	
Tätigkeitsbeispiele/Work examples	
Ziel der Qualifikation/ Purpose of qualification	
Stufe 3 erworben Step 3 completed	
Umfang der Qualifizierung in Unterrichtseinheiten (UE) Scope of qualification/training units	
Qualifizierung durch Qualification by	
Qualifizierungsdatum Date of qualification	
Testierung des erfolgreichen Abschlusses durch Certification by	
Freigabe erfolgt durch / am Approved by / on	

Als Beispiel für einen solchen Hochvoltpass dienen einige nebenstehende dargestellte Seiten eines großen deutschen Herstellers für Hochvoltkomponenten. In diesen Pass werden alle relevanten Daten, die zur Arbeit an Hochvoltsystemen in Kraftfahrzeugen berechtigen, festgehalten. Der Besitzer kann sich damit z. B. auch bei Fremdfirmen als Fachmann ausweisen.

Auch beschreibt die DIN VDE 0105-100 EN 50110-1 in mehreren Abschnitten das „Arbeiten unter Spannung“ mit den oben genannten Voraussetzungen. Dort aufgelistete Beispiele beziehen sich vor allem auf die normale Elektrik im Nieder- und Hochspannungsbereich, die für die Kfz-Technik nicht relevant sind, wie z. B. „Montieren einer Abzweigmuffe für einen Hausanschluss“ oder „Auswechseln von Zählern und Schaltuhren“, können aber sinngemäß auch die Kfz-Technik übertragen werden.

Im Kfz-Bereich einschließlich der Entwicklung sind folgende Situationen denkbar, in denen unter Spannung gearbeitet werden muss:

- Freischalten der Batterie nicht möglich
- Tausch von defekten Modulen, Zellen oder Zellenverbindern
- Tausch von defekten Schützen, Ladewiderständen, Batteriesteuergeräten
- Die E-Maschine wird durch den Verbrennungsmotor weiter betrieben (kann nicht abgeschaltet werden)
- Die E-Maschine dreht sich aufgrund der Fahrzeugbewegung
- Das HV-System kann aufgrund eines Softwarefehlers nicht abgeschaltet werden
- Wegen eines Unfalls ist nicht sicher, dass das Fahrzeug spannungsfrei ist
- Isolationsfehler in/an HV-Bauteilen werden wegen eines Defekts vom HV-System nicht erkannt

Dazu kommen im Prototypenbau in der Serienproduktion folgende AuS-Situationen:
- Batterien und Zellen müssen häufig zusammengeschaltet oder getrennt werden
- Leitungen oder Stromschienen sind nicht so verlegt und gesichert, dass unbeabsichtigtes Berühren absolut ausgeschlossen werden kann.
- Es besteht die Gefahr der Lichtbogenbildung und Explosionsgefahr
- Gefahr bei Prüfungen und Reparatur von Batteriemodulen bei der Serienproduktion
- Gefahr beim Recyceln von HV-Batterien und Modulen

4.3.2 DGUV I 209-093 und Qualifikation Stufe 3 mit „Arbeiten unter Spannung"

Auch die DGUV I 209-093 bezieht sich auf das voran dargestellte aus DGUV Vorschrift 1 und 3 und stellt deutlich heraus:

„Arbeiten an unter Spannung stehenden HV-Komponenten bedeuten für die Beschäftigten ein Gefährdungspotenzial, das höher ist als bei Arbeiten im spannungsfreien Zustand. Um diese Arbeiten sicher durchführen zu können, ist eine weitergehende Qualifizierung erforderlich. Zum Erlangen dieser zusätzlichen Qualifikation sind die nachfolgend genannten persönlichen Voraussetzungen zu erfüllen.
Vor Beginn der Maßnahme muss die zu qualifizierende Person nachweisen, dass sie
- mindestens eine Qualifikation nach Stufe 2E besitzt
- mindestens 18 Jahre alt ist ****,
- eine erfolgreich abgeschlossene Erste-Hilfe-Ausbildung einschließlich Herz-Lungen-Wiederbelebung (9 Unterrichtseinheiten nach DGUV Information 204-022 „Erste Hilfe im Betrieb") hat.

Zudem muss sichergestellt sein, dass die zu qualifizierende Person keine gesundheitlichen Einschränkungen besitzt (z. B. Implantatträger(in), Epilepsie, ...), die zu Gefährdungen bei der Durchführung von Arbeiten an unter Spannung stehenden HV-Komponenten führen können (siehe auch § 7 DGUV Vorschrift 1 „Grundsätze der Prävention").
Bei Eignungsbeurteilungen für Fahr-, Steuer- und Überwachungstätigkeiten sind durch den Unternehmer oder die Unternehmerin geeignete Rechtsgrundlagen (individual- oder kollektivrechtliche Vereinbarungen) zu beachten (siehe auch DGUV Information 250-010 „Eignungsuntersuchungen in der betrieblichen Praxis").

Da es sich bei diesen Arbeiten grundsätzlich um gefährliche Arbeiten nach §8 der DGUV Vorschrift 1 handelt, ist in der Regel eine zweite Person erforderlich. Diese muss mindestens eine fachkundig unterwiesene Person und als Ersthelfer ausgebildet sein.
Mitarbeiter, die eine Qualifikation nach Stufe 2E absolviert haben, erfüllen durch ihre Vorkenntnisse bereits die Voraussetzungen zur Teilnahme an der Qualifizierung zur Stufe 3E.
Darüber hinaus müssen Mitarbeiter vor der Ausbildung zur Stufe 3E mindestens einjährige

praktische berufliche Erfahrung im KFZ- oder Elektrobereich besitzen. Dies ist zum Beispiel durch eine Berufsausbildung zum KFZ-Mechatroniker erfüllt. Mitarbeiter mit einer Qualifikation nach Stufe 2E ohne Ausbildung im Bereich KFZ oder Elektrotechnik besitzen nicht zwangsläufig in ausreichendem Maße die für das Arbeiten unter Spannung an HV-Komponenten erforderlichen fundierten theoretischen und praktischen elektrotechnischen Kenntnisse und Fähigkeiten. Daher müssen die vorhandenen Kenntnisse der Mitarbeiter überprüft werden, um zu entscheiden, welche weiteren zusätzlichen Kenntnisse und Fähigkeiten als Voraussetzung für die Qualifizierung nach Stufe 3E notwendig sind.

Das Flussdiagramm für Stufe 3S für den Qualifikationsbedarf im Service-Bereich ist Bild 12 sehr ähnlich (s. Stufen-Pyramide Kap. 1 Bild 03).

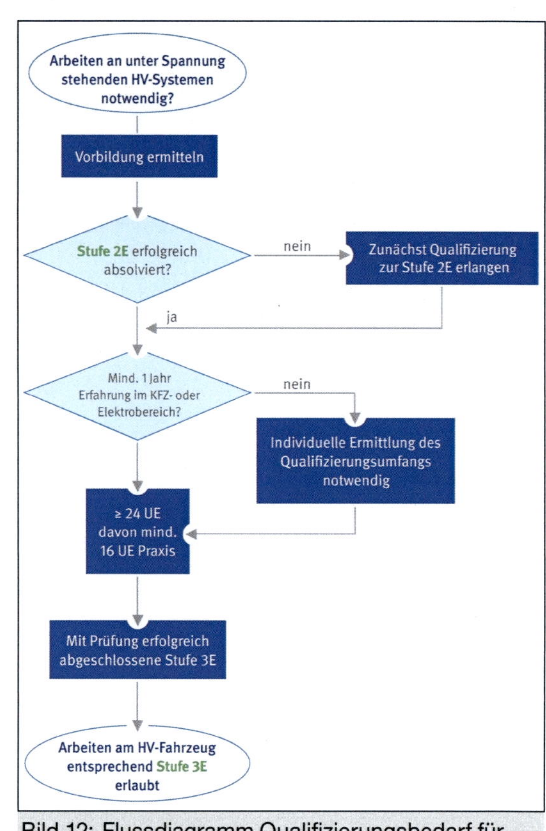

Bild 12: Flussdiagramm Qualifizierungsbedarf für Arbeiten AuS vor SoP, die Stufe 3E erfordern

Der **zeitliche Umfang für die Qualifizierung muss <u>mindestens</u> 24 UE Präsenzschulung** entsprechen. Der zeitliche Umfang des praktischen Teils muss mindestens 16 UE betragen.
Dabei ist die Qualifizierungsmaßnahme so zu gestalten, dass **jeder Teilnehmer praktische Übungen durchführen muss.**
Die Fachkunde ist mit einer Prüfung nachzuweisen und zu dokumentieren.“

**** Hier besteht eine Diskrepanz zwischen der DGUV 209-093 und dem, was § 22 des Jugendarbeitsschutzgesetzes sagt. Laut Jugendarbeitsschutzgesetz darf der Jugendliche in der Ausbildung zum Erreichen des Ausbildungszieles „unter Spannung arbeiten“. (Das kommt in der Berufsausbildung zum Kfz-Mechatroniker wahrscheinlich kaum vor, da diese Thematik im 3. Ausbildungsjahr unterrichtet wird. Zu diesem Zeitpunkt sind fast alle Auszubildenden über 18 Jahre alt.)

■ Qualifikationsinhalte aus DGUV 209-093 Anhang 4 (3E) und 6 (3S):

„Sichere Arbeitsverfahren für Arbeiten an unter Spannung stehenden HV-Systemen:
- Befähigung der Beschäftigten
- Organisation der Arbeiten (z. B Aufsicht, Beauftragung, Arbeitsfreigabe, …)
- Werkzeuge und einzusetzende Schutz-, Prüf- und Hilfsmittel (z. B. PSA)
- Absichern der Arbeitsbereiche
- Kennzeichnung des HV-Systems

Arten, Aufbau, spezifische Eigenschaften und Gefährdungspotential von HV-Energiespeichern:
- Arten von HV-Energiespeichern (z. B Li-Ion, Supercaps, …)
- Aufbau von HV-Energiespeichern (z. B Zellstruktur, Energieträger, Kühlung, …)
- Gefährdungen durch elektrische Energie
- Spezifische nicht elektrische Gefährdungen, z. B. chemische Gefährdungen, Brand- und Explosionsgefahren, Absturzgefahren.

Arbeiten an unter Spannung stehenden HV-Komponenten:
- Praktische Anwendung der Diagnose- und Messgeräte, Anwendung verschiedener Messverfahren (z. B. Spannungsmessung, Fehlersuche an unter Spannung stehenden HV-Komponenten):
- Zellentausch/Komponententausch im HV-Energiespeicher."

4.3.3 DGUV Regel 103-011

Diese Regel „richtet sich in erster Linie an den Unternehmer und soll ihm Hilfestellung bei der Umsetzung seiner Pflichten aus staatlichen Arbeitsschutz- oder Unfallverhütungsvorschriften geben."
„Auf der Basis einer Gefährdungsbeurteilung entscheidet der Unternehmer über die Anwendung der Arbeitsmethode *Arbeiten unter Spannung*."
„Diese BG-Regel konkretisiert die Forderungen des § 8 der Unfallverhütungsvorschrift DGUV Vorschrift 1 ‚Elektrische Anlagen und Betriebsmittel' hinsichtlich der Schutzmaßnahmen gegen die Gefährdungen durch Körperdurchströmung und Lichtbögen bei Arbeiten an aktiven Teilen aller Spannungsebenen, deren spannungsfreier Zustand nicht sichergestellt ist", wie sie in Kap. 4.3.1 ausführlich beschrieben wird.

Bild 13: Ausschnitt Deckblatt DGUV Regel 103-011

Diese Regel bezieht sich auf Arbeiten durch **Mitarbeitende aus Elektroberufen** „in Niederspannungsanlagen (U_N < 1000 V) und in Hochspannungsanlagen (U_N > 1 kV) und nicht auf **Mitarbeitende im Fahrzeugbereich**. Die Ausführungen sind zum großen Teil deckungsgleich mit denen, die in diesem Kapitel für den Fahrzeugbereich in der DGUV I 209-093 beschrieben werden. Daher kann die DGUV Regel 103-011 trotzdem für den Fahrzeugbereich als zusätzliche Hilfe dienen.

4.4 Besonderheiten bei der HV-Qualifizierung für Arbeiten im Fertigungsprozess

4.4.1 Montage

„Bei der Montage werden oft wiederkehrende Arbeiten ausgeführt, die auch durch **Fachkundig unterwiesene Personen (FuP)** erfolgen können. Die Arbeiten sind" durch eine Gefährdungsanalyse „zu beurteilen und entsprechende Schutzmaßnahmen sind abzuleiten. Dazu müssen technische Maßnahmen umgesetzt und verbindliche Arbeitsanweisungen erstellt werden. Die fachliche Richtigkeit der standardisierten Arbeitsanweisungen wird von einer **Fachkundigen Person Hochvolt (FHV)** geprüft. Die **verantwortlichen Führungskräfte** können die Leitung und Aufsicht der Montage auf der Grundlage dieser standardisierten Arbeitsverfahren übernehmen. Die Inhalte der Arbeitsanweisungen sind den Beschäftigten durch **Einweisung** (z. B. im Rahmen der **Produktschulung**) oder **Unterweisung** zu vermitteln. Die Beschäftigten müssen die Inhalte verstanden haben.

Blaue Schrift bedeutet Original-Zitate aus der DGUV Regel 103-011
Grüne Schrift bedeutet: Original-Zitate aus der DGUV 209-093

Für die nachhaltige Integration der standardisierten Arbeitsverfahren in den Produktionsprozess, die Erstellung erforderlicher Dokumentationen und die Kontrolle der Umsetzung **sind die jeweiligen Vorgesetzten verantwortlich**.

4.4.2 Inbetriebnahme (Finish) nach der Montage

Mit der **Inbetriebnahme** des HV-Systems durch Einspeisung über die Spannungsquelle **erhöht** sich **das Gefährdungspotential**. Dies kann je nach Tätigkeit am Fahrzeug weitere Qualifizierungsmaßnahmen für die Mitarbeiter notwendig machen. Dabei sind insbesondere folgende Unterscheidungen zu treffen, die unterschiedliche Gefährdungspotenziale berücksichtigen:

■ Batterieinbetriebnahme mit vollständigem Berührungs- und Lichtbogenschutz

Die Inbetriebnahme durch eine **Fachkundig unterwiesene Person (FuP)** nach standardisierten Arbeitsverfahren (wie bei der Montage beschrieben) ist ausreichend.

■ Batterieinbetriebnahme ohne vollständigen Berührungs- und Lichtbogenschutz

Der Schutz gegen elektrische Körperdurchströmung und Lichtbogen ist nicht ausschließlich mit technischen Mitteln sichergestellt. Diese Arbeiten dürfen nur von Beschäftigten mit einer **Qualifikation nach Stufe 3E** ausgeführt werden.

■ Nacharbeit ohne Fehler im HV-System

Wenn die Nacharbeit keinen Eingriff in das HV-System erfordert, können diese Arbeiten von einer **Fachkundig unterwiesenen Person (FuP)** nach standardisierten Arbeitsverfahren, wie bei der Bandmontage beschrieben, ausgeführt werden.
Dies schließt auch Arbeiten am konventionellen Bordsystem bis 30 V AC und 60 V DC ein.

■ Nacharbeit mit Fehler im HV-System

Sind elektrotechnische Arbeiten am HV-System notwendig, muss der **spannungsfreie** Zustand des HV-Systems sichergestellt werden. Diese Arbeiten erfordern Beschäftigte mit einer **Qualifikation** nach dem Stufenmodell **Stufe 2E**. Diese Festlegungen beinhalten auch Arbeiten am konventionellen Bordsystem bis 30 V AC und 60 V DC, wenn Komponenten des HV-Systems betroffen sind.
Für die **Fehlersuche** im HV-System können **Arbeiten unter Spannung** erforderlich sein. In diesem Falle ist die **Qualifikation nach Stufe 3E** notwendig.

4.4.3 Elektrische Prüfungen

Wenn im Fertigungs-/Montageprozess elektrische Prüfungen durchgeführt werden, z. B. Durchgängigkeit des Schutzpotentialausgleichs, Isolationsmessungen, Spannungsmessungen, sind hinsichtlich der erforderlichen Qualifikation folgende Unterscheidungen zu berücksichtigen:

- Kann der spannungsfreie Zustand nicht sichergestellt werden, müssen Mitarbeiter mit der **Qualifikation nach Stufe 3E** eingesetzt werden.
- Bei Prüfungen mit vollständigem Berührungs- und Lichtbogenschutz ist eine **Qualifikation nach Stufe 2E** notwendig, wenn das Messergebnis bewertet werden muss.
- Ist eine Bewertung des Messergebnisses nicht erforderlich, genügt eine **Qualifikation nach Stufe 1E**.

Es sind die Vorgaben der DIN EN 50191 (VDE 0104) und der Informationsschrift DGUV-Information 203-034 zu berücksichtigen.

4.5 Besonderheiten bei Pannenhilfe, Bergen und Verschrotten

Erstmals werden in der neuen DGUV Information 209-093 diese wichtigen Themen, für die bisher alles unklar geregelt war, mit aufgenommen und durch entsprechende Abschnitte gewürdigt:

■ Im Rahmen der **Pannenhilfe** werden kleinere Schäden an betriebsunfähigen Fahrzeugen vor Ort repariert, um die Fahrbereitschaft der Fahrzeuge möglichst unverzüglich wiederherzustellen. Größere Schäden werden grundsätzlich in der Werkstatt behoben. Hierbei ist zu berücksichtigen, ob es sich um allgemeine Arbeiten am Fahrzeug oder um Arbeiten am HV-System des Fahrzeugs handelt.

Für **Pannenhilfe** an Fahrzeugen mit HV-System ist eine Qualifikation gemäß Stufenmodell Kap. 1 mit den Qualifizierungsstufen für Arbeiten an Serienfahrzeugen, **mindestens jedoch eine Qualifikation nach Stufe 1S** erforderlich.

Beim **Abschleppen** von Fahrzeugen müssen die Vorgaben des Fahrzeugherstellers berücksichtigt werden. Als zusätzliche Maßnahme kann gegebenenfalls das HV-System des Fahrzeugs durch Betätigen des Service-Disconnects deaktiviert werden.

Bei Arbeiten mit **Kran** oder **Seilwinde** ist darauf zu achten, dass keine HV-Komponenten beschädigt werden. Wird das Fahrzeug an Dritte übergeben, wird empfohlen, die eingeleiteten Maßnahmen mitzuteilen und sich diese bestätigen zu lassen.

■ **Unfallhilfe und Bergen von Fahrzeugen**

Die HV-Komponenten sind in den Fahrzeugen gegen Beschädigung bei Unfällen konstruktiv geschützt eingebaut. Trotzdem könnte nach einem Unfall mit Sachschaden Spannung am verunfallten Fahrzeug anliegen. Die Sicherheit der Rettungs- und Unfallhilfskräfte ist in jedem Fall zu gewährleisten. Für Rettungs- und Unfallhilfskräfte existieren Rettungsleitfäden, in denen die fahrzeugspezifischen Informationen enthalten sind, um das HV-System des Fahrzeugs zu deaktivieren. Ein Beispiel für eine **Rettungskarte** finden Sie in Kapitel 2.7.

„Wurden durch einen Unfall Airbags und Gurtstraffer ausgelöst, ist das HV-System in der Regel automatisch deaktiviert. Es liegt aber kein Freischalten entsprechend Abschnitt 3.2.2 DGUV I 209-093 vor“. Siehe auch Kap. 5.1 und 5.9 (Bild 61).

Sind Fahrzeuge z. B. durch Fremdeinwirkung so schwer beschädigt, dass eine erhöhte **Brandgefahr** besteht, so hat der Unfallhilfsdienst die Aufgabe, den Gefahrenbereich abzusichern und erforderlichenfalls die Feuerwehr zu alarmieren.

Austretende Stoffe können, je nach Typ des Energiespeichers, gefährliche Stoffeigenschaften aufweisen. **Jeder Kontakt ist zu vermeiden**. Es ist nicht ausgeschlossen, dass der Energiespeicher auch später noch durch interne Reaktionen in Brand geraten könnte.

Das **Bergen** von stark beschädigten Hochvolt-Fahrzeugen und separierten HV-Energiespeichern muss mit geeigneten Hilfsmitteln und entsprechender **persönlicher Schutzausrüstung** (Gesichtsschutz, ggf. Atemschutz, Schutzhandschuhe für das Arbeiten unter Spannung) erfolgen.
Bei der Übergabe des verunfallten Fahrzeugs an Behördenvertreter/Bergeunternehmer wird empfohlen, die erfolgten Maßnahmen (z. B. durch die Feuerwehr) mitzuteilen. Insbesondere

ist auf eine mögliche Gefährdung durch beschädigte HV-Komponenten hinzuweisen. Für das Rettungs- und Bergepersonal ist mindestens eine Qualifikation zur **Fachkundig unterwiesenen Person (FuP)** erforderlich. Bei unklaren Situationen oder wenn eine elektrische Gefährdung nicht ausgeschlossen werden kann, ist eine **Fachkundige Person** (FHV) hinzuzuziehen.

Verschrotten

Beim Verschrotten müssen die vom HV-Fahrzeug ausgehenden elektrischen Gefährdungen berücksichtigt werden. Die HV-Fahrzeuge sind dabei nicht immer von außen als solche zu erkennen. Daher müssen die Fahrzeuge vor dem Verschrotten auf das Vorhandensein von HV-Komponenten überprüft werden. Die orangefarbenen Kabel, die Aufkleber mit dem Hinweis auf Hochvolt und Batterien mit der Aufschrift höherer Voltzahlen als die bisher üblichen 12, 24 und 42 Volt sind eindeutige Hinweise auf ein vorhandenes HV-System. Von den verbauten HV-Komponenten geht bei Serienfahrzeugen unter normalen Bedingungen keine elektrische Gefahr aus. Bei Zerstörung oder Beschädigung der Kabelisolierung oder der Abdeckung der HV-Komponenten besteht die Gefahr der Lichtbogenbildung durch Kurzschluss oder der Körperdurchströmung beim Berühren der unter Spannung stehenden Teile.

Vor dem Verschrotten muss das HV-System von einer **Fachkundigen Person (FHV)** unter Beachtung der konkreten Herstelleranweisungen sicher **freigeschaltet**, die HV-Komponenten vom Bordnetz getrennt und für den Ausbau vorbereitet werden. Danach sind die **elektrischen Energiespeicher** (z. B. Batterien, Supercaps u. a.) entsprechend der Herstelleranweisungen **auszubauen** und **fachgerecht** zu **entsorgen**.
Werden Arbeiten an **unter Spannung** stehenden HV-Komponenten erforderlich (z. B. Zerlegen des Energiespeichers), ist eine **Qualifikation nach Stufe 3S** erforderlich.

4.6 Ausbildung und Qualifizierung der Mitarbeiter

Nach DIN VDE 0105-100 EN 50110-1 sind folgende Voraussetzungen für die Ausbildung von Mitarbeitern zum „Arbeiten unter Spannung" zu erfüllen (grün: Zitate):

- grundsätzlich Qualifikation zur Elektrofachkraft (bzw. Elektrofachkraft für festgelegte Tätigkeiten, hier „Fachkundige Person für Arbeiten an Fahrzeugen mit Hochvoltsystemen");
- gesundheitliche Eignung; diese kann z. B. durch die arbeitsmedizinische Vorsorgeuntersuchung nach dem Berufsgenossenschaftlichen Grundsatz für arbeitsmedizinische Untersuchungen G 25 „Fahr-, Steuer- und Überwachungstätigkeiten" nachgewiesen werden,
- Erste-Hilfe-Ausbildung (einschließlich Herz-Lungen-Wiederbelebung [HLW]).

Entscheidend für die **Eignung** ist, ob in Abhängigkeit vom beabsichtigten Grad der Befähigung zum Arbeiten unter Spannung ausreichend Grundkenntnisse und Erfahrung zum Erkennen und Vermeiden von Gefahren durch Elektrizität vorhanden sind. Hierzu gehört, dass die Person die vorgegebenen Arbeits- und Montageverfahren im spannungslosen Zustand beherrscht und mit den entsprechenden elektrischen Anlagen technisch vertraut ist.
Auf eine Empfehlung für die Mindestberufserfahrung in Jahren wird deshalb bewusst verzichtet. Geeignet kann auch die Person ohne Abschluss einer elektrotechnischen Berufsausbildung sein, die durch mehrjährige Tätigkeit im Arbeitsgebiet Kenntnisse und Erfahrungen erworben hat und damit die übertragenen Arbeiten beurteilen und mögliche Gefahren erkennen kann.
Für einzelne Tätigkeiten kann auch eine Qualifikation als elektrotechnisch unterwiesene Person als Ausbildungsvoraussetzung ausreichend sein, wenn diese Person z. B. nur für das Abklemmen einzelner Leiter an bereits montierten Elektrizitätszählern ausgebildet werden soll.

Erlangen der Befähigung zum Arbeiten unter Spannung

Zum Erlangen der Fähigkeiten für das Arbeiten unter Spannung ist eine Spezialausbildung in Theorie und Praxis erforderlich.

Theoretische Ausbildung
- Grundlagen des Arbeitsschutzes
- Rechtsfolgen bei Missachtung von Gesetzen und Vorschriften
- Anforderungen der relevanten Normen, insbesondere DIN VDE 0105-100 (VDE 0105-100)
- Begriffe in Zusammenhang mit AuS
- elektrische Gefährdungen
- Unfallgeschehen
- Betriebliche/technische/organisatorische Regelungen für Arbeiten unter Spannung
- Arbeitsanweisung und Erlaubnis zum Arbeiten unter Spannung
- Sicherheitstechnische Maßnahmen für Arbeiten unter Spannung
- Einsatz, Behandlung, Pflege und Prüfung der persönlichen Schutzausrüstungen, Schutz- und Hilfsmittel sowie Werkzeuge für Arbeiten unter Spannung
- Grundsätze zur Vorbereitung, Durchführung und zum Abschluss von Arbeiten unter Spannung
- Arbeitsverfahren bei Arbeiten unter Spannung
- Verhalten und Schutzmaßnahmen bei besonderen Umgebungsbedingungen
- Hinweise zur Ersten Hilfe
- soweit zutreffend betriebliche Führungsstruktur und Betriebsnormen

Die relevanten Unterlagen wie Gesetze, Verordnungen, Schriften der Unfallversicherungsträger sowie Technische Regeln zur BetrSichV und Normen sind den Teilnehmern zugänglich zu machen.
Die ausbildende Person hat sich durch eine **Prüfung** davon zu überzeugen, dass die Teilnehmer die Inhalte der **theoretischen Ausbildung** verstanden haben. Sie hat die Ergebnisse der Prüfung zu **dokumentieren**.

Praktische Ausbildung
- Voraussetzungen:
  - Der Teilnehmer hat die Prüfung zur theoretischen Ausbildung bestanden
  - Für die zu schulenden Arbeiten unter Spannung liegen Arbeitsanweisungen nach … vor.
  - Jedem Teilnehmer stehen für die Ausbildung die in der Arbeitsanweisung geforderten persönlichen Schutzausrüstungen, Schutz- und Hilfsmittel sowie Werkzeuge zur Verfügung.
- Ausbildungsinhalte:
  - Die Teilnehmer sind in den Arbeiten unter Spannung praktisch zu schulen, die sie ausführen sollen.
  - Der Teilnehmer muss die Arbeiten unter Spannung entsprechend den Arbeitsanweisungen mindestens einmal unter Spannung und unter Beaufsichtigung des Ausbilders vollständig ausgeführt haben.
  - Die Ausbildung ist praktisch zu gestalten, d. h. auch, dass zum Abschluss der Ausbildung an den Anlagenteilen der Übungsanlage eine Spannung in der Höhe anliegen muss, die voraussichtlich bei der künftigen Durchführung der Arbeiten zu erwarten ist.
  - Die Arbeiten sind einschließlich der organisatorischen Vorgaben zu schulen.
- Abschluss

Die ausbildende Person hat sich durch eine **Prüfung** davon zu überzeugen, dass die Teilnehmer die Inhalte und Fertigkeiten der **praktischen Ausbildung** beherrschen und beurteilt das

Ergebnis mit bestanden oder nicht bestanden.
Der Teilnehmer erhält eine Bescheinigung über die erfolgreich absolvierte Ausbildung. Die Ausbildungsinhalte müssen in der Bescheinigung benannt sein.

Befähigung für hinzukommende Tätigkeiten
Sollen zum Arbeiten unter Spannung ausgebildete Personen mit hinzukommenden oder geänderten Tätigkeiten unter Spannung beauftragt werden, für die sie nicht ausgebildet wurden, ist zu ermitteln, welcher Ausbildungsumfang für diese Tätigkeiten erforderlich ist. Die notwendige Ergänzungsausbildung ist vorzunehmen, hierbei kann auf der bisherigen Ausbildung aufgebaut werden.

4.7 Erhaltung der fachlichen Fähigkeit

Die DGUV I 209-093 nennt keine Pflicht zu Wiederholungsschulungen bei den Qualifikationsstufen 1 und 2 für Serienfahrzeuge und in der Entwicklung. Sie sagt lediglich im Abschnitt der durch die Kfz-Ausbildung erlangten Qualifikationen, dass „nach erfolgreicher Qualifikation die Fachkenntnisse durch regelmäßige Teilnahme an Schulungen auf aktuellem Stand zu halten sind!"

Bei „Arbeiten unter Spannung (AuS)", d. h. bei Stufe 3S und 3E sind folgende Voraussetzungen für die Ausbildung von Mitarbeitern nach DIN VDE 0105-100 EN 50110-1 zu erfüllen (blau: Zitate):

Im Rahmen der Auswahl- und Aufsichtsverantwortung ist wiederholt zu prüfen, ob die erforderliche Befähigung der Person in jeder Hinsicht noch in ausreichendem Maße vorhanden ist und keine gesundheitliche Einschränkung vorliegt. Es wird empfohlen, dies einmal im Jahr zu überprüfen.
Als Ergebnis der fachlichen Überprüfung kann es erforderlich sein, eine Wiederholung der Ausbildung zu veranlassen, bevor weiterhin Arbeiten unter Spannung übertragen werden.

Gründe für eine Wiederholungsschulung können sein:
- seltene bzw. lange zurückliegende Ausführung eines Arbeitsverfahrens;
- Fehlverhalten;
- Einführung neuer Arbeitsverfahren, Werkzeuge, Betriebs-, Schutz- und Hilfsmittel.

Grundsätzlich muss die Befähigung zum Arbeiten unter Spannung durch eine Wiederholungsausbildung aktualisiert werden.
Es wird empfohlen, eine Wiederholungsausbildung spätestens nach vier Jahren durchzuführen. Die Wiederholungsausbildung ist mit einer Prüfung abzuschließen.

Zum Erhalt der fachlichen Befähigung zum Arbeiten unter Spannung gehört auch die erforderliche Fortbildung in der Ersten Hilfe und das regelmäßige Training in der Herz-Lungen-Wiederbelebung.
Die zum Arbeiten unter Spannung geeigneten Personen sind außerdem mindestens jährlich über die tätigkeitsbezogenen Gefährdungen und die erforderlichen Schutzmaßnahmen beim Arbeiten unter Spannung zu unterweisen. Der Inhalt der Unterweisung ist zu dokumentieren.

4.8 Folgen von Pflichtverletzungen

Eine Pflichtverletzung in Bezug auf den Arbeitsschutz und die Arbeitssicherheit kann schwerwiegende rechtliche Folgen haben. Wie bereits zu Anfang dieses Kapitels geschrieben wurde, überwacht der Staat mithilfe der Gewerbeaufsichtsämter und mithilfe der Berufsgenossenschaften die Einhaltung der Gesetze, Vorschriften und Regeln. Dabei kommt es häufig erst durch Unfälle zu rechtlichen Folgen.
Pflichtverletzungen sind nicht nur Verstöße durch Tätigkeiten gegen die Vorschriften sondern auch Unterlassungen.

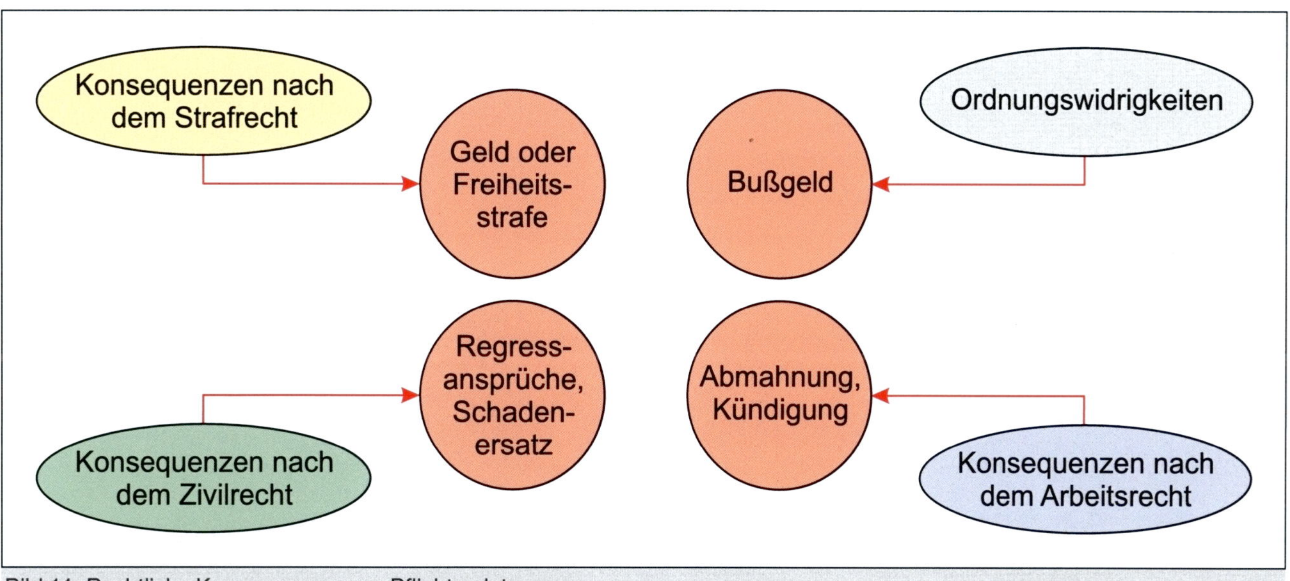

Bild 14: Rechtliche Konsequenzen von Pflichtverletzungen

Wichtige Begriffe und Definitionen im Bereich der Pflichtverletzungen (hierbei werden die Begriffe je nach Verschulden nach dem Zivilrecht bzw. nach dem Strafrecht unterschiedlich beschrieben):

Verschulden nach dem Zivilrecht	
Fahrlässigkeit	Außerachtlassen der im Verkehr erforderlichen Sorgfalt (unbewusst oder bewusst), Verletzung von Sorgfaltspflichten.
Grobe Fahrlässigkeit	Außerachtlassen der im Verkehr erforderlichen Sorgfalt in schwerem Maße und leichtfertiges Handeln, Nichteinhaltung einfacher, naheliegender und elementarer Regeln, Verletzung elementarer (besonders wichtiger) Sorgfaltspflichten.
Vorsatz	Zumindest billigend in Kauf nehmen, dass durch ein Handeln ein bestimmtes Ereignis eintritt.
Absicht	Zielgerichtetes Wollen und Handeln in Bezug auf ein Ereignis

Verschulden nach dem Strafrecht	
Fahrlässig:	Fahrlässig handelt, wer die üblicherweise erforderlichen Sorgfaltspflichten außer Acht lässt.
Grob fahrlässig:	Grob fahrlässig handelt, wer in besonderem Maße und im Bewusstsein der Gefährlichkeit gegen Sorgfaltspflichten verstößt, die jedermann ersichtlich sind.
Vorsätzlich:	Vorsätzlich handelt, wer bewusst und zielgerichtet die Ergebnisse des Handelns in Kauf nimmt.

Die folgende Tabelle zeigt die Folgen in Form einer Haftungsübersicht auf, die durch Pflichtverletzungen entstehen können.

Pflichtverletzung/ Tat	Rechtsgrundlage	Verschulden	Rechtsfolgen	Zuständige Behörde
Ordnungswidrigkeit (Bußgeld)	§ 209 SGB VII Verstoß gegen UVV	Vorsatz Fahrlässigkeit	Geldbuße bis EUR 10.000,–	Berufsgenossenschaft (BG)
Straftat (Kriminalstrafe)	§ 222 StGB Tötung	Vorsatz	Freiheitsstrafe ab 5 Jahren	Strafgericht
		Fahrlässigkeit	Freiheitsstrafe bis 5 Jahre o. Geldstrafe	
Straftat (Kriminalstrafe)	§ 230 StGB Körperverletzung	Vorsatz Fahrlässigkeit	Freiheitsstrafe bis 3 Jahre o. Geldstrafe	Strafgericht
Straftat (Kriminalstrafe)	§ 323 StGB Unterlassene Hilfeleistung	Vorsatz Fahrlässigkeit	Freiheitsstrafe bis 1 Jahr o. Geldstrafe	Strafgericht
			Zivilrechtlicher Schadensersatz-Anspruch	
Verstoß	§ 110 SGB VII UVV	Vorsatz Grobe Fahrlässigkeit	zivilrechtliche Regressansprüche in Höhe der Gesamtleistungen der BG	Berufsgenossenschaft (BG)
Verstoß	§ 832 BGB § 116 SGB X	Vorsatz Fahrlässigkeit	zivilrechtliche Regressansprüche des bei der BG Versicherten, der auf die BG übergeht	Berufsgenossenschaft (BG)

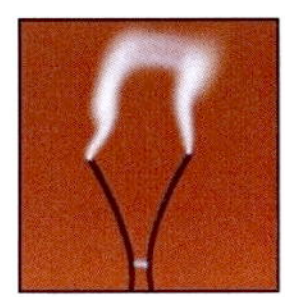

5 Gefahren durch Fehler in der Hochvoltanlage des Fahrzeugs

Im Folgenden erhalten Sie einige Hinweise zu Gefahren durch elektrischen Strom im Zusammenhang mit der E-Mobilität. Weitere Informationen dazu finden Sie im Fachbuch „Alternative Antriebe – E-Mobilität".

Durch die zunehmende Anzahl elektrifizierter Kraftfahrzeuge im Rahmen der neuen E-Mobilität (Hybrid-, Brennstoffzellen- und reine Elektrofahrzeuge) kommt es auch zu mehr Kontakten in der Werkstatt und zu Unfällen mit diesen Fahrzeugen. Damit erhöht sich für alle die Gefahr, mit unzulässig hohen Spannungen in Berührung zu kommen.

Die Gefahr wird bei Unfällen dadurch erhöht, dass diese Fahrzeuge häufig nicht schnell und eindeutig identifiziert werden können, weil eine entsprechende äußere Kennzeichnung fehlt. Auch der Einbauort der Hochvoltbauteile variiert zwischen den unterschiedlichen Fahrzeugen. Fahrzeughersteller wie Audi, die den Schriftzug „Hybrid" beim Audi Q5 Hybrid an Heck, Armaturenbrett, Einstiegsleisten, Kotflügeln … d. h. an insgesamt zwölf Stellen des Fahrzeugs anbringen, sind auf dem richtigen Weg. Vorschläge wie, Airbagsäcke von E-Fahrzeugen in HV-Orange verpflichtend als Kennzeichen für Unfälle einzusetzen, könnten sehr hilfreich sein. Hat das Fahrzeug ein „E" im Kennzeichen, ist das Erkennen erleichtert.

Bild 01: Vielfache Kennzeichung als „Hybrid" – auch ein wichtiger Hinweis für die Hilfskräfte bei einem Unfall!

Für die Thematik des „Arbeitens unter Spannung" muss jedoch wegen der besonderen Gefährlichkeit noch einmal auf bestimmte wichtige elektrotechnische Begriffe und Definitionen eingegangen werden.

Da unsere Muskelbewegungen durch elektrische Impulse vom Gehirn des Menschen her aktiviert werden, werden diese Bewegungen durch Spannungen, die von außen auf den Menschen einwirken, gestört. Je nach Stromstärke kann der körpereigene Reiz von den Fremdreizen „übertönt" werden. Es kommt zu Erschrecken, Muskelverkrampfungen, Herzkammerflimmern, Herz- und Atemstillstand, Verbrennungen, Zersetzen der Zellflüssigkeit mit der Folge von irreversiblen Vergiftungen, die zum Tode führen.

An den Ein- und Austrittstellen größerer Ströme entstehen Verbrennungen, d. h. Strommarken (Bild 02).

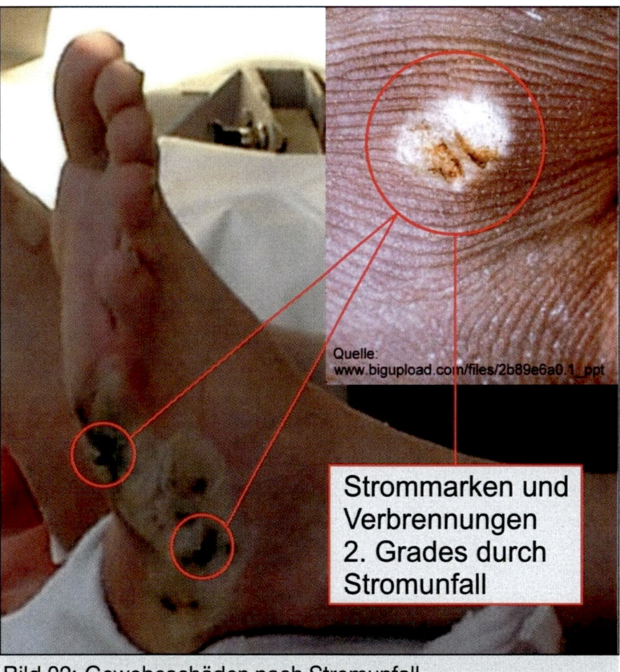

Bild 02: Gewebeschäden nach Stromunfall

Neben den Körperdurchströmungen durch den elektrischen Strom führen auch sogenannte Störlichtbögen, die bei Kurzschlüssen entstehen, zu schweren körperlichen Schä-

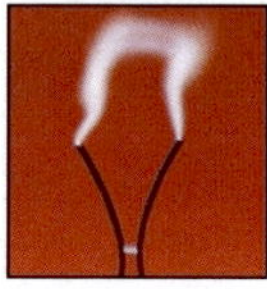

den, d. h. zu Verbrennungen. Außerdem wird dabei flüssiges und festes sehr heißes Material der beteiligten elektrischen Bauteile herumgeschleudert und sowohl auf als auch in die ungeschützte Haut des beteiligten Menschen getragen. Die Bilder zeigen einige nicht so extreme Verletzungen.

Wie man auf den Bildern sieht, breiten sich Störlichtbögen nach oben und von dem schadhaften Gerät aus der Öffnung nach vorne weg aus. Daher sollte man sich bei der *Arbeit unter Spannung* (gerade im Kfz) nicht über die HV-Bauteile beugen, sondern schutzbekleidet von sich weg arbeiten, um von vorne herein möglichst weit von der Gefahrenquelle entfernt zu sein.

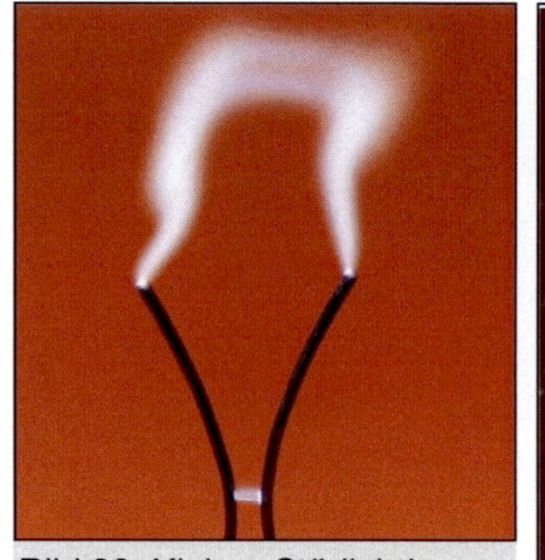

Bild 03: Kleiner Störlichtbogen

Bild 04: Störlicht aufgrund eines Fehlers beim Arbeiten unter Spannung

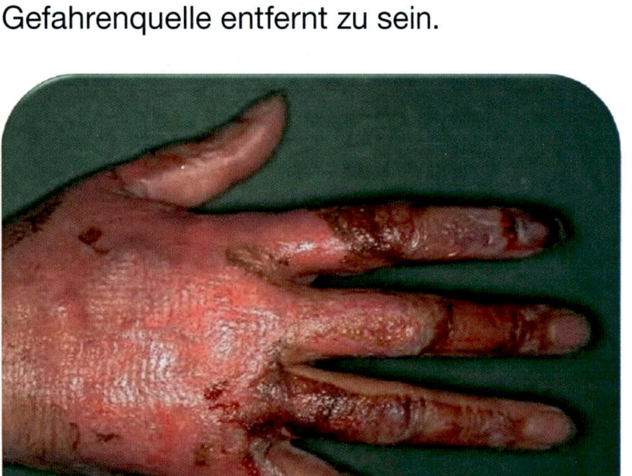

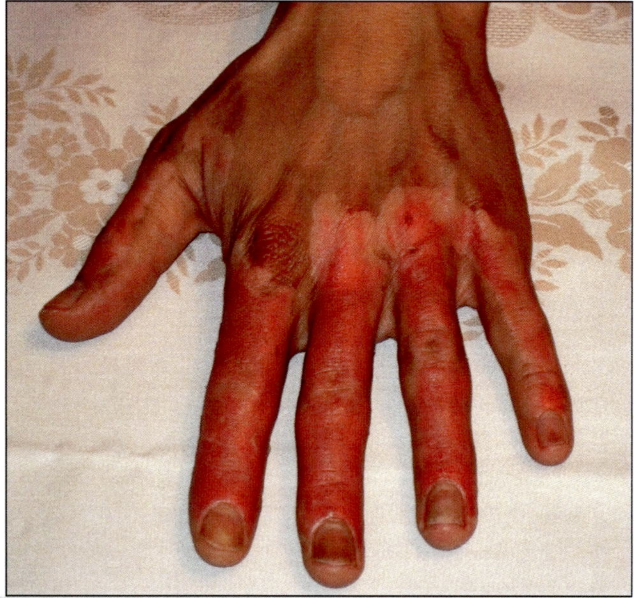

Bild 05: Verbrennungen aufgrund von Störlicht

5.1 Statistische Erfahrungen der Berufsgenossenschaften mit Elektrounfällen

Da die Hochvolttechnik im Kfz eine sehr neue Technik ist, liegen hier noch kaum statistische Erfahrungswerte mit Unfällen vor. Daher wird hier auf statistische Erhebungen aus dem Niederspannungsbereich der allgemeinen Elektrotechnik zurückgegriffen, die von der Spannungshöhe und Gefährlichkeit mit den Hochvoltsystemen der Fahrzeugtechnik vergleichbar ist.

Zuerst wird der Verlauf der tödlichen Unfälle in Deutschland dargestellt (Bild 06). Danach werden nach folgenden Gesichtspunkten die Unfälle analysiert:

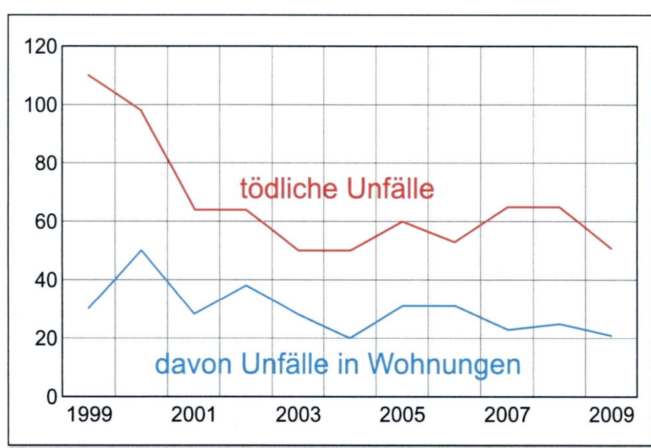

Bild 06: Verlauf tödlicher Stromunfälle in Deutschland

- Stromunfälle nach Art der Einwirkung (Bild 07)
- Stromunfälle nach Art der elektrotechnischen Tätigkeiten (Bild 08)
- Stromunfälle nach Art der Betriebsmittel (Bild 09)
- Stromunfälle nach Art des Fehlverhaltens der arbeitenden Personen, d. h. aufgrund des Nichtbeachtens der Sicherheitsregeln (Bild 10)

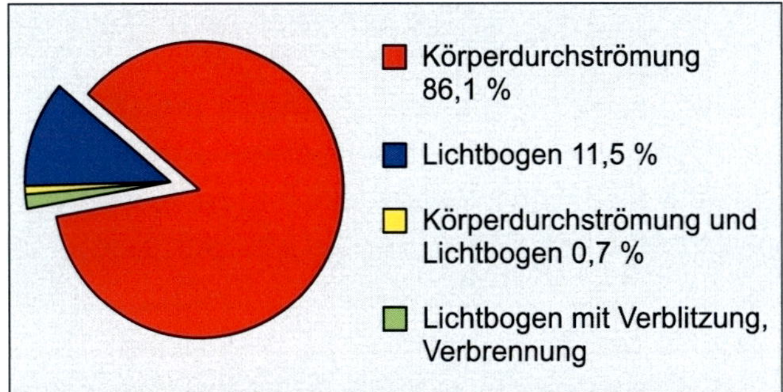

Bild 07: Stromunfälle nach Art der Stromeinwirkung

Man kann daraus seine Schlüsse ziehen, worauf bei der Ausbildung der Fachkundigen Person für Arbeiten an Hochvoltsystemen besonders geachtet werden muss. Im Internet kann man sich sehr viele Beispiele von Stromunfällen auf folgender Seite der Berufsgenossenschaft ansehen:
https://www.bgetem.de/arbeitssicherheit-gesundheitsschutz/aus-unfaellen-lernen/unfaelle-mit-niederspannung

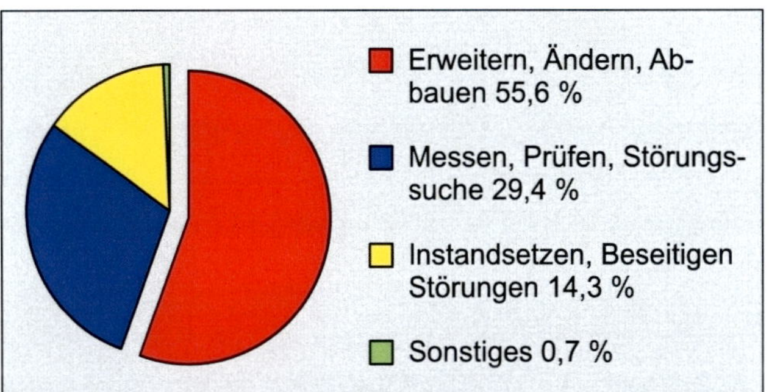

Bild 08: Stromunfälle nach Art der elektrotechnischen Tätigkeiten

Symptomatisch für die meisten Unfälle ist, dass die Personen die Sicherheitsregeln nicht befolgt haben (Bild 10). Daher ist es wichtig, jeden Mitarbeiter und auch die Vorgesetzten dahingehend immer wieder zu sensibilisieren, dass die **fünf Sicherheitsregeln**

1. Freischalten
2. gegen Wiedereinschalten sichern
3. Spannungsfreiheit feststellen

und wo möglich und nötig

4. erden und kurzschließen
5. benachbarte, unter Spannung stehende Teile abdecken und abschranken

auch im Kraftfahrzeug eingehalten und konsequent angewendet werden.

Nur wenn unter keinen technisch realisierbaren Umständen spannungsfrei gearbeitet werden kann, darf unter bestimmten Voraussetzungen nach der DGUV Vorschrift 3 §8 hiervon abgewichen werden und mit der entsprechenden Qualifikation unter Spannung gearbeitet werden (s. Kapitel 4.3.1).

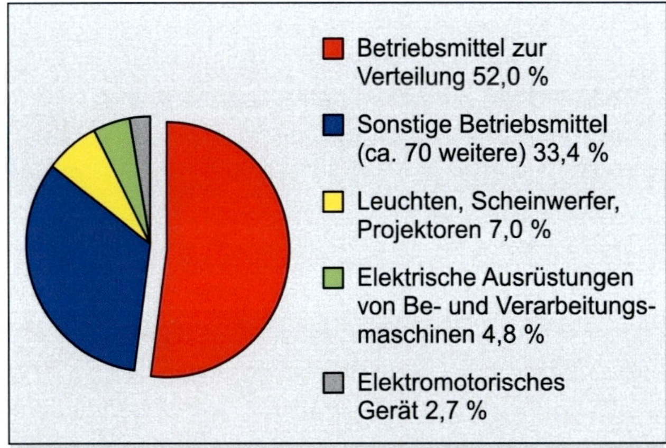

Bild 09: Stromunfälle nach Art der Betriebsmittel

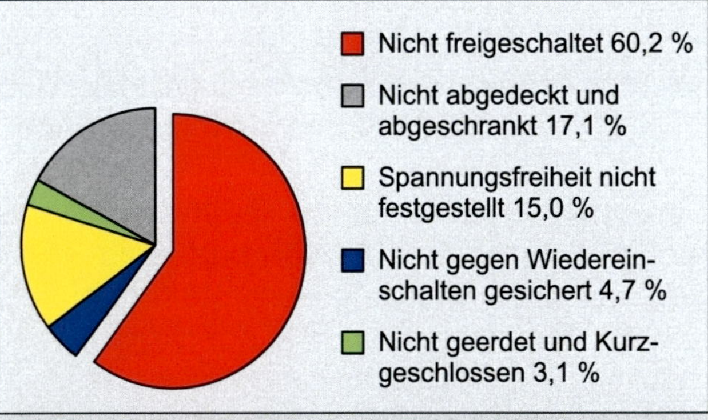

Bild 10: Stromunfälle nach Art des Fehlverhaltens der arbeitenden Personen, d. h. aufgrund des Nichtbeachtens der Sicherheitsregeln

5.2 Elektrische Grundbegriffe und Fehlerarten

Die folgenden Schaubilder (nach IEC-60479-1 bzw. DIN VDE 0100-410) zeigen die Grenzen für die Folgen eines elektrischen Unfalls auf, die von der Stromstärke, der Stromeinwirkungsdauer, dem Stromweg durch den Körper und der Stromart, hier links Gleichstrom, rechts Wechselstrom (Diagramme unterscheiden sich nur wenig), abhängen.

Gleichstrom

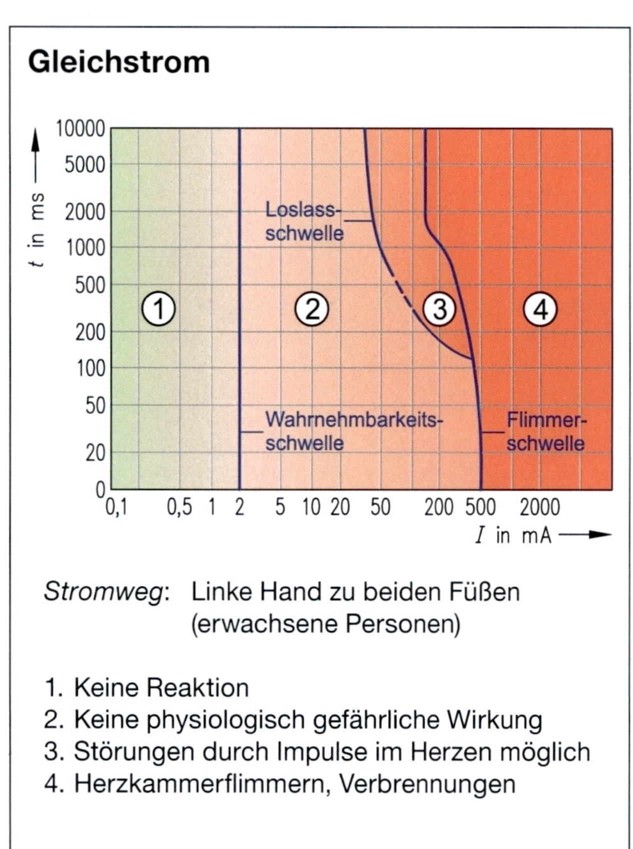

Stromweg: Linke Hand zu beiden Füßen (erwachsene Personen)

1. Keine Reaktion
2. Keine physiologisch gefährliche Wirkung
3. Störungen durch Impulse im Herzen möglich
4. Herzkammerflimmern, Verbrennungen

Bild 11: Folgen bei Gleichstrom-Unfällen in Abhängigkeit von Stromstärke und Einwirkdauer

Wechselstrom 50/60 Hz

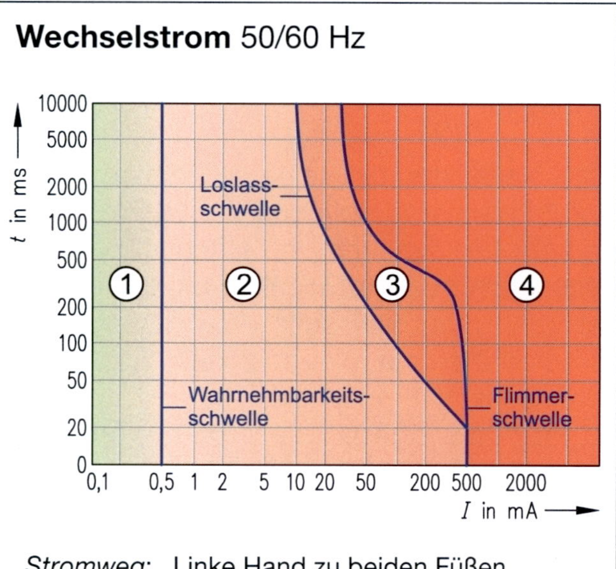

Stromweg: Linke Hand zu beiden Füßen (erwachsene Personen)

1. Keine Reaktion
2. Keine physiologisch gefährliche Wirkung
3. Bei $t > 10$ s oberhalb der Loslassschwelle treten Muskelverkrampfungen auf
4. Herzkammerflimmern, Herzstillstand

Bild 12: Folgen bei Wechselstrom-Unfällen in Abhängigkeit von Stromstärke und Einwirkdauer

Die Höhe des durch den menschlichen Körper fließenden Stroms hängt wiederum von

- der anliegenden Spannung,
- dem inneren Körperwiderstand R_i des Menschen und
- den Übergangswiderständen $R_Ü$,
- bzw. dem Erdungswiderstand R_E ab.

Als Durchschnittswert des menschlichen Widerstandes R_i bei trockenem Körper kann mit ca. 1 kΩ für eine Spannung von 230 bis 400 V angenommen werden.

Der Übergangswiderstand $R_Ü$ vom Körper auf die Erde ist sehr unterschiedlich. Es ist ein großer Unterschied, ob man barfuß auf einem nassen Badezimmerboden steht, ob man mit Schuhen auf trockenem Kunststoffbodenbelag oder sogar mit isolierenden Sicherheitsschuhen auf einer Isoliergummi-Abdeckmatte steht.

Im Falle eines Elektrounfalls werden diese Verhältnisse nachfolgend im rechten Beispiel (Bild 14) am üblichen öffentlichen TN-C-S-Netzes dargestellt. Um die Problematik eindeutiger zu zeigen, ist der Drehstrommotor nicht an den Schutzleiter angeschlossen.

In Bild 14 ist der Fehlerstromkreis mit roten Pfeilen eingezeichnet, der sich ergibt, wenn der Außenleiter (= Phase) L1 das Gehäuse am Drehstrommotor leicht berührt (kein „satter Schluss“). Überträgt man die Unfallsituation auf ein Hochvolt-Fahrzeug, kann sich eine Situation wie in Bild 13 dargestellt ergeben. Das Fahrzeug steht in der Werkstatt, weil die Isolationsüberwachung einen Fehler angezeigt hat und das Fahrzeug nicht mehr fährt. Der Werkstattmitarbeiter berührt während unsachgemäßer Arbeiten ohne Schutzausrüstung (das Fahrzeug ist nicht freigeschaltet, der Servicestecker steckt noch!) an der fehlerhaften Hochvoltbatterie eines Hybridfahrzeugs mit beiden Händen spannungsführende Teile des 400 V-Antriebssystems.

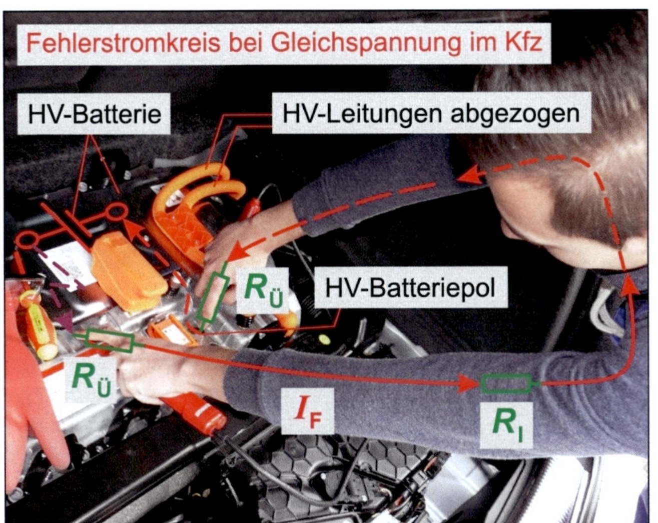

Bild 13: Heck Audi Q5 Hybrid mit Berührung der HV-Anlage beim Messen von HV– an Batteriegehäuse = Masse

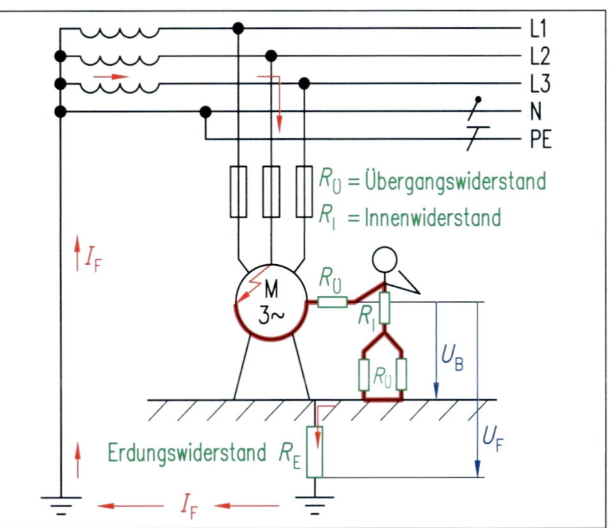

Bild 14: Fehlerstromkreis bei indirektem Berühren bei Wechselspannung

Es ergibt sich eine Berührungsspannung U_B, die einen Teil der Fehlerspannung darstellt. Bei dem normalerweise vernachlässigbar geringen Erdungswiderstand von $R_E < 0{,}5\ \Omega$ ist $U_B \approx U_F$. Der Gesamtwiderstand R im Fehlerstromkreis berechnet sich beispielsweise wie folgt aus:

$$R = R_{01} + R_{02} + R_I = 100\ \Omega + 1500\ \Omega + 1000\ \Omega = \underline{\underline{2600\ \Omega}}$$

Die Stromstärke I_F durch den Menschen ergibt sich nach dem ohmschen Gesetz:

$$I = \frac{U_B}{R} = \frac{400\ \text{V}}{2600\ \Omega} = 0{,}154\ \text{A} = \underline{\underline{154\ \text{mA}}}$$

Wie kann sich diese Stromstärke entsprechend des Diagramms auf Seite 110 auf den verunfallten Menschen auswirken? Diese Stromstärke liegt im obigen Diagramm im Bereich (3) bis (4), je nach Einwirkdauer und kann damit bereits tödlich sein.

Wie wirken sich geringere Übergangswiderstände in dem Fehlerstromkreis aus? Der Strom steigt an, die Gefahr für Gesundheitsschäden, z. B. Herzstillstand steigt, tödliche Verletzungen werden wahrscheinlicher.

Wodurch kann die Gefahr für das menschliche Leben wirkungsvoll herabgesetzt werden? Durch Begrenzung der Berührungsspannung.

Warum kann elektrischer Stromdurchfluss durch den Menschen Herzkammerflimmern und Herzstillstand verursachen?

Abhängig von der Stromstärke (s. Bereich ④ im Diagramm Seite 110) kann ab einer bestimmten Durchströmungszeit das Herz negativ beeinflusst, d. h. geschädigt werden, weil es in bestimmten Arbeitsphasen seiner Tätigkeit besonders empfindlich, d. h. verletzlich ist.

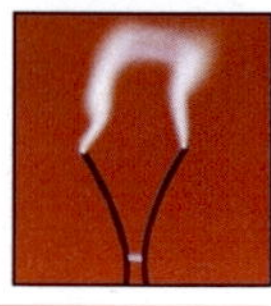

Dieser Bereich nennt sich „vulnerable Phase“. Das nebenstehende Bild (entsprechend DIN IEC/TS 60479-1, Bild 17) zeigt das Herz und einen Ausschnitt aus dem Elektrokardiogramm (EKG).

Die unterschiedlichen Bereiche des Herzens, Vorhöfe, Kammern, ... werden entsprechend der Zahlen 1 bis 5 vom Gehirn mit zeitlich nacheinander ablaufenden elektrischen Reizen angesteuert. Im Bereich T des Herzzykluses, der so genannten Erregungsrückbildung der Herzkammern liegt die kritische Phase, in der das Herz durch äußere elektrische Reize aus dem normalen Rhythmus gebracht werden kann. Tritt die elektrische Durchströmung ⚡ im Bereich T des EKG auf, ist wie im zweiten Bild (nach DIN IEC/TS 60479-1, Bild 18) gezeigt Herzkammerflimmern sehr wahrscheinlich.

Die untere Blutdruckkurve zeigt, dass dann der Druck sofort absinkt und damit die Sauerstoffversorgung des Gehirns zum Erliegen kommt. Hier muss, um Leben zu retten, sofort reagiert werden und die Durchblutung mit „Erste-Hilfe-Maßnahmen“ aufrecht gehalten und durch den Einsatz von Defibrillatoren das Herz wieder in den richtigen Takt gebracht werden.

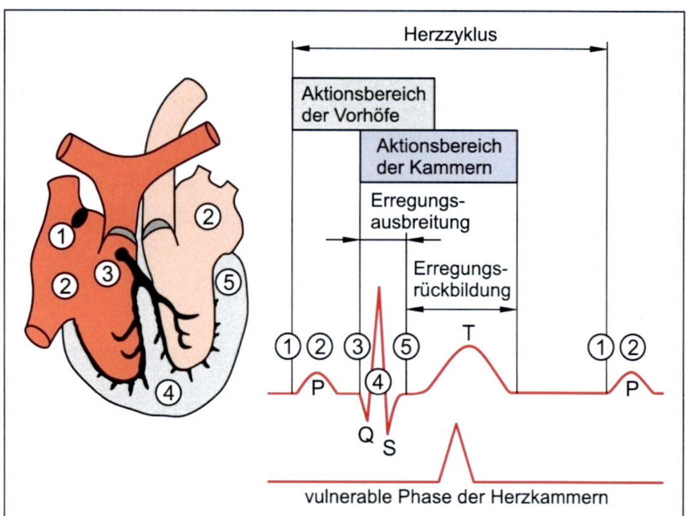

Bild 15: EKG mit den jeweils aktiven Herzbereichen

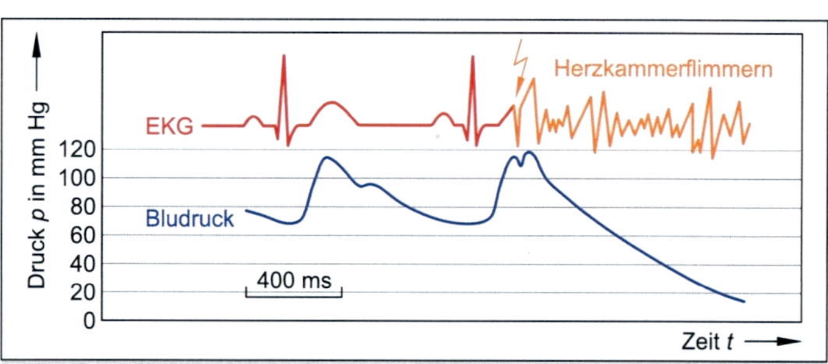

Bild 16: Kammerflimmern in der kritischen Phase des Herzzyklus

Aus dem Schaubild wird klar, dass elektrische Durchströmungszeiten länger als die Dauer eines Herzzykluses besonders gefährlich sind, was auch in den Kurven des Zeit-Strom-Diagramms auf Seite 110 deutlich wird. Hieraus leitet sich auch die Forderung ab, dass ein FI-Schutzschalter in einer Zeit unterhalb 0,2 s ansprechen und den Fehlerstromkreis abschalten muss, damit dem betroffenen Menschen nichts „passiert“.

Die hier beschriebene Verletzlichkeit des Herzens in dem üblichen (AC) Wechselspannungs-Frequenzbereich von 50 bis 60 Hz trifft nach entsprechenden Forschungsergebnissen, die zur DIN IEC/TS 60479-1 geführt haben, im Wesentlichen auch auf Gleichspannung (DC) zu. Damit ist auch im Hochvoltfahrzeug sowohl die HV-Gleichspannung (Batterie – HV-Verteiler – Inverter oder z. B. Klimakompressor) als auch die HV-Wechselspannung (Inverter – E-Maschinen) bei längeren Durchströmungszeiten lebensgefährlich.

Aus den Diagrammen (s. Bilder Seite 110) geht deutlich hervor, dass man bei 50 mA und ungefähr 0,2 s in den gefährlichen Bereich ③ gerät. Durch Einsetzen der bisher kennengelernten Werte in das ohmsche Gesetz ergibt sich eine Berührungsspannung:

$U_B = R_i \cdot I_F = 1000\ \Omega \cdot 0{,}05\ \text{A} = 50\ \text{V}$

Die so gewonnene Spannung wird laut gesetzlicher Festlegung in der DGUV Regel 103-011 (früher BGR A3) zulässige Berührungsspannung U_B genannt und beträgt:

bei Wechselspannung (AC): $U_B < 50$ V
bei Gleichspannung (DC): $U_B < 120$ V

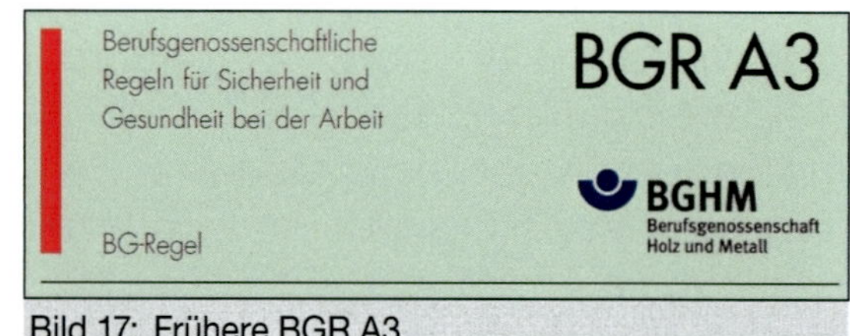

Bild 17: Frühere BGR A3

Für das Kraftfahrzeug wurde diese Festlegung in einer europäischen Gesamtregelung ECE-R 100 auf etwas andere Werte der

- zulässigen Berührungsspannung U_B geändert:

> bei Wechselspannung (AC): $U_B < 30$ V
> bei Gleichspannung (DC): $U_B < 60$ V

Bei den Möglichkeiten mit der elektrischen Spannung in Berührung zu kommen, unterscheidet man „direktes Berühren" und „indirektes Berühren". Das rechte Schema Bild 14 auf Seite 111 zeigt den Fall des „indirekten Berührens". Das kommt im Fehlerfall dann vor, wenn z. B. das metallische leitende Gehäuse eines Elektromotors wegen eines Isolationsfehlers unter Spannung gegen ein anderes Potenzial, meist Erde, steht.

Die linke Darstellung (Bild 13 auf Seite 111) zeigt ein „direktes Berühren" am Minuspol der HV-Batterie und ein „indirektes Berühren" beim Abstützen an der Fahrzeugkarosserie, die durch den Fehler „lose Schraube" an HV+ Potenzial liegt.

BG ETEM
Energie Textil Elektro Medienerzeugnisse
103-011
DGUV Regel 103-011

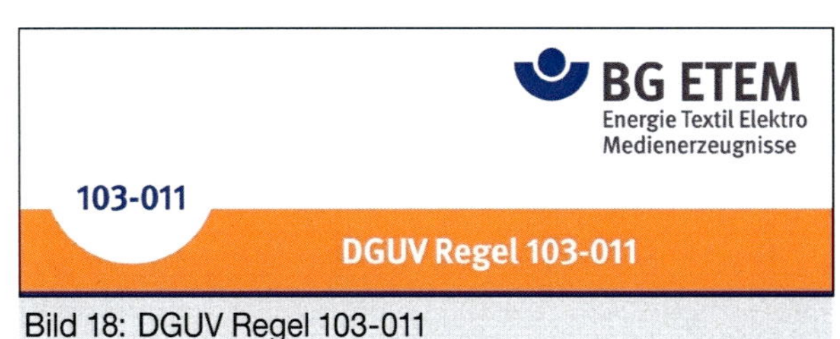

Bild 18: DGUV Regel 103-011

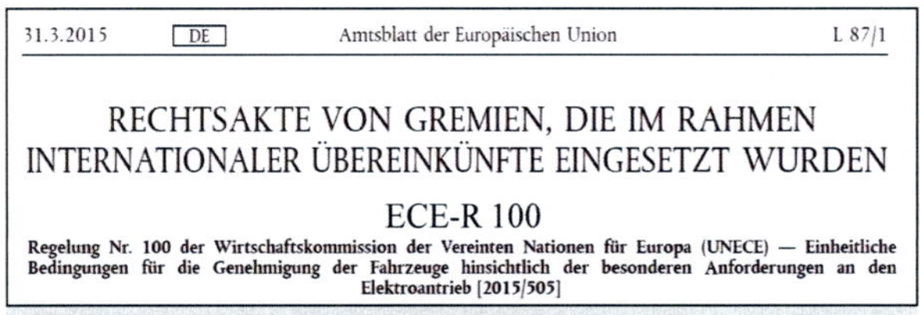

31.3.2015 DE Amtsblatt der Europäischen Union L 87/1

RECHTSAKTE VON GREMIEN, DIE IM RAHMEN INTERNATIONALER ÜBEREINKÜNFTE EINGESETZT WURDEN

ECE-R 100

Regelung Nr. 100 der Wirtschaftskommission der Vereinten Nationen für Europa (UNECE) — Einheitliche Bedingungen für die Genehmigung der Fahrzeuge hinsichtlich der besonderen Anforderungen an den Elektroantrieb [2015/505]

Bild 19: EU-Regel ECE-R 100 für E-Fahrzeuge

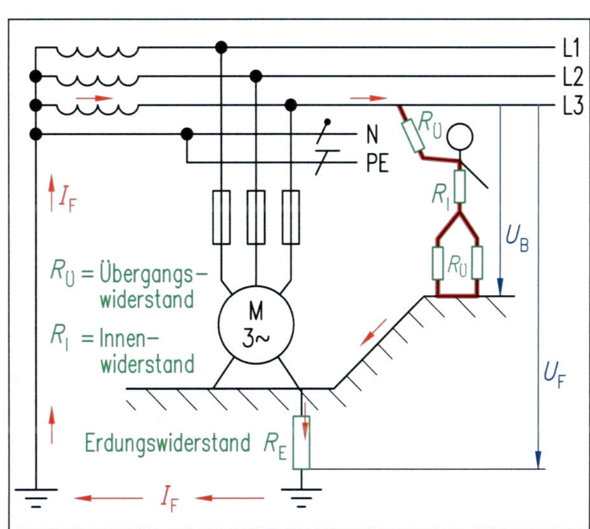

Bild 20: Fehlerstromkreis bei direktem Berühren
Der Fehlerstromkreis I_F bei „direktem Berühren" ist mit roten Pfeilen markiert.

Zu diesen und weiteren Schemadarstellungen sind weitere Fachbegriffe aus der Elektrotechnik wichtig und zum eindeutigen Verständnis erklärenswert.

Jedoch wird sich bei dem einen oder anderen Leser aus dem Kfz-Bereich die Frage stellen, „warum muss ich diese Dinge aus der allgemeinen (Haus-)Elektrik wissen". Diese Frage ist sehr schnell zu beantworten:

1. Es kommen im Fahrzeug zum großen Teil die gleichen Bauteile und Begriffe vor und
2. das Fahrzeug ist zum Teil ein „Unter"-System des öffentlichen Netzes, nämlich dann, wenn es z. B. als reines E-Fahrzeug oder als Plug-In-Hybrid an der öffentlichen Steckdose zu Hause, im Forschungslabor, im Kfz-Betrieb oder an der Ladesäule aufgeladen wird.

Dann ist das Fahrzeug (mit z. B. einem 3,3-kW-Bordlader, Smart ED) über das Ladekabel an die haushaltsübliche 230-V-Steckdose mit einer Phase, Nullleiter N und Schutzleiter PE an die Karosserie über einen FI-Schutzschalter RCD angeschlossen.

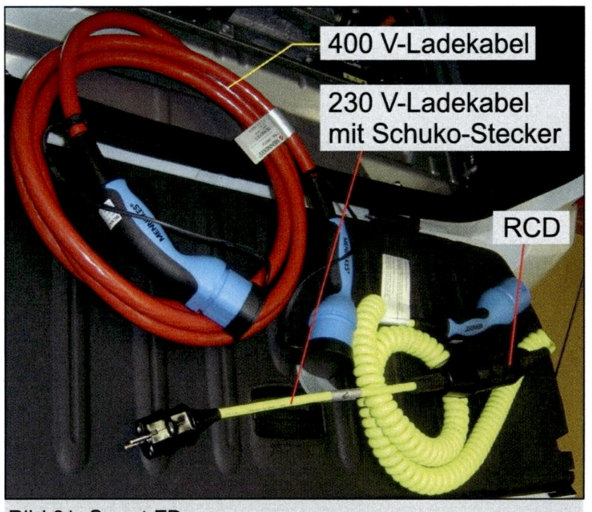

Bild 21: Smart ED

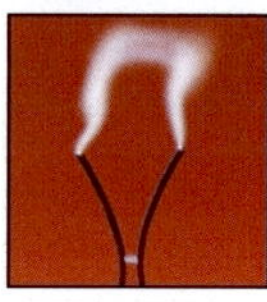

Hat das Fahrzeug einen Schnellbordlader (mit z. B. 22 kW, ebenfalls Smart ED oder Renault Kangoo Z.E.), dann ist es sogar über alle 3 Phasen und einen RCD Bestandteil des öffentlichen Netzes.

Wichtige Begriffe	Erklärungen
Elektrische Betriebsmittel	Dienen ortsfest oder ortsveränderlich zur Umwandlung, Übertragung, Verteilung und Anwendung der elektrischen Energie.
Körper	Hier wird nicht der menschliche Körper gemeint, sondern berührbare leitfähige Teile von elektrischen Betriebsmitteln, die nur im Fehlerfall unter Spannung stehen können.
Aktive Teile	Unter Spannung stehende Teile oder Leiter bei normalen Betriebsbedingungen. Hierzu zählen N-Leiter, aber nicht PEN-Leiter.
Erde	Bezeichnung für das leitfähige Erdreich. Das Erdpotenzial wird zu Null angenommen.
Erder	Leiter mit elektrisch leitender Verbindung zum Erdreich.
Bezugserde	Teil der Erde, dessen elektrisches Potenzial praktisch keine Abweichungen von dem mit Null festgelegtem Erdpotenzial hat.
Außenleiter	Verbindungsleitungen zwischen Stromquelle und Verbraucher.
Neutralleiter	Wird auch Nullleiter genannt und ist der Leiter, der mit dem Mittel- oder Sternpunkt verbunden ist.
Schutzleiter	Leiter, der Körper von Betriebsmitteln, leitfähige Teile, Haupterdungsklemme und Erde verbindet.
PEN-Leiter	Leiter, der die Funktionen von Schutz- und Neutralleiter vereinigt.
U_F = Fehlerspannung	Spannung, die im Fehlerfall zwischen Körpern oder Körpern und Bezugserde auftritt.
U_B = Berühr.-sp.	Teil der Fehlerspannung, die vom Mensch überbrückt wird.
I_F = Fehlerstrom	Strom, der aufgrund einer Isolationsfehlers fließt.
I_K = Kurzschlussstrom	Strom, der bei direkter Verbindung von zwei Außenleitern oder zwischen Außenleiter und Neutralleiter fließt.
I_N = (Nennstrom) Bemessungsstrom	Strom eines Verbrauchers bei Bemessungsbedingungen (Nennbedingungen).
Starkstromanlage	Elektrische Anlagen, die oberhalb der Kleinspannung mit dem Ziel betrieben werden, Arbeit zu verrichten.

Was ist ein **Kurzschluss**? Ein Kurzschluss ① ist eine elektrische Verbindung zwischen gegeneinander unter Spannung stehenden Leitern oder aktiven (Bau-)Teilen ohne Nutzwiderstand, die durch einen Fehler erzeugt wurde. Dabei fließt ein Kurzschlussstrom.

Was versteht man unter einem **Leiterschluss**? Ein Leiterschluss ② ist eine durch Fehler entstandene Verbindung zwischen gegeneinander unter Spannung stehenden Leitern oder aktiven Teilen, bei der ein Nutzwiderstand im Fehlerstromkreis liegt.

Welche Bedeutung hat der Begriff **Körperschluss**? Ein Körperschluss ③ ist eine durch Fehler hervorgerufene leitende Verbindung zwischen aktiven Teilen und Körper elektrischer Betriebsmittel, nicht zwischen aktiven elektrischen Teilen und menschlichen Körpern.

Wie lässt sich der Begriff **Erdschluss** erklären? Ein Erdschluss ④ ist eine durch Fehler entstandene Verbindung eines Außen- oder Neutralleiters mit Erde oder geerdeten Teilen.

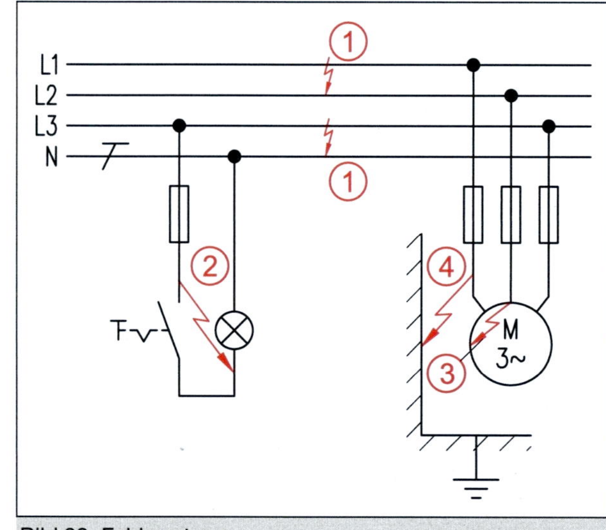

Bild 22: Fehlerarten

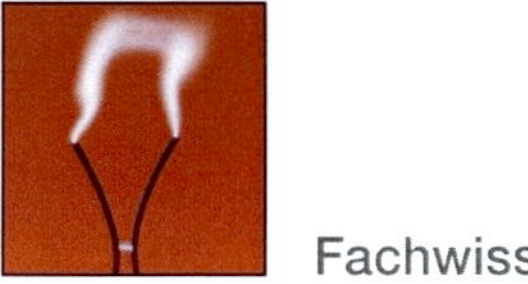

5.3 Schutzmaßnahmen

Nach DIN VDE 0100-410 gibt es die folgenden geeigneten Schutzmaßnahmen gegen die Gefahren des elektrischen Stroms (ausführlichere Darstellung s. Fachbuch „Alternative Antriebe – E-Mobilität"):

- Basisschutz, Schutz gegen direktes Berühren, z. B. durch Isolation, doppelte Isolation, geschlossene Gehäuse (IP-Code nach DIN EN 60529)

- Schutz durch Kleinspannung:

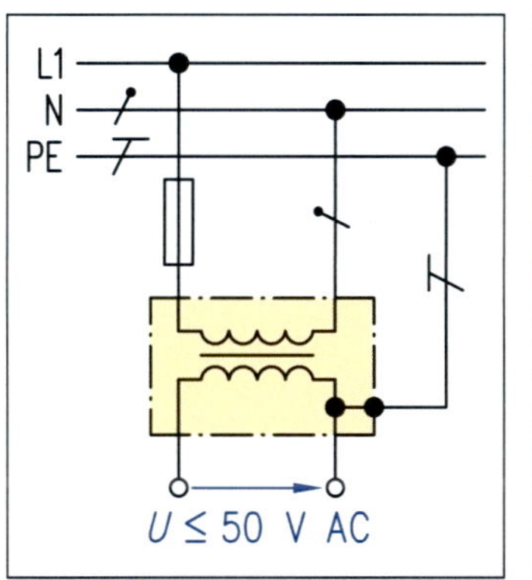

Bild 23: Prinzip PELV

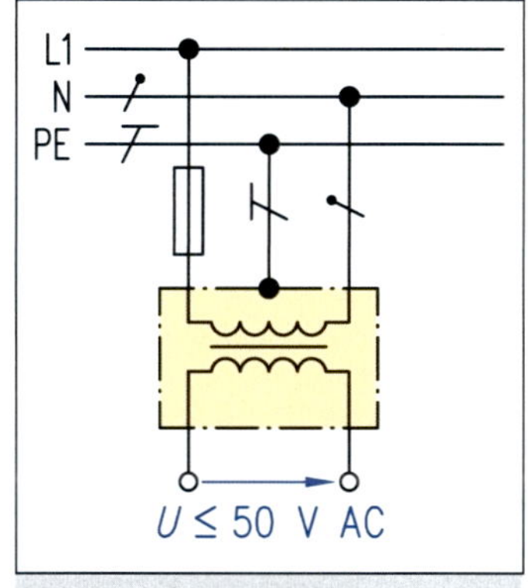

Bild 24: Prinzip SELV

SELV (**S**afety **E**xtra **L**ow **V**oltage), die Kleinspannung hat keine elektrische Verbindung zur Erde oder zum Schutzleiter des öffentlichen Netzes, Stecker und Steckdosen haben **keinen** Schutzkontakt.
PELV (**P**rotective **E**xtra **L**ow **V**oltage), eine Leitung der Kleinspannung ist geerdet oder mit dem Schutzleiter verbunden, Stecker und Steckdosen haben **einen** Schutzkontakt.

- Schutz durch Hindernisse und Abstand.

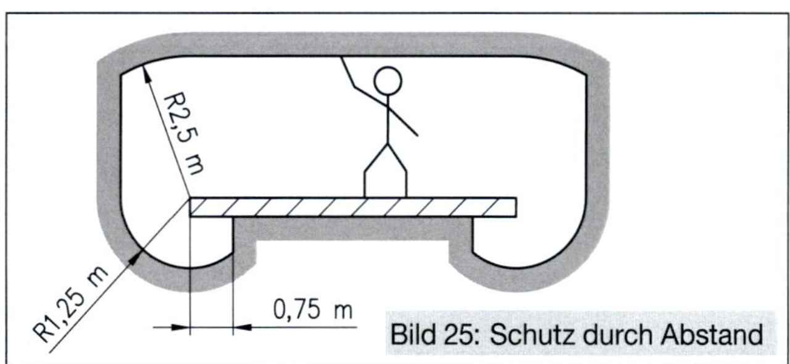

Bild 25: Schutz durch Abstand

Beispiel aus der HV-Anlage im Kfz: Die HV-Leitungen im Inverter des Kfz sind teilweise nicht isoliert. Die Abstände zwischen den aktiven Leitern sind so groß, dass kein Funke überspringen kann. Wenn das Gehäuse geschlossen ist, wird man gehindert, an diese offenen Leitungen heranzukommen.

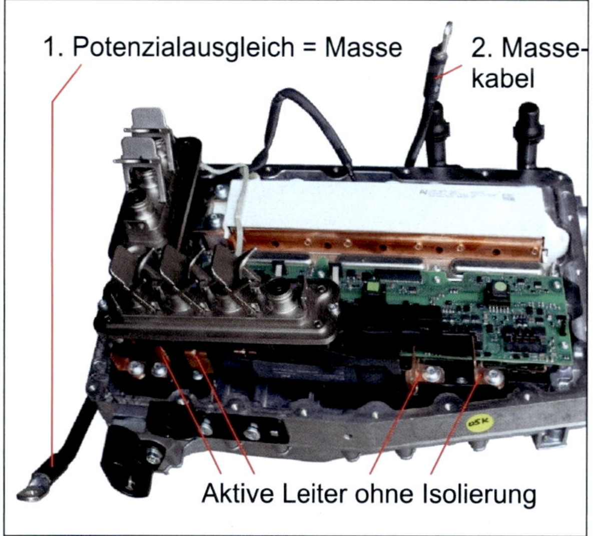

Bild 26: Porsche bzw. VW Touareg, Inverter geöffnet

- Schutztrennung über Trenntrafo (Spannung ≤ 500 V). Ein eventueller Schutzleiter auf der Sekundärseite darf nicht mit dem Schutzleiter PE der Primärseite verbunden werden.

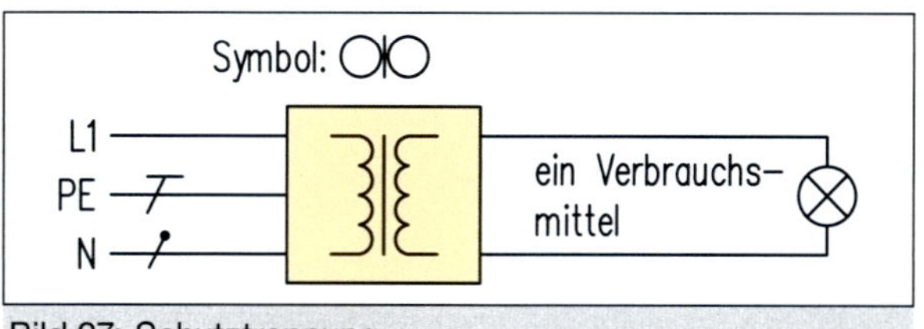

Bild 27: Schutztrennung

Einige weitere Schutzmaßnahmen, die dem Schutz bei auftretenden **Fehlern** dienen und die auch eine besondere Rolle im Kfz spielen, sollen hier noch einmal vertieft beschrieben werden:

- Fehlerschutz durch Schutzleiter und Sicherung. Eine Sicherung nennt man auch Überstromschutzeinrichtung. Diese dient in erster Linie dem Schutz der elektrischen Anlage sowohl im Gebäude wie auch im Kfz. Sie dient im Besonderen damit auch dem **Brandschutz**. Zu hoher Strom in Leitungen führt zur Erwärmung und zu **Kabelbränden**. Das muss unbedingt vermieden werden. Sicherungen müssen entsprechend dem verlegten Kabelquerschnitt der Leitung so bemessen sein, dass sie vor zu starker Erwärmung der Leitungen und Bauteile ansprechen. Im Schema Bild 28 ist der Fehlerstromkreis bei Körperschluss im E-Motor eingezeichnet.
Welche Folge hat es, wenn dieser Körperschluss ein „satter Schluss" ist? Die Stromstärke wird zu groß und die Sicherung brennt durch (fliegt heraus) und trennt damit den Stromkreis. Nur die Leitungen und Bauteile werden vor Überstrom, d. h. vor Verbrennen und Zerstörung geschützt und damit nur indirekt auch der Mensch. Bildet der Mensch über seinen Körper wie in den Schemata auf Seite 111 und 113 die elektrische Verbindung, reagiert die Überstromsicherung nicht oder eben erst bei Stromstärken, bei denen der Mensch schon lange tot ist.

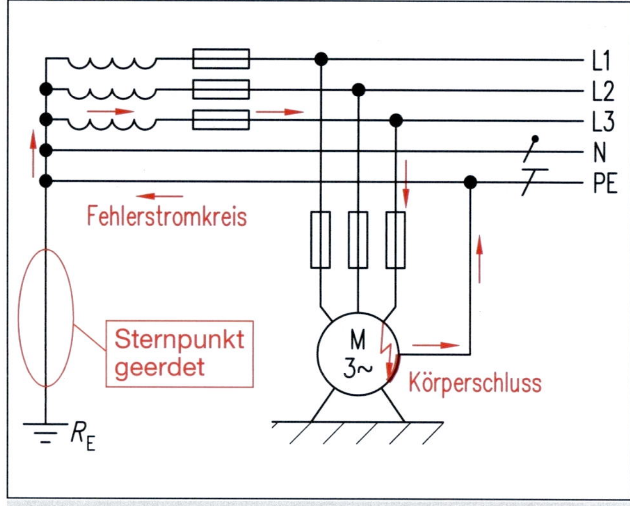

Bild 28: Fehlerschutz durch Schutzleiter und Sicherung

- Ein FI-Schutzschalter wird auch RCD (**R**esidual **C**urrent Protective **D**evice) genannt. Besser als RCD beschreibt auch der Begriff Summenstromwandler die Funktion dieses wichtigen Schutzgerätes, das wirklich in erster Linie den Menschen vor auftretenden Fehlern in elektrischen Anlagen schützt. Ein RCD sitzt vor allen zu schützenden Betriebsmitteln, um einen Bereich, z. B. eine ganze Wohnung, ein Badezimmer, einen Werkstattraum, einen Laborraum oder nur einen Labortisch zu schützen. Er überwacht den hinter ihm angeordneten Bereich, ob eventuell Fehlerströme auftreten. Wenn ein Fehlerstrom auftritt und einen festgelegten Wert überschreitet, trennt der FI-Schutzschalter innerhalb 0,2 s (= 200 ms) alle Leiter und den Nullleiter vom Netz.

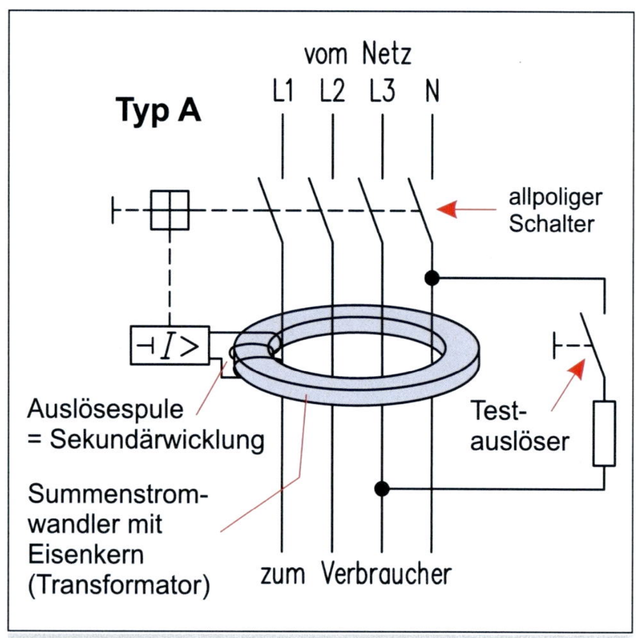

Bild 29: FI-Schutzschalter

- Es gibt auch 2-polige RCDs für nur eine Phase und den Nullleiter.
- Der RCD überprüft auf elektromagnetischem Weg (wie eine Waage), ob die in die Verbraucher hineinfließenden Ströme genauso groß sind, wie die zurückfließenden.
- Die über den Eisenkern gewickelten Leiter L1, L2, L3 und N bilden die Primärwicklungen eines Trafos. Deren Magnetfelder heben sich gegenseitig auf, solange kein Fehlerstrom auftritt. Die

Auslösespule bildet eine Sekundärwicklung, in der im Fehlerfall eine Spannung und ein Auslösestrom induziert werden. Sollte ein Fehlerstrom einen anderen Weg, z. B. über den Schutzleiter oder über einen Menschen zurückfließen, fehlt in dem Summenstromwandler ein Teilstrom $I_{\Delta n}$, was dann dazu führt, dass über die Auslösespule sofort alles abschaltet wird.

- Üblich ist ein RCD, der spätestens bei einem Fehlerstrom von $I_{\Delta n}$ = 30 mA, für sensible Bereiche wie Kinder- oder Badezimmer schon bei $I_{\Delta n}$ = 10 mA anspricht. Es gibt RCDs für verschieden große Bemessungsströme von z. B. 16 A, 25 A, 40 A bis 200 A. Erschwerte Bedingungen für die korrekte Funktion eines RCD bestehen dann, wenn der Verbraucher pulsierende Ströme mit hohen Frequenzen aufnimmt oder wenn Gleichstromanteile vorhanden sind, z. B. wenn größere Ladegeräte, Ladesäulen, Wallboxen oder Wechselrichter versorgt werden. Dann reagiert der RCD vom Typ A häufig nicht mehr, weil sein Eisenkern in der Sättigung ist und in der Auslösespule keine Spannung zum Auslösen mehr induziert wird.

- In diesem Fall benötigt man einen erheblich teureren FI-Schutzschalter vom Typ B bis 1 kHz (s. Bild), der über einen zweiten Summenstromwandler mit einer aufwendigen Elektronik dieses Problem kompensieren kann. Es gibt weitere RCDs, die noch höhere Frequenzen bis 20 kHz (Typ B+) und Einschaltfehlerströme bis 10 ms verzögert „verkraften".

- Alle in E- und Plug-In-Hybrid-Fahrzeugen mit gelieferten Ladeleitungen für das normale 230-V-Haushaltsnetz mit Schukostecker haben auf der Netzseite einen beweglichen 2-poligen RCD in der Leitung integriert.

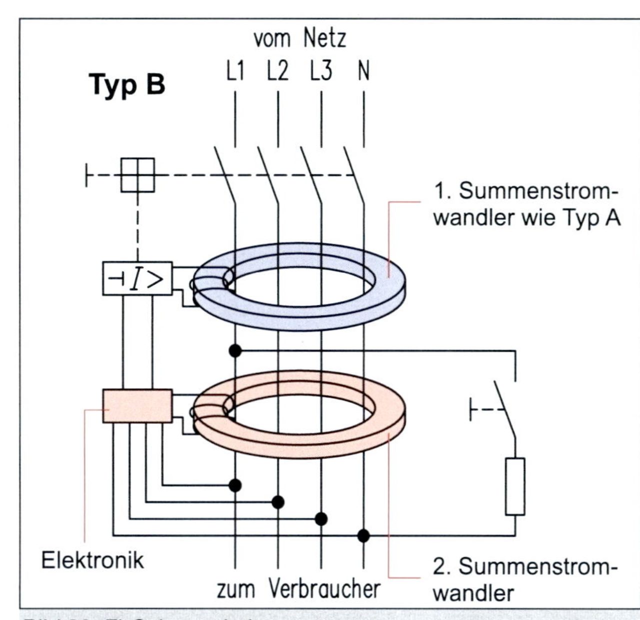

Bild 30: FI-Schutzschalter

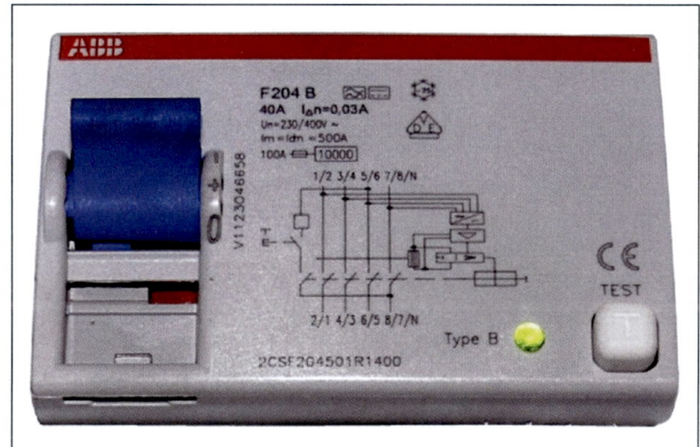

Bild 31: RCD Typ B

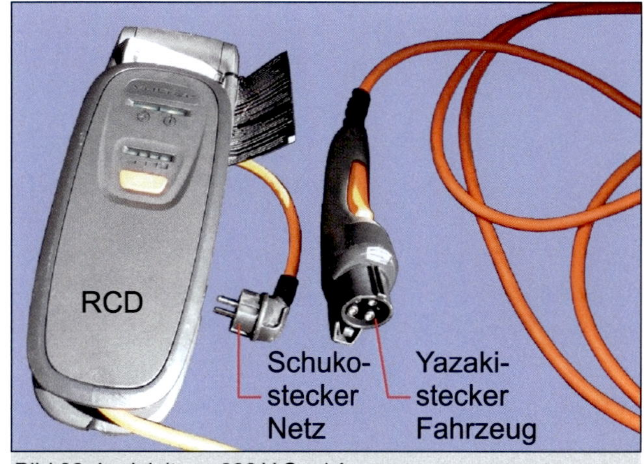

Bild 32: Ladeleitung 230 V Opel Ampera

- Fahrzeuge mit „Schnellladegeräten" an Bord haben 5-polige 400-V-Ladekabel mit z. B. Mennekessteckern ohne RCD (s. Bild 21). Hier muss die Ladestation zu Hause (Wallbox) oder die öffentliche Ladesäule auf dem Parkplatz den RCD eingebaut haben, um bei Fehlern den Menschen zu schützen.

5.4 Schutz durch Potenzialausgleich

Weil die meisten elektrischen Betriebsmittel und alle Betriebsmittel mit leitenden Gehäusen sowie andere leitende Gebäude- und Ausstattungsteile an den Schutzleiter angeschlossen sind, besteht über die Haupterdungsschiene zwischen den metallischen Bauteilen ein so genannter Schutzpotenzialausgleich. Beispiel: die Heizkörper und Heizungsrohre in einem Gebäude können kein anderes elektrisches Potenzial als die Wasserrohre oder der Schutzkontakt in der Steckdose haben. Damit kann zwischen diesen Bauteilen keine Spannung auftreten, die beim Berühren dieser Bauteile zu einem „elektrischen Schlag" führen könnte.

Diese elektrische Verbindung wirkt über den gelb-grünen PE-Leiter als Schutz für den Menschen. Daher schreibt die Norm DIN VDE 0100-410 für Gebäude vor, dass

- metallene Rohrleitungen, z. B. Gas, Wasser,
- fremde leitfähige Gebäudekonstruktionen, die berührbar sind,
- Heizungs- und Klimasysteme, Lüftungsschächte,
- metallische Verstärkungen im bewehrten Beton, wenn berührbar,
- Haupterdungsschiene,
- Haupterdungsleitung und
- die PE-Schutzleiter

galvanisch miteinander verbunden sind. Beispiele dazu zeigen die Darstellungen.

Im Gegensatz dazu kann sich der Mensch, weil er keinen Potenzialausgleich hat, bei Bewegungen auf Kunststoffböden oder -sitzen elektro-statisch aufladen und bei Berührung anderer Gegenstände mit einem anderen Potenzial, z. B. der Heizungsrohrleitung einen kleinen deutlich spürbaren „elektrischen Schlag" bekommen, wenn sich dabei die unterschiedliche Spannung ausgleicht und Strom fließt.

Um wirklich auf kürzestem Weg immer einen Potenzialausgleich zum bekommen, wird ein sogenannter „Zusätzlicher Schutzpotenzialausgleich" von der Norm definiert und gefordert:

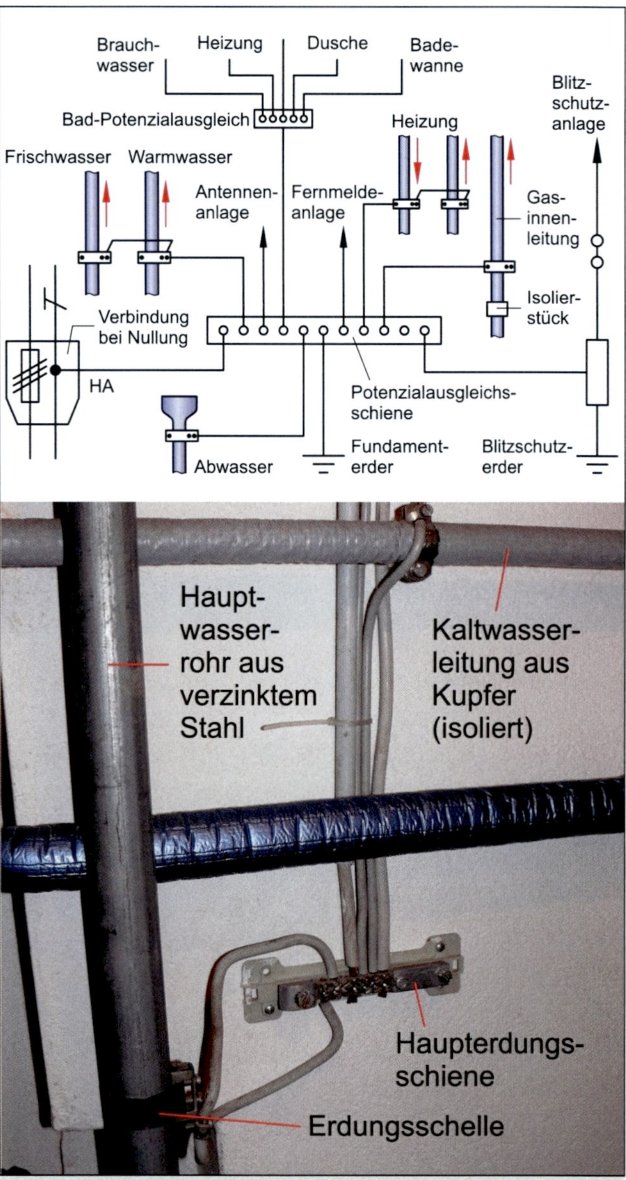

Bild 33: Potenzialausgleich in einem Gebäude

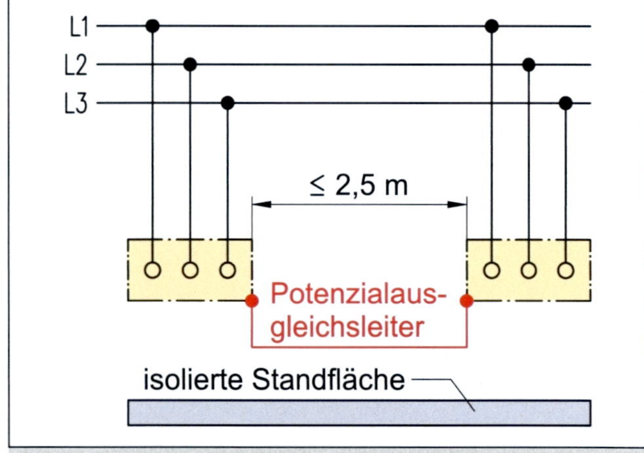

Bild 34: Zusätzlicher Schutzpotenzialausgleich

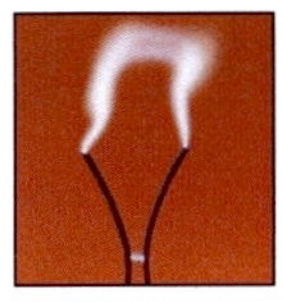

Befinden sich mehrere elektrische Betriebsmittel, z. B. elektrisch leitende Gehäuse von Motoren innerhalb der gleichzeitig berührbaren Reichweite, d. h. also in einem Bereich ≤ 2,5 m, so müssen diese mit einem zusätzlichen Potenzialausgleichsleiter miteinander verbunden werden. Dieser örtliche Ausgleich muss erdfrei sein.
Welchen Vorteil bringt diese Ausgleichsleitung? Die gleichzeitig berührbaren Geräte (Körper) können keine unterschiedlichen Spannungspotenziale annehmen/haben und damit keine Gefahr darstellen.

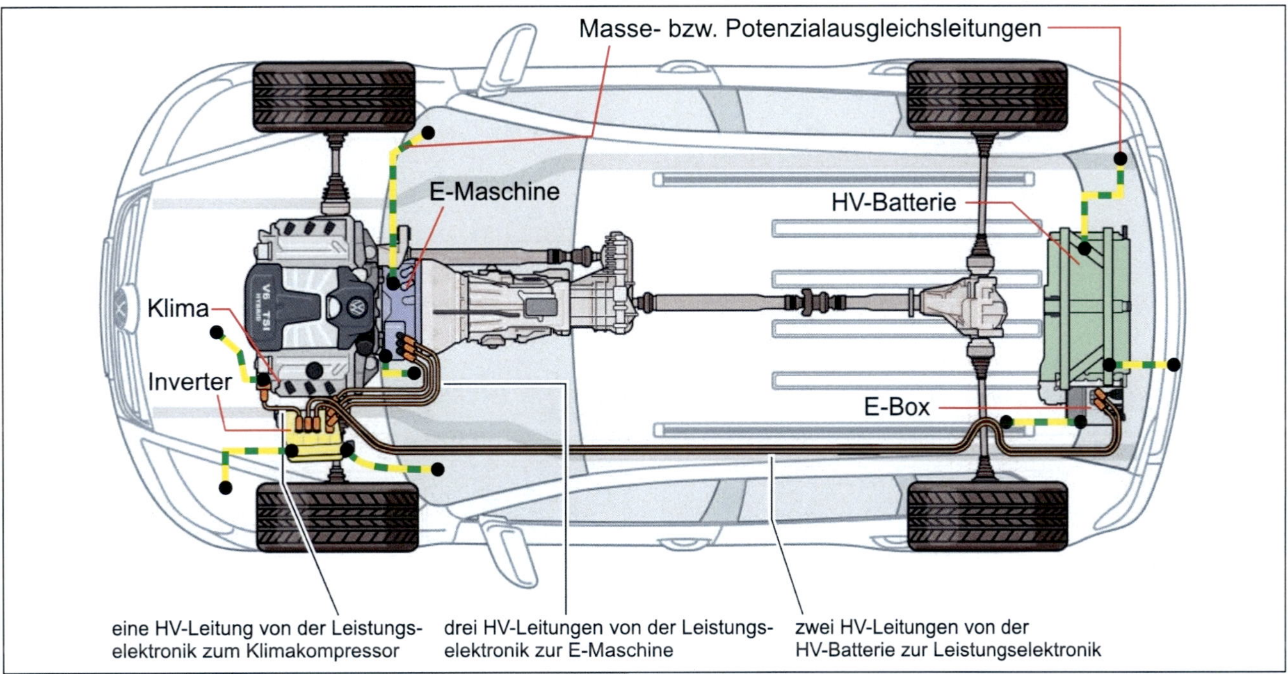

Bild 35: VW Touareg Hybrid

Dieser Schutzpotenzial-Ausgleich wird auch im Hochvoltfahrzeug angewendet und mithilfe von Massebändern und Masseleitungen unverzichtbar realisiert. Jedes Gehäuse eines Hochvoltbauteils, z. B. des E-Motors, des Inverters, des Klimakompressors oder der HV-Batterie ist mit einer dicken Masseleitung an die Karosserie geschraubt. Einige Hersteller verwenden pro Gerät sogar je zwei und zur deutlicheren Kennzeichnung auch gelbgrüne Leitungen.

Bild 36: HV-Anlage eines Hybrid-Nfz

Die HV-Bauteile sind im Fahrzeug sehr nah, also erheblich weniger als 2,5 m von einander entfernt verbaut, sodass sich z. B. der Mitarbeiter bei der Arbeit leicht auf zwei verschiedenen HV-Geräten abstützen kann. Funktioniert jetzt der Potenzialausgleich nicht und hat ein Gerät beispielsweise einen internen Fehler, ist der Mechatroniker in Lebensgefahr. Diese Gefahr besteht weniger bei neuen

Bild 37: Renault Kangoo Z.E.

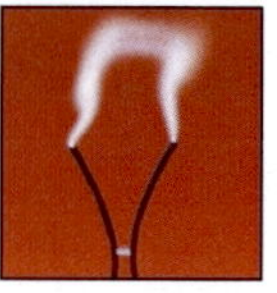

und intakten Fahrzeugen, aber insbesondere bei älteren und bei beschädigten Fahrzeugen, z. B. nach Reparaturen:

- Bei älteren Fahrzeugen kommt es an den Anschraubstellen der Potenzial-Ausgleichsleitungen zu Korrosion und damit zu Übergangswiderständen.
- Bei Reparaturen oder Tausch von HV-Bauteilen kann es vorkommen, dass das wieder Befestigen einer Masseleitung vergessen wird. Das fällt nach der beendeten Reparatur auch nicht auf, weil diese Masseleitung für die normale Funktion nicht benötigt wird.
- Bei Unfallreparaturen oder Tausch von lackierten Halterungen kann es vorkommen, dass die Anschlussstelle der Masseleitung nicht von Farbe befreit wurde.

In diesen Fällen ist der Potenzialausgleich nicht gewährleistet und kann zu einem späteren Zeitpunkt zur tödlichen Gefahr werden. Daher sind alle Mitarbeiter im Service- und Entwicklungsbereich in Bezug auf diese Problematik und ihre Verantwortung zu sensibilisieren. Auch sollte nach Ausbau und Wechsel von HV-Bauteilen oder Halterungen sowie nach Reparaturen durch Messung der funktionierende Potenzialausgleich geprüft werden.

Bei älteren Fahrzeugen wäre es ratsam, vor Arbeiten und Berührungen im Motorraum bzw. im HV-Batteriebereich durch Messungen zu prüfen, dass keine Potenzialunterschiede und damit gefährliche Spannungen am Fahrzeug vorhanden sind.

Ein spektakuläres Negativbeispiel hierfür ist der Unfall eines Mechanikers aus dem BMW-Sauber-Team bei einem Formel-1-Rennen, bei dem der Rennwagen F1.08 das KERS-System (**K**inetic **E**nergy **R**ecovery **S**ystem) mit 800 V Spannung an Bord hatte und der Mechaniker beim Boxenstopp einen starken elektrischen Schlag bekommen hatte (s. Bild 40).

Bild 38: Motorraum eines Renault Kangoo Z.E: Ladegerät und Inverter sind demontiert. Zu sehen ist der Drehstrommotor und die 3-phasige HV-Leitung zum fehlenden Inverter. Deutlich erkennbar sind die auf einer Seite gelösten Potenzial-Ausgleichsleitungen.

Bild 39: Inverter VW Touareg

Bild 40: Elektrischer Schlag durch KERS

5.5 Schutz durch IT-ähnliche Netzform

„Das Elektrofahrzeug verfügt über ein isoliert aufgebautes Hochvoltsystem, das mit einem IT-System nach DIN VDE 0100-100:2009 vergleichbar ist.“ (Quelle: aus Schriftenreihe eMOBILITY 1.2011, E-MOB1-AES10_11.pdf, Aufsatz „Elektrische Sicherheit bei der Ladung von Elektrofahrzeugen“ von Dipl.-Ing. Wolfgang Hofheinz und Dipl.-Ing. Harald Sellner)

Wie ist das IT-Netz prinzipiell aufgebaut? Alle aktiven unter hoher Spannung stehenden Leiter (im Fahrzeug alle HV-Leitungen) sind vollkommen gegen Erde (im Fahrzeug gegen Masse und gegen das 12-V-Bordnetz) isoliert. Alle leitenden Bauteile, Gehäuse etc. sind mit einem Potenzialausgleich am Schutzleiter angeschlossen (im Fahrzeug an der Fahrzeugmasse). Bei einem Körperschluss oder Erdschluss durch einen Fehler kann keine hohe Berührungsspannung auftreten.

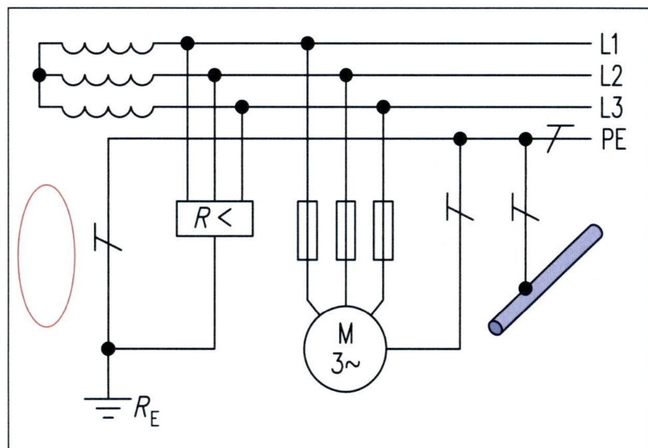

Bild 41: Prinzipieller Aufbau eines Netzes. Im Vergleich zu Bild 28 fehlt hier am Sternpunkt der Erdleiter.

IT-Netze dienen der erhöhten Versorgungssicherheit, d. h. bei nur einem Fehler muss nicht sofort die Anlage abgeschaltet werden. Die Wirkung des IT-Netzes kann man mit der Situation eines Vogels auf einer Hochspannungsleitung vergleichen. Solange der Vogel keinen zweiten Leiter oder einen Strommast berührt, kann ihm nichts passieren.

5.6 Schutz durch Isolationsüberwachung

Im obigen Bild 41 sitzt zwischen den drei Phasen des isolierten IT-Netzes und dem Erdleiter PE, mit dem gleichzeitig ein Potenzialausgleich realisiert wird, ein Gerät mit der Beschriftung „*R* <“. Dieses Gerät prüft im Betrieb, ob die Isolation zwischen den aktiven Leitern und den Gehäusen in Ordnung, d. h. sehr hochohmig ist. Werte $\leq$ 1 MΩ sind als zu gering zu bewerten, mehrere 100 MΩ sind die Regel. Die Isolationsüberwachung meldet Fehler durch ein optisches und/oder akustisches Signal.

Im Fahrzeug wird ein Isolationsfehler durch eine Anzeige im Multi-Informationsdisplay signalisiert. Es gibt meist zwei Schwellen, die von Fahrzeughersteller zu Hersteller unterschiedlich sein können:

- Die erste Schwelle liegt in Abhängigkeit von der Betriebsspannung um die 100 kΩ: hier wird die Kontrollleuchte gesetzt und hat als Folge, dass das Fahrzeug beim nächsten Start („Zündung aus“ und „Zündung = Klemme 15 wieder an“) nicht mehr „läuft“ und in die Werkstatt muss. Man kann jedoch nach Aufleuchten der HV-Kontrollleuchte (gelb) die Fahrt, z. B. in die Werkstatt, fortsetzen (= erhöhte Versorgungssicherheit).
- Die zweite Schwelle liegt bei ca. 4.000 Ω: Sinkt der Isolationswiderstand unter diesen angenommenen Grenzwert, leuchtet ebenfalls die HV-Warnleuchte (rot), aber das Fahrzeug wird sofort abgeschaltet, damit kein Sicherheitsrisiko für die Passagiere entsteht.

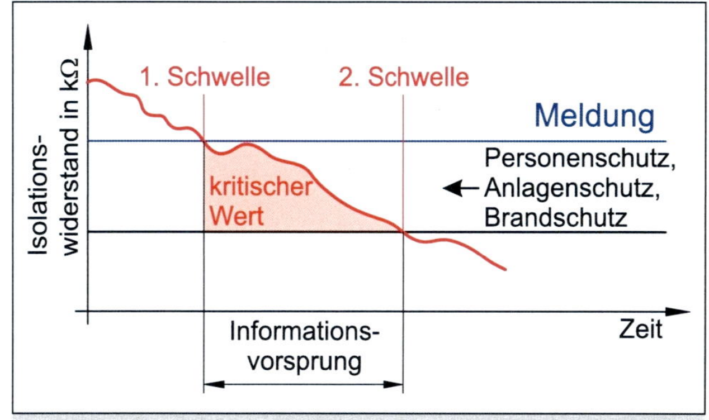

Bild 42: Informationsvorsprung durch Isolationsüberwachung

Jeder Leiter weist gegenüber einem anderen aktiven, getrennt und isoliert verlegten Leiter oder gegenüber isolierten Gehäusen oder Geräten, die auch über einen Potenzialausgleich miteinander verbunden sind, einen Isolationswiderstand auf.

Das folgende Bild zeigt die HV-Plus- und die HV-Minusleitung sowie ein Masseband eines Hochvoltfahrzeuges. Das Masseband symbolisiert die Fahrzeugmasse, an der als Potenzialausgleich auch alle HV-Geräte, wie HV-Batterie, Inverter, Klimakompressor, DC/DC-Wandler angeschlossen sind. In das Bild sind Widerstände eingezeichnet, die auch als Isolationswiderstände bezeichnet werden können. Geben Sie die zu erwartenden Widerstandswerte an, die unter normalen Betriebsbedingungen herrschen sollten:

$R_{①}$ = 1 MΩ bis GΩ $R_{③}$ = 0 Ω
$R_{②}$ = 1 MΩ bis GΩ $R_{⑤}$ = 0 Ω
$R_{④}$ = 1 MΩ bis GΩ $R_{⑥}$ = 0 Ω

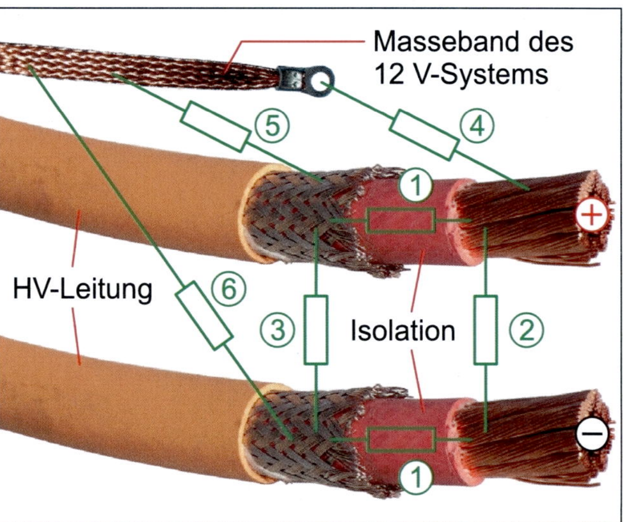

Bild 43: Isolationswiderstände

So einfach, wie hier dargestellt, kann man jedoch Isolationswiderstände im Fahrzeug bei Hochvoltanlagen nicht betrachten. Es sind von der Physik her viel kompliziertere Gebilde. Durch die hohen Spannungen, durch Pulsationen, durch Wechselspannungen zwischen Inverter und Drehstrommaschinen, … entstehen zwischen den Leitern, zwischen dem aktiven Teil des Leiters über die Isolierung und der Masse, dem Potenzialausgleich, den Gehäusen Kapazitäten C_n, sogenannte Ableitkapazitäten. Diese Ableitkapazität C ist abhängig von der Größe des angeschlossenen Kabelnetzes. Hierzu kommen noch zahlreiche EMV-Filter, die elektromagnetische Störungen durch die Hochvoltkomponenten an Masse ableiten sollen.

Machen Sie eine Aussage über die Ableitkapazitäten: Die Kapazität $C_{①}$ ist genauso groß wie $C_{③}$, da die Abschirmung der HV-Plusleitung auf Masse gelegt ist. Das Gleiche gilt für die HV-Minusleitung mit $C_{②} = C_{④}$.

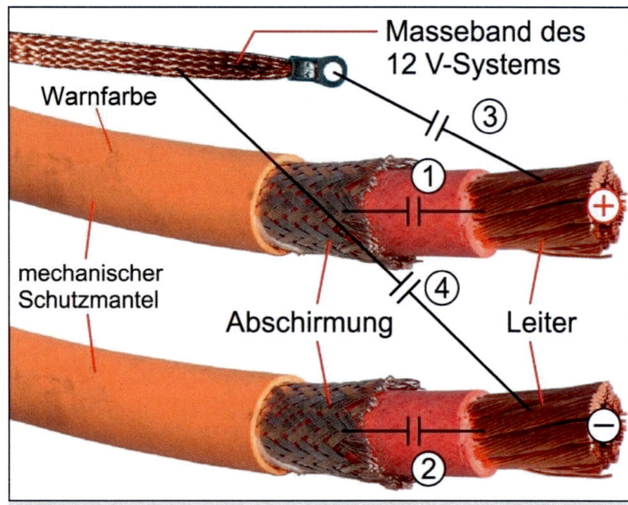

Bild 44: Ableitkapazitäten im HV-Netz

Betrachtet man einen HV-Leiter und die Masse als Potenzialausgleich, so kann man das folgende prinzipielle Ersatzschaltbild für die Situation im HV-Fahrzeug erstellen:

- $R_{iso①}$: ist der unter normalen Bedingungen konstante Isolationswiderstand, der unabhängig von der im System anliegenden Spannung ist.
- $R_{iso②}$: ist der Anteil des Isolationswiderstandes, der von äußeren Umgebungs- und Situationsbedingungen sowie von der anliegenden Spannung im System abhängig und damit veränderlich ist.

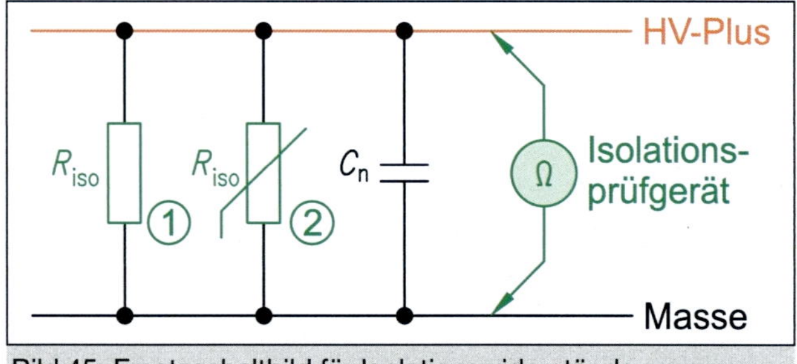

Bild 45: Ersatzschaltbild für Isolationswiderstände

C_n: sind die oben beschriebenen Ableitkapazitäten oder auch der kapazitive Isolationswiderstand. Wird jetzt mit einem Isolationsprüfgerät (s. Bild 17 in Kap. 6) in der abgeschalteten Anlage oder mit einem Isolationswächter (s. Bild 49) ständig während des Betriebes der Isolationswiderstand geprüft, fließen entsprechend dem Ersatzschaltbild kleine Ströme, die als unkritische Ströme erkannt und in der Entscheidung, ob ein Isolationsfehler vorliegt, berücksichtigt werden.

Wodurch wird jetzt der Isolationswiderstand negativ beeinflusst, sodass es zu Isolationsfehlern kommen kann? Natürlich kann man davon ausgehen, dass bei einer neuen elektrischen Anlage bzw. bei einem neuen E-Fahrzeug durch sehr sorgfältige Auswahl der Materialien und der Herstellung der Isolationswiderstand in Ordnung ist. Aber die Fahrzeuge werden älter, und die HV-Bauteile sind den unterschiedlichsten äußeren Einflüssen ausgesetzt, die eine schleichende Verschlechterung des Isolationswiderstandes bewirken:

- Elektrische Einflüsse: Überspannung, Überstrom, Frequenz, Blitzeinwirkung sowie magnetische und induktive Einwirkungen
- Mechanische Einflüsse: Schlag/Stoß, Vibrationen, Knickungen, Biegungen, Schwingungen, mech. Verletzungen, z. B. durch Marderbiss
- Umwelteinflüsse: Temperatur (zu heiß, zu kalt), Feuchtigkeit (Regen, Nebel, Waschanlage, Dampfstrahler), Licht/UV-Strahlen, chemische Einflüsse (Öl, Benzin, Diesel, korrosive Dämpfe, Bremsflüssigkeit, Reiniger, ...) Verschmutzung (Staub, Kot, Blätter, ...) (blau: Zitate aus Wolfgang Hofheinz „Schutztechnik mit Isolationsüberwachung" VDE-Schriftenreihe, Band 114, 3. Auflage 2011)

Bild 46: Marderbiss an HV-Leitungen eines Opel Ampera

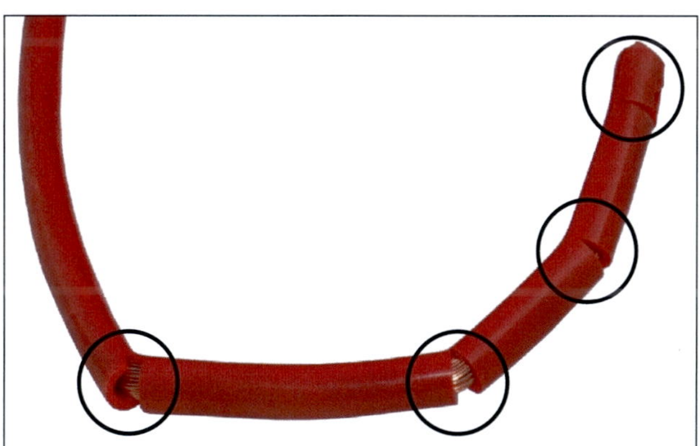

Bild 47: Alterung einer 10 mm^2-Plusleitung aufgrund von Licht. Der rote Kunststoff hat sich orange verfärbt, der Weichmacher ist über die Jahre herausdiffundiert. Die Isolation wird brüchig und bekommt Risse

Hierdurch können z. B. am Potenzialausgleich und an Steck- bzw. Schraubanschlüssen Übergangswiderstände entstehen, die zu gefährlichen Aufladungen von HV-Bauteilen führen können. Auch können sich Kabel, Bauteile, Schrauben in den Geräten lösen und zu Lichtbögen, Kurz- oder Erdschlüssen führen, die als Folge hohe Berührungsspannungen erzeugen.

Aufgrund der drei verschiedenen Komponenten des Isolationswiderstandes im obigen Ersatzschaltbild ergeben sich auch drei verschiedene Ströme durch den Isolationskörper, die zusammen den Gesamtstrom bilden, aus dem das Prüfgerät mithilfe des ohmschen Gesetzes den Isolationswiderstand berechnet:

- Es gibt einen kapazitiven Ladestrom: Er fließt so lange, bis sich die Kapazität C der Isolation auf die angelegte Prüfspannung aufgeladen hat. Zu Beginn ist dieser Strom sehr hoch und nimmt dann entsprechend der bekannten Ladekurve eines Kondensators bis auf 0 mA ab.
- Aufgrund der angelegten HV-Spannung entsteht zwischen Leiter und Abschirmung (= Potenzialausgleich) ein elektrisches Feld, das den Isolator zum Dielektrikum macht und bis zur maximalen Aufladung stärker wird. Hierbei orientieren sich die Kunststoffmoleküle im Isolator um, wobei sie einen dielektrischen Absorptionsstrom aufnehmen.

Dieser Absorptionsstrom fließt länger als der kapazitive Ladestrom und klingt erst nach einigen Minuten auf 0 mA ab.

- Der eigentliche Leckstrom fließt durch oder über den Isolator und gibt damit einen Wert für die Qualität der Isolation an. Da aber nur der Gesamtstrom dieser drei Teilströme gemessen werden kann, muss bei der Isolationsprüfung mit dem Werkstatt-Prüfgerät etwas länger der Knopf mit der anzulegenden Prüfspannung betätigt werden, damit der Gesamtstrom bei fortlaufender Messung aufgrund der Anteile des Lade- und Absorptionsstromes stark abnimmt und so der Isolationswert wieder zunimmt und korrekt angezeigt wird. Kapazitiver Ladestrom und Absorptionsstrom bilden einen Ableitstrom und würden das Ergebnis verfälschen.

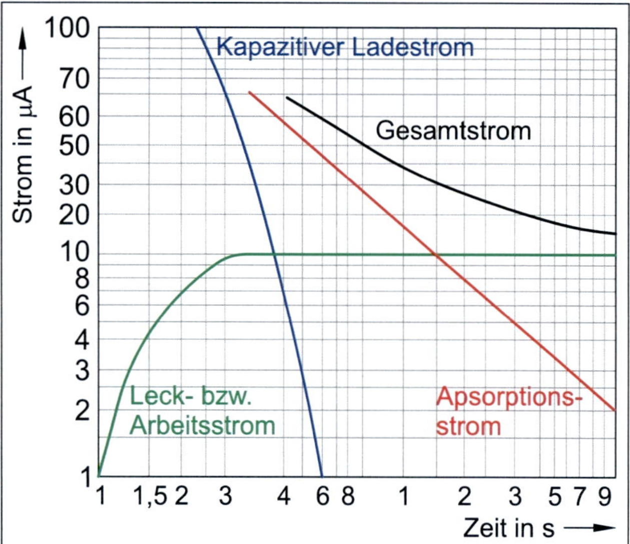

Bild 48: Zeitlicher Verlauf der drei Teilströme bei einer Isolationsprüfung mit einem Werkstatt-Prüfgerät

Bei Wechselspannung, z. B. in den 3-Phasen-Leitungen vom Inverter zum Drehstrommotor, fließen ständig diese kapazitiven Ladeströme und Absorptionsströme, weil ständig umgeladen wird. Damit müssen bei fest installierten Isowächtern in den HV-Systemen diese Ströme berücksichtigt werden, damit keine Fehlinterpretation entsteht. Das ist auch der Grund für die Notwendigkeit eines RCD vom Typ B anstatt des normalen und finanziell erheblich günstigeren Typs A bei hochfrequenten Wechselspannungsgeräten wie Wechselrichter etc.

Im **B**atterie-**M**anagement-**S**ystem (BMS) einer HV-Batterie und zur Redundanz in eventuell weiteren Steuergeräten jedes bisherigen HV-Fahrzeuges sitzt ein fest installierter Isolationswächter (s. gelbe Fläche mit blauer Gerätebegrenzung im folgenden Schema Bild 49).

Dieser Isowächter besteht aus einer eigenen Spannungsquelle G_{Iso}, Messwiderständen R_{Mess} und verschiedenen Leitungen mit hochohmigen Vorwiderständen R_{V} zu den zu überwachenden HV-Leitungen und Geräten. Diese zu überwachenden HV-Leitungen können sowohl die HV-Plus- oder die HV-Minusleitung wie in der Schemadarstellung aber auch die 3-Phasen-Wechselstromleitungen zwischen Inverter und E-Maschinen sein.

Unabhängig davon, ob die zu überprüfenden aktiven Leitungen Gleichspannungen oder Wechselspannungen führen, wird von der Spannungsquelle des Isowächters eine z. B. Prüfgleichspannung zwischen dem aktiven Leiter des jeweiligen IT-Netzes und dem hierzu isolierten leitfähigen Gerätegehäuse und damit zum Potenzialausgleich (PE) aufgeschaltet, d. h. der aktiven Spannung überlagert. Natürlich funktioniert diese Aufschaltung der Prüfspannung auch im abgeschalteten spannungsfreien Zustand der HV-Anlage, also z. B. auch zur Überprüfung des HV-Systems nach „Zündung an“ vor Zuschalten der HV-Spannung durch die Schütze. Erst wenn der Isowächter die einwandfrei isolierte HV-Anlage „freigibt“, schaltet das BMS die HV-Batterie an das Hochvoltnetz des Fahrzeugs.

Diese Installation des Isowächters stellt eine Abweichung vom Grundsatzprinzip des IT-Netzes dar, in dem gefordert wird, dass es keine elektrische Verbindung zwischen dem HV-Netz, dem 12-V-Bordnetz und der Masse = Potenzialausgleich gibt.

Im Inverter (DC/AC-Wandler) ist zur Vereinfachung nur eine von drei Brücken der Gleich- bzw. Wechselrichterschaltung exemplarisch sowie der Zwischenkreis-Kondensator dargestellt. Zusätzlich sind symbolisch in den ausführlicher dargestellten Geräten HV-Batterie und Inverter (nicht bei der E-Maschine) der jeweilige Isolationswiderstand R_{Iso} und die Ableitkapazitäten C_n zwischen den aktiven Leitern und dem leitfähigen Gehäuse (strichpunktierte Linie) eingezeichnet. Die Isolationswiderstände R_{Iso} liegen normalerweise im MΩ- bis GΩ-Bereich.
Mit grün gestrichelten Pfeilen ist der Prüfstromverlauf von der internen Spannungsquelle G_{Iso} über die HV-Minusleitung, die Isolationswiderstände R_{Iso} und die Ableitkapazitäten C_n wieder bis zur Spannungsquelle G_{Iso} eingezeichnet.
Wie funktioniert nun diese Überwachung? Der sich einstellende sehr kleine Prüfstrom $\boldsymbol{I}$ (= Leckstrom $\boldsymbol{I}_L$ nach Abklingen der Ableitströme) erzeugt am Messwiderstand R_{Mess} einen Spannungsfall U_{Mess}, den der Mikroprozessor (µP) des Buswächters erfasst und auswertet. Bleibt dieser Spannungsfall in den vom Hersteller festgelegten und programmierten Grenzen, ist alles in Ordnung. Nach dem ohmschen Gesetz wird die Spannung bei größer werdendem Leckstrom (= Fehlerstrom $\boldsymbol{I}_F$) ebenfalls größer: $U_{\text{Mess}} = R_{\text{Mess}} \cdot \boldsymbol{I}_F$. Überschreitet der Spannungswert U_{Mess} bei schlechter werdendem Isolationswiderstand einen kritischen Schwellenwert (s. Bild 42), so kann der Isowächter Alarm geben oder dafür sorgen, dass das BMS zum Schutz die HV-Anlage abschaltet.

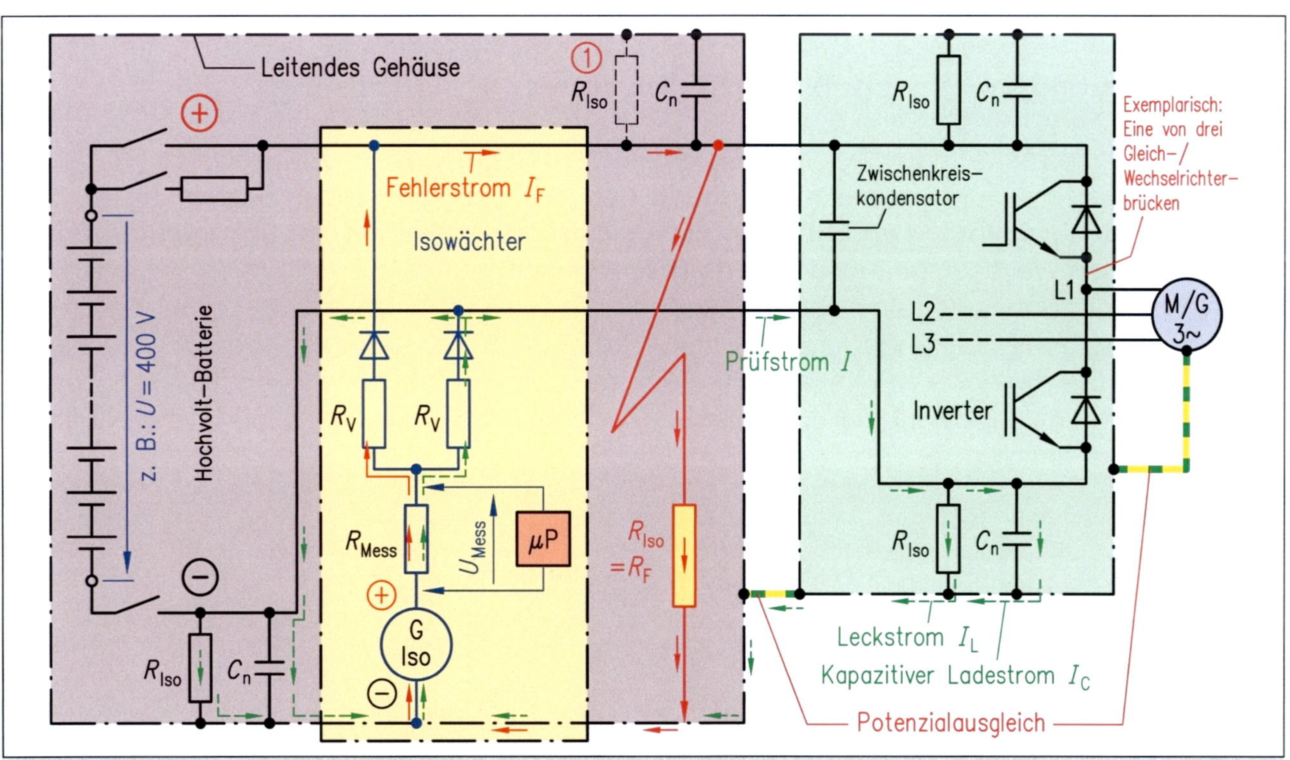

Bild 49: Funktionsweise des Isolationswächters

An der Stelle ① ist der Isolationswiderstand R_{Iso} (gestrichelt dargestellt) „schlechter" geworden, z. B. dadurch, dass sich in der HV-Batterie eine Schraube gelöst hat und im Betrieb an eine unglückliche Stelle gefallen ist, sodass durch Verklemmen der Schraube zwischen offenem HV-Leiter und Gehäuse eine elektrisch leitende Verbindung entstanden ist. Das bedeutet, der hochohmige Isolationswiderstand R_{Iso} ist zum niederohmigen Fehlerwiderstand R_F geworden. Dieser Fehlerwiderstand R_F ist symbolisch als roter Pfeil mit Widerstand zwischen HV-Plusleitung und Batteriegehäuse (strich-punktierte Linie) eingezeichnet. (Natürlich fließt auch über die HV-Plusleitung, den intakten Isolationswiderständen und Ableitkapazitäten der „grün gestrichelte" Prüfstrom, ist aber hier zur Übersichtlichkeit nicht dargestellt.)

Über den Fehlerwiderstand R_F ist mit roten Pfeilen der Fehlerstrom I_F des Leckstromkreises, der zum Fehlerstromkreis geworden ist, von der Spannungsquelle des Isowächters über das Gehäuse und wieder zur Minusseite der Spannungsquelle eingezeichnet.

Der größer gewordene Fehlerstrom I_F erzeugt einen größeren Spannungsfall U_{Mess} am Messwiderstand, was z. B. zur Abschaltung der HV-Anlage führt.

Hier wird deutlich, dass der Isowächter sowohl schleichende Verschlechterungen als auch plötzliche akute Veränderungen des Isolationswiderstandes im Betrieb z. B. Kurzschluss von Wicklungen mit Verschmoren der Wicklungen im HV-Motor des Fahrzeuges sofort erkennt und sofort reagieren kann, bevor es zu folgeschweren Schäden insbesondere für den Menschen kommt.

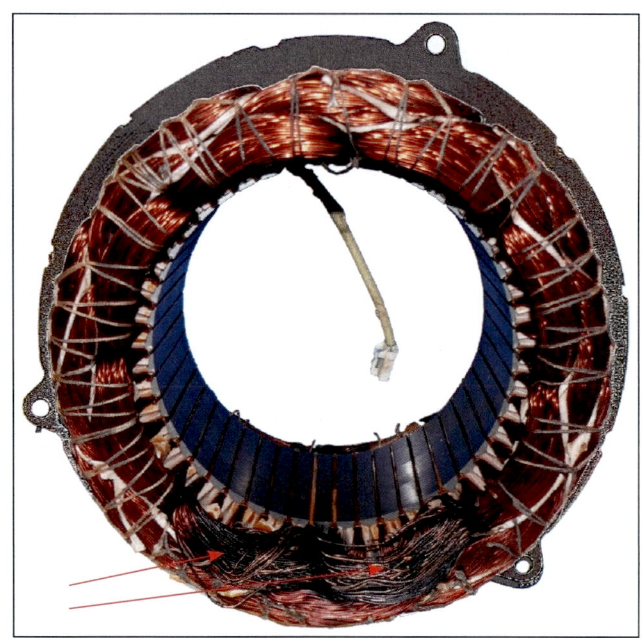

Bild 50: Verschmorte Wicklungen des großen Antriebsmotors MG 2 eines Toyota Prius

5.7 Zusätzlicher Potenzialausgleich durch Abschirmung

Neben den Potenzial-Ausgleichsleitungen ①, die die HV-Gehäuse mit Masse des Fahrzeugs verbinden, gibt es auch noch die Schirmung der HV-Leitungen. Diese Schirmung ② dient einerseits der Abschirmung und Ableitung von elektromagnetischen Störungen aufgrund der hochfrequenten Wechselspannungen in den Wechselspannungs-HV-Leitungen zwischen den Drehstrommaschinen und den Invertern oder aufgrund der hochfrequenten Pulsationen in den Gleichspannungs-HV-Leitungen zwischen HV-Batterie, DC/DC-Wandler, Inverter und Klimakompressor. Sie hat andererseits auch die Aufgabe des mechanischen Schutzes der Leitungen und insbesondere dient sie auch dem zusätzlichen Potenzialausgleich und der Fehlererkennung im Fahrzeug.

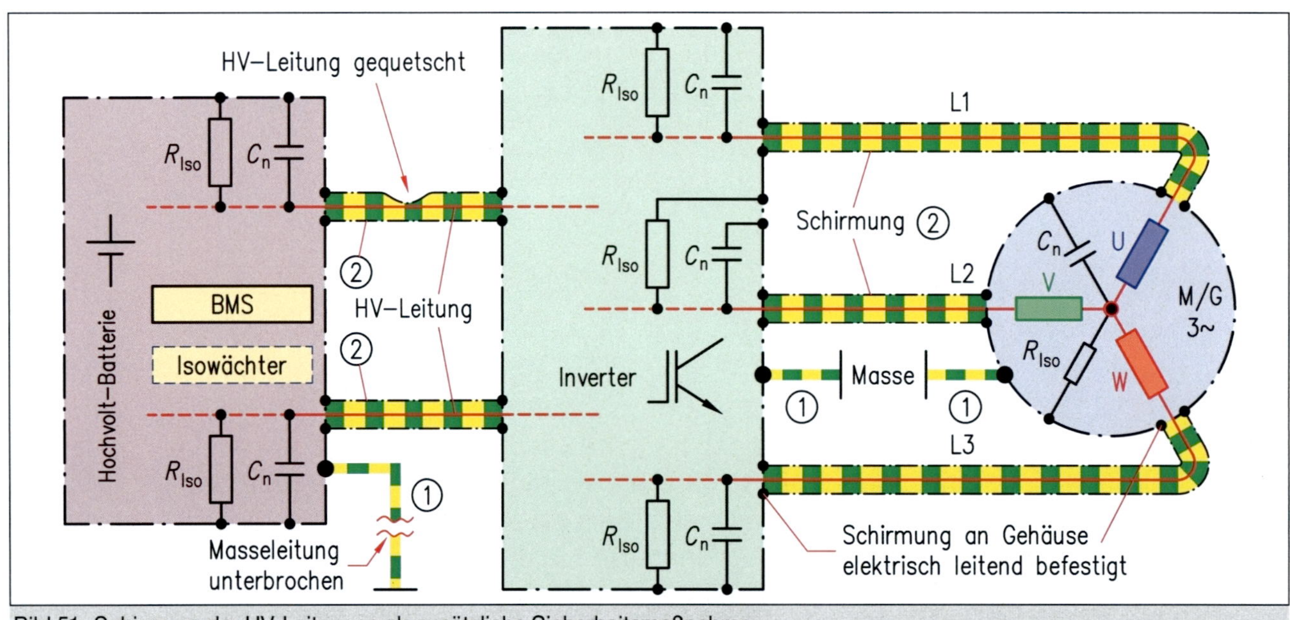

Bild 51: Schirmung der HV-Leitungen als zusätzliche Sicherheitsmaßnahme

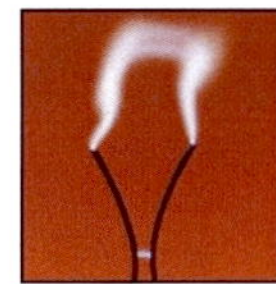

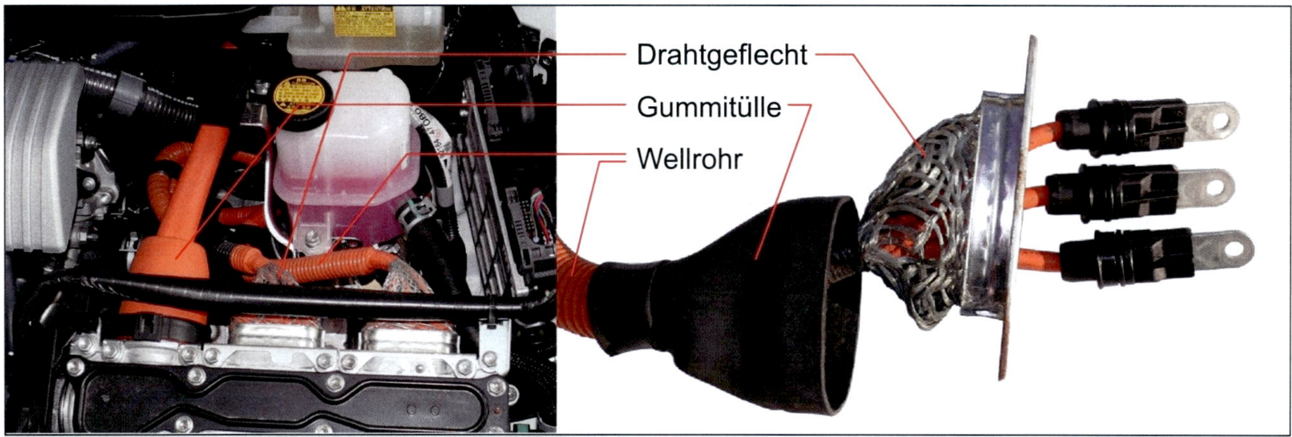

Bild 52: Links: Prius III; rechts: Prius II

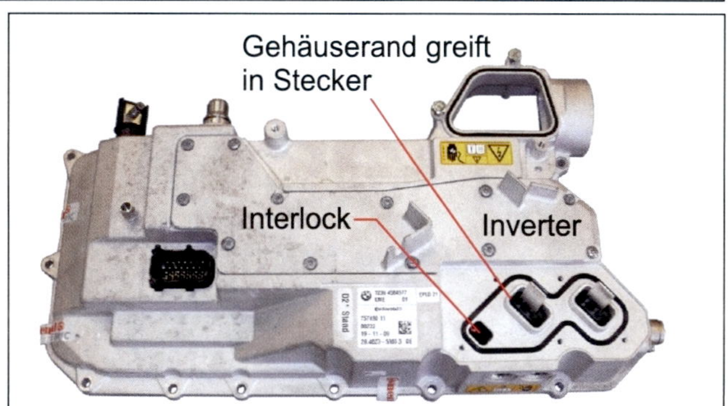

Die Schirmung der HV-Leitungen ist entweder über die Steckverbindung oder mithilfe von Verschraubungen fest mit den leitenden Gehäusen der HV-Anlage verbunden. Sollte bei einem Gerät, z. B. bei der HV-Batterie die Masseleitung als Potenzialausgleich fehlen, so findet der Potenzialausgleich über die Abschirmung der Leitung statt.

Tritt ein Fehler, z. B. eine Quetschung der HV-Leitung bei einem Unfall auf, sodass sich die Isolierung zwischen der Schirmung und der aktiven Seele des Kabels durchdrückt (s. Schema oben), dann stellt der Isowächter dies durch einen erhöhten Fehlerstrom über diese Quetschstelle fest und schaltet die HV-Spannung durch das Öffnen der Schütze in der HV-Batterie weg.

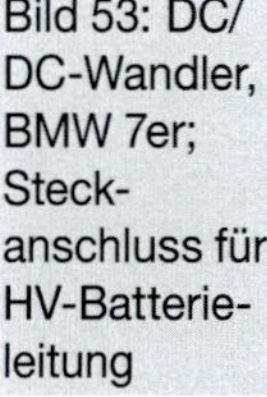

Bild 53: DC/DC-Wandler, BMW 7er; Steckanschluss für HV-Batterieleitung

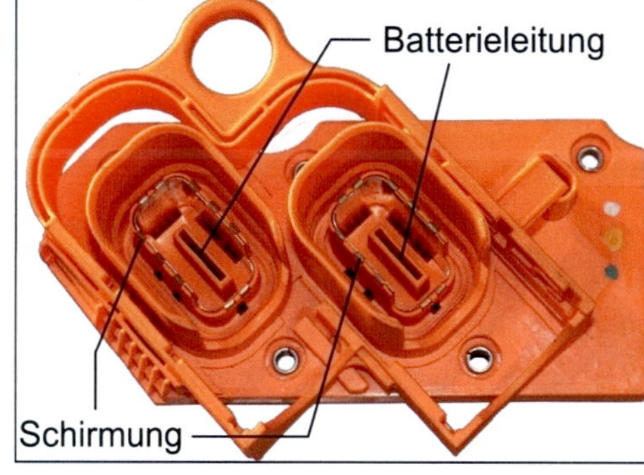

5.8 Auswirkung eines 1. Fehlers im HV-Netz des Fahrzeugs

Um die Auswirkung eines Fehlers im Kraftfahrzeug mit einem IT-ähnlichen HV-Stromnetz richtig zu verstehen, ist es gut, den Vergleich mit einem normalen öffentlichen Stromnetz durchzuführen. Vereinfacht (hier: TN-Netz) dargestellt ist ein Drehstrommotor, der am öffentlichen Netz an einem geerdeten Trafo mit einem Isolationsfehler betrieben wird. Tritt dieser Fehler auf, so entsteht eine gefährliche Berührspannung U_B für den Menschen. Ist der Fehler ein satter Körperschluss mit $R_F = 0\ \Omega$, dann fließt ein so großer Kurzschlussstrom I_K, dass die Überstromschutzeinrichtung F sofort die Spannung abschaltet. Damit ist ein weiterer Betrieb

Bild 54: 1. Fehler im TN-Netz

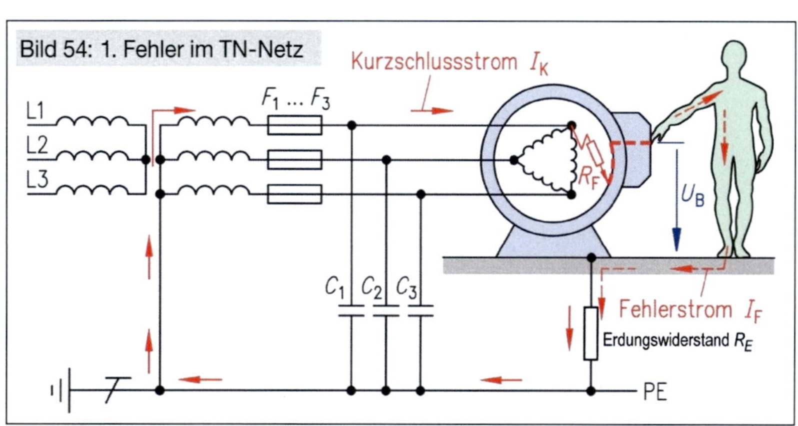

des Motors ausgeschlossen. Bezogen auf ein Fahrzeug: Es besteht keine Möglichkeit mehr, das Fahrzeug aus einer Gefahrenzone herauszufahren oder nach einer Warnung, die Werkstatt anzufahren. Ist kein satter Schluss vorhanden, kann die Stromstärke I_K kleiner als der Auslösestrom der Sicherung *F* sein, so dass die Sicherung nicht abschaltet und die gefährliche Berührungsspannung U_B bestehen bleibt.

Der Körperschlussstrom I_K ist in obenstehendem Schema mit roten Pfeilen markiert.

Berührt ein Mensch das Gehäuse des Motors, erhält er einen elektrischen Schlag und wird von einem Fehlerstrom I_F durchflossen, der ein Teil des gesamten Körper-„Kurzschluss“-Stromes ist.

Dieser Teilstrom des Körper-„Kurzschluss“-Stromes I_F über den Menschen ist ebenso in obenstehendem Schema markiert.

Bei einem IT-Netz gibt es keine elektrische Verbindung über den Schutzleiter PE, d. h. über den Potenzialausgleich zu der Phase L1 des Drehstromnetzes, weil der Sternpunkt des Trafos nicht geerdet ist. Damit liegt zwar die Spannung von L1 am Gehäuse des Motors, aber es gibt keinen Fehler- oder Kurzschlussstromkreis, nur einen kurzfristigen Ableitstrom, der nicht über den Menschen fließen kann. Der Motor kann weiterbetrieben werden. Ein installierter Isolationswächter kann den Fehler melden.

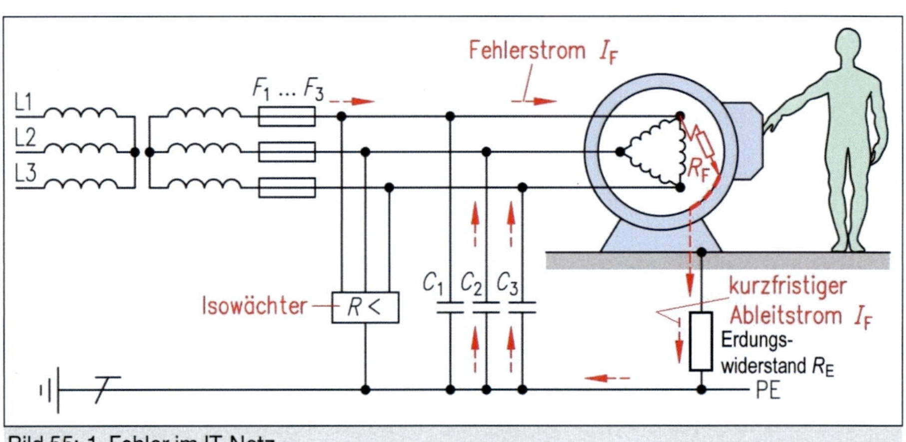

Bild 55: 1. Fehler im IT-Netz

Auf ein Kfz mit IT ähnlichem Netz übertragen, kann die Warnleuchte im Fahrzeug den Fehler melden, das Fahrzeug kann aus einer Gefahrenzone, z. B. von der Autobahn auf einen Parkplatz gefahren oder sogar in die Werkstatt gefahren werden, solange der Fahrtschalter nicht ausgeschaltet wird. Wird der Fahrtschalter ausgeschaltet, lässt sich das Fahrzeug nach Unterschreiten der zweiten, unteren Schwelle eines kritischen Isolationswiderstandes nicht erneut mehr starten. Das bedeutet, das IT-Netz sorgt für:

- höhere Betriebssicherheit,
- höheren Brandschutz,
- größeren (elektrischen) Unfallschutz, weil bei einem 1. Fehler keine gefährliche Berührungsspannung entsteht,
- Informationsvorsprung

(blau: Zitate aus Wolfgang Hofheinz „Schutztechnik mit Isolationsüberwachung“ VDE-Schriftenreihe, Band 114, 3. Auflage 2011)

Das Unternehmen Dipl.-Ing. W. Bender GmbH & Co KG in Grünberg stellt für alle Arten von HV-Fahrzeugen Isowächterplatinen her, die von vielen „OEM“s in ihre Inverter etc. verbaut werden und dort ihren Dienst zuverlässig bestreiten. Zusammen mit diesem Isowächter kommen die Vorteile des ungeerdeten IT-Netzes in Zusammenhang mit Potenzialausgleich deutlich zur Geltung.

Bild 56: Kfz-Isowächterplatine der Fa. Bender

5.9 Schutz durch HV-Interlock

Um das Hochvoltfahrzeug „eigensicher“ zu machen, bauen die Hersteller ein weiteres Sicherheitssystem für den Menschen ein. Das System wird Interlock, Sicherheits-Linie, Pilot-Linie usw. je nach Hersteller genannt.

Das System soll sicherstellen, dass auch der Unkundige, z. B. der Kunde, der ungeschulte Werkstattmitarbeiter, der helfende Tankwart, der „Edel“-Bastler nicht zu Schaden an der Hochvoltanlage kommt, wenn er ohne das Fahrzeug ordnungsgemäß „freigeschaltet“ zu haben, eine orangefarbene HV-Leitung abzieht oder abschraubt. Jeder lösbare HV-Kabelstecker, jeder entfernbare Deckel eines HV-Bauteils hat eine Interlockbrücke oder Steckverbindung wie in folgendem Schema die Deckel und Stecker ⑧, ⑨, ⑩:

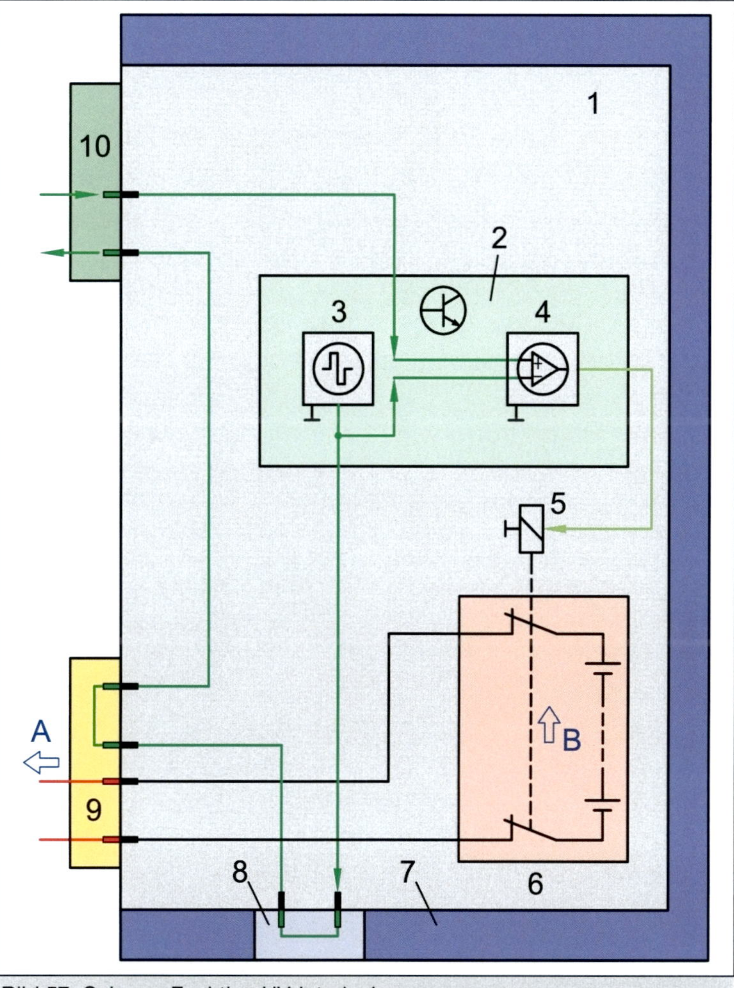

Bild 57: Schema Funktion HV-Interlock

① Hochvoltbatterie
② Steuergerät für HV-Interlock (IL) bzw. Kontaktüberwachung
③ Generator für Interlock-Signalspannung
④ Auswerteschaltung für Interlock-Signal
⑤ Schaltschütz (exemplarisch)
⑥ HV-Batterie
⑦ HV-Sicherheitsabdeckung, z. B. Kunststoff-Motorabdeckung
⑧ Kontaktbrücke an der HV-Sicherheitsabdeckung
⑨ HV-Leitungsstecker mit IL-Kontaktbrücke
⑩ 12-V-Stecker zur Weiterleitung des IL-Signals an weitere HV-Bauteile, wie z. B. Inverter, DC/DC-Wandler, E-Maschine, HV-Klimakompressor

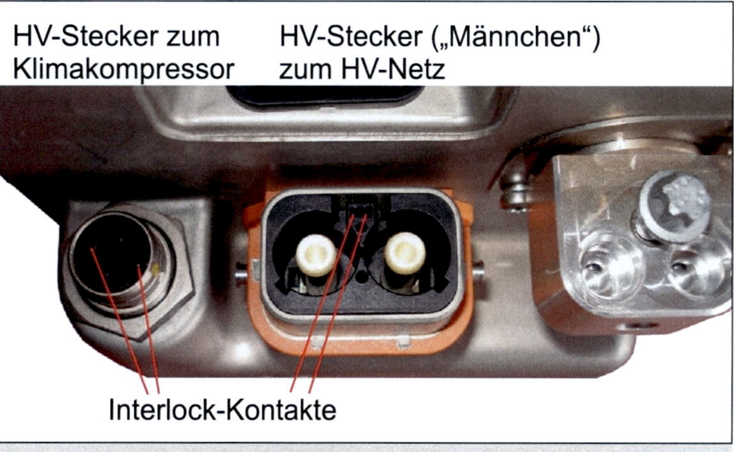

Bild 58: HV-Batterie Mercedes S400 Hybrid

Bei „Zündung an“ wird durch alle HV-Schraub- und Steckverbindungen das Interlocksignal in einer Kreisleitung gesendet. So lange das Signal am sendenden Steuergerät ② wieder ankommt, ist die Anlage betriebssicher und die HV-Spannung wird mithilfe der Schütze ⑤ auf das HV-Netz im Fahrzeug geschaltet. Wird irgendwo unbefugt im System an einem Bauteil eine Verbindung geöff-

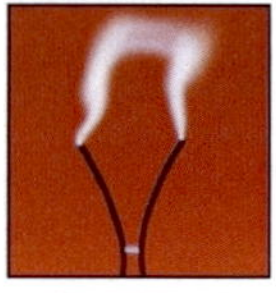

net, ist die IL-Leitung unterbrochen und das Signal fehlt der Auswerteelektronik ④, die sofort die Schaltschütze ansteuert und diese öffnet, damit aus Sicherheitsgründen niemand an die hohe Spannung kommt.
Dieses Öffnen der Schützkontakte unter Last, d. h. bei Stromfluss über die Kontakte, ist für die Schütze nicht gesund, weil hier Lichtbögen entstehen und die Schützkontakte verbrennen, d. h. verschleißen.

Andere Hersteller wie z. B. Renault haben andere Interlockkonzepte und fahren alle Kontaktbrücken einzeln und nicht in einer Kreisleitung an. Das hat den Vorteil, dass über den Werkstatttester jede nicht richtig aufgesteckte bzw. eingerastete Steckverbindung sofort lokalisiert werden kann.

Bei einer Ringleitung wird zwar die Unterbrechung erkannt, nicht aber der genaue Ort der fehlerhaften Verbindung.

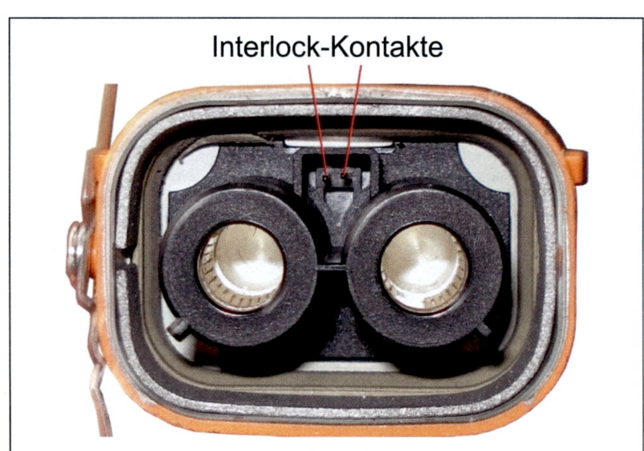

Bild 59: HV-Stecker („Weibchen“) zum HV-Netz MB S400

Bild 60: Inverter-Drehstromstecker Renault Kangoo Z.E.

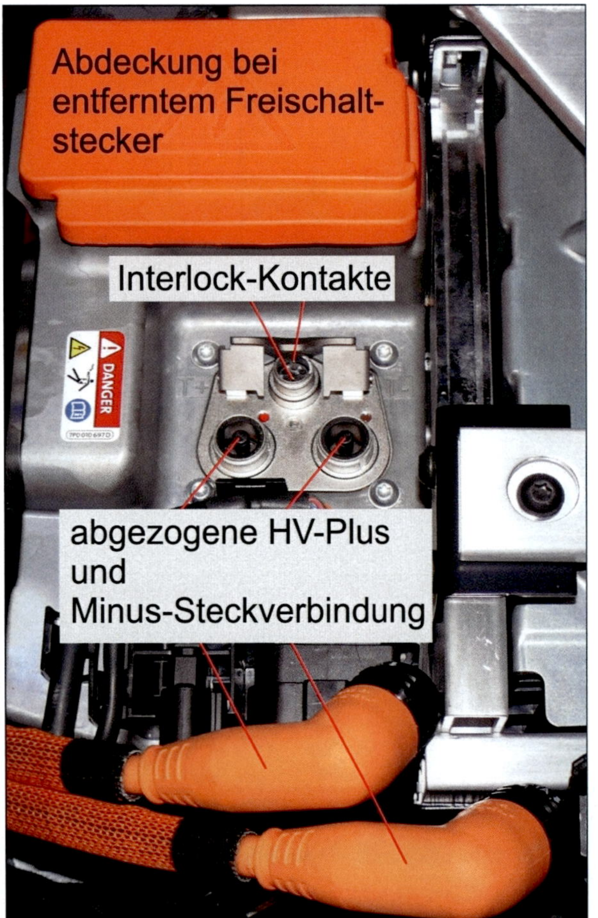

Bild 61: Abgezogener Service-Disconnect und Interlock-Stecker an HV-Batterie VW Touareg Hybrid

5.10 Schutz beim Laden von Elektrofahrzeugen an Ladestationen

Beim Laden eines E-Fahrzeugs an Ladestationen im häuslichen Bereich oder im öffentlichen Bereich an Ladesäulen werden die Schutzmaßnahmen komplexer, da das Fahrzeug jetzt einerseits selbst ein IT-Netz besitzt und die Ladestation Bestandteil eines geerdeten TN-Netzes ist. Das folgende Bild zeigt ein Kfz, das über ein Mode 2-Ladekabel an das öffentliche Netz abgeschlossen ist.

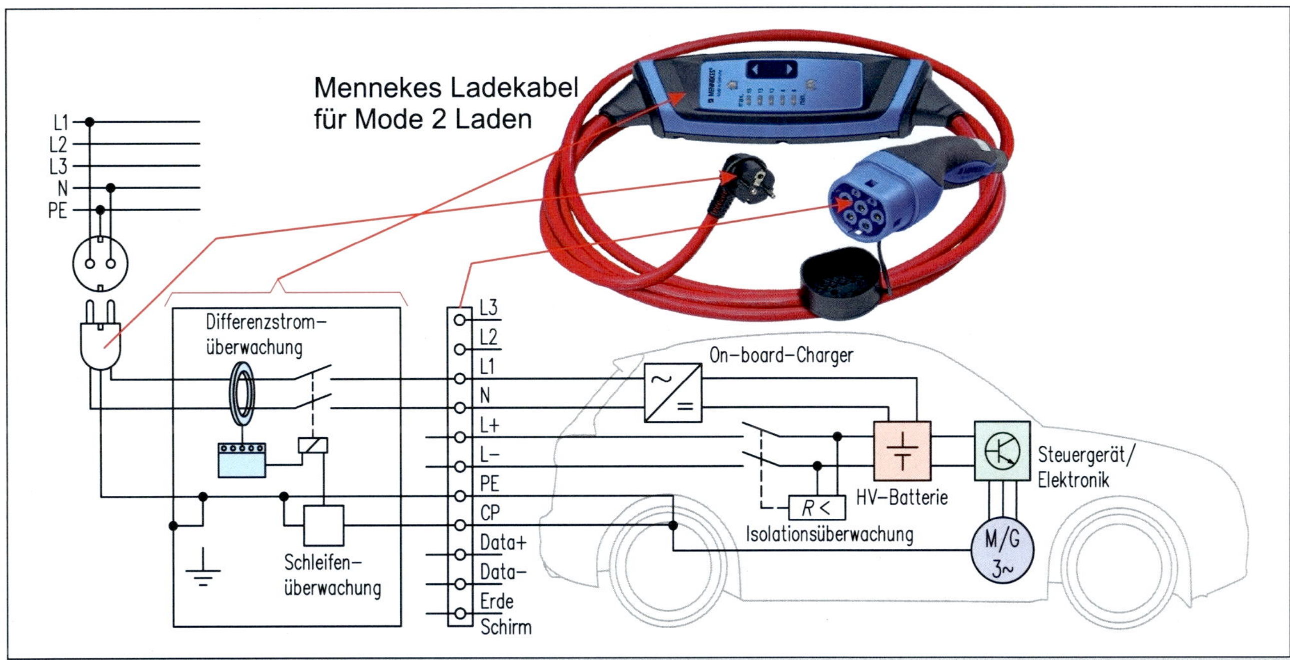

Bild 62: Konduktives Laden mit Mode 2-Ladekabel

Normalerweise kontrolliert der Isowächter des Kfz den Isolationswiderstand der HV-Anlage und gibt den Ladeanschluss nur frei, wenn die Grenzwerte für DC-Systeme 100 Ω/V und 500 Ω/V für AC-Anlagen eingehalten werden. Beim Ladevorgang wird der Isowächter meist ausgeschaltet und die gesamte Schutzüberwachung der Ladestation überlassen.
Eine Voraussetzung für die korrekte Ladung ist die durchgängige Erdung des Fahrzeugs mit dem PE-Leiter der Ladestation. Das wird mit der Control Pilot-Leitung (CP) während der gesamten Ladezeit überwacht; erst bei Vorhandensein des Schutzleiters wird das Laden freigegeben.

Es gibt nach DIN IEC 61851 vier verschiedene **Modi des Ladens**:
Mode 1 wird nicht verwendet.
Mode 2 bedeutet – wie auf obigem Schema – AC-Laden des Fahrzeugs mit einem 1-phasigen Ladekabel an 230 V mit einem FI-Schutzschalter IC-RCD Typ A im Ladekabel und einer Fehlerstromerkennung für DC-Ströme $\leq$ 6 mA mit z. B. Yazaki- oder Typ 2-Stecker.
Mode 3 bedeutet: Feste AC-Ladestation mit RCD Typ A, eventuell wegen hoher Frequenzen Typ B, 1- bis 3-phasige Ladung, Ladekabel ohne RCD und galvanische Trennung im Fahrzeug durch On-Board-Charger.

Bild 63: Mode 2 Laden

Mode 4 bedeutet: Feste DC-Ladestation mit Trenntransformator und IT-Netz mit Isowächter in Ladestation bei z. B. 400 V DC. Das entspricht Schnellladen. Anfangs gab es das hauptsächlich in Japan. Einige namhafte Hersteller wie BMW, Daimler, VW, Porsche, Ford, Hyundai etc. haben sich 2017 zusammengeschlossen und das Unternehmen Ionity gegründet, um ein ähnliches Ladestationen-Konzept wie Tesla entlang der europäischen Autobahnen zu installieren. Hiermit können E-Fahrzeuge auch Langstrecken absolvieren.

Bild 64: Mode 3 Laden

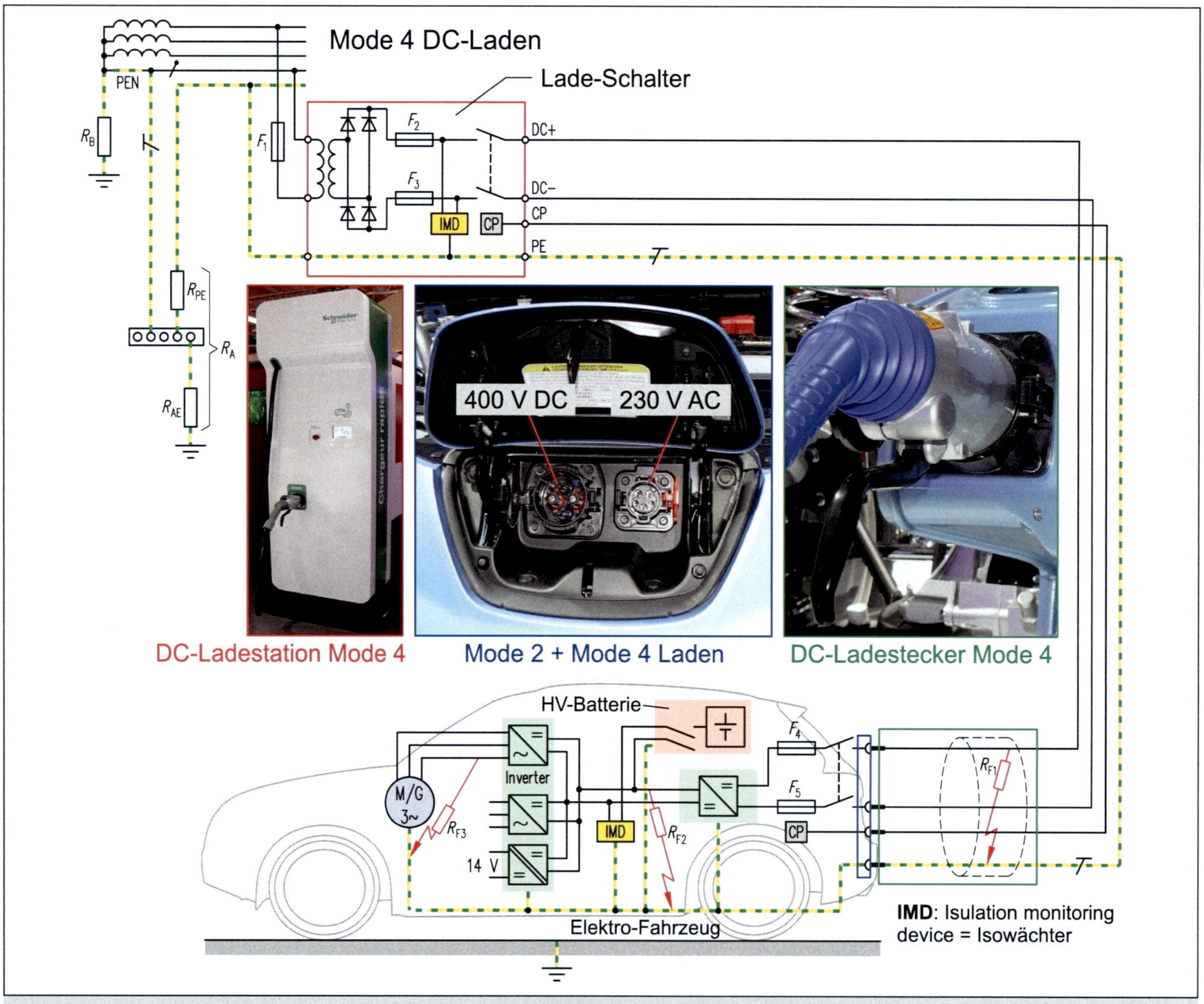

Bild 65: Prinzip Mode 4 DC-Laden, hier mit ChaDeMo-Ladestecker

Die in Deutschland in der Anfangszeit verkauften Elektrofahrzeuge wie der Nissan Leaf, Mitsubishi i-MiEV und Plug-In-Hybrid-Fahrzeuge wie Toyota Prius können diese ChaDeMo-400-V-Gleichspannungssteckdose und Ladeeinrichtung haben.

Seit ca. 2015 gibt es eine Kombination einer HV-Ladesteckverbindung, die in einem Stecker Gleichstrom-Ladekontakte nach Mode 4 und Wechselstrom-Ladekontakte nach Mode 2 oder 3 miteinander verbindet.

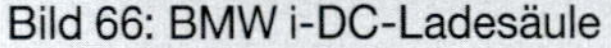

Bild 66: BMW i-DC-Ladesäule

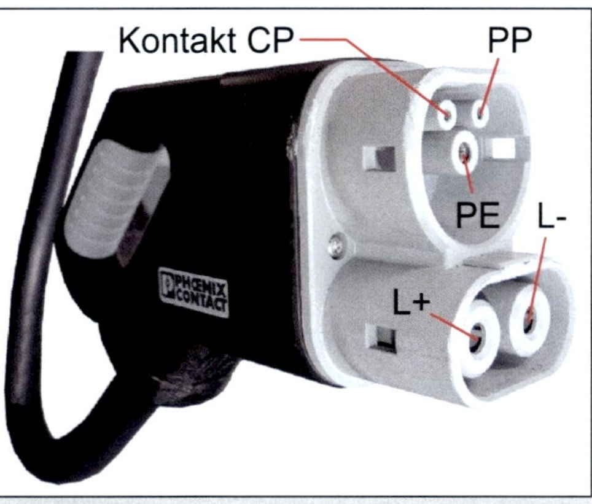

Bild 67: DC-Ladestecker der BMW-i-Ladesäule

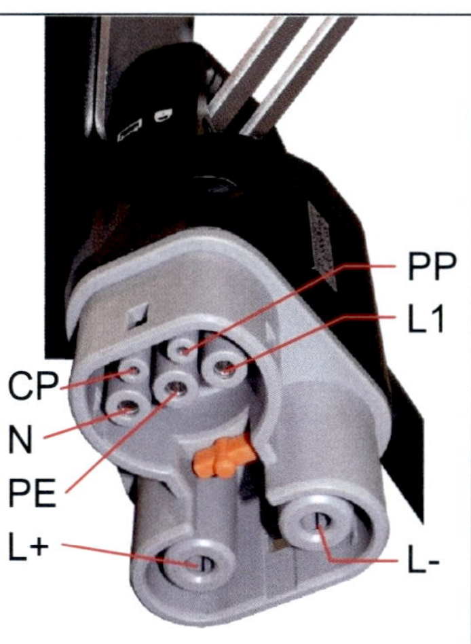

Bild 68: Dieser „umschaltbare" CCS-Stecker für AC- und DC-Laden ist sehr selten.

Beispiele für dieses „Combined Charging System" ist die BMW i-Ladesäule mit dem kombinierten Ladestecker für den BMW i3. Der mittlere Stecker ist nur für DC-Laden nach Mode 4 geeignet. Der rechte Stecker kann 1-phasig im oberen Teil AC-Laden und im unteren Teil DC-Laden.

Am Fahrzeug (hier VW e-up) ist ein Wechselspannungs-Ladestecker gesteckt. Man sieht unten wie die beiden Gleichspannungs-Ladeanschlüsse frei bleiben. Hier könnten z. B. beide obere Stecker gesteckt werden.
Das Combined Charging System kann auch für 3-phasige AC-Ladung ausgelegt sein. Das nebenstehende Schema zeigt die PIN-Belegung. Die Stecker sind so stabil ausgeführt, dass auch ein Fahrzeug darüber fahren kann, ohne sie zu beschädigen und damit Gefahren für andere Verkehrsteilnehmer zu erzeugen.

Bild 69: Wechselspannungs-Ladestecker am VW e-up

Die zwei kleineren PINs oben sind für die Kommunikation zwischen Ladeeinrichtung und HV-Fahrzeug da:

PP heißt Proximity Pilot (Näherungsschalter) und meldet dem Fahrzeug über einen genormten Kodierwiderstand zwischen PP und PE die Stromstärke, die die Ladeleitung ertragen kann. Zusätzlich erkennt das Fahrzeug über PP, dass der Ladestecker steckt.

CP heißt Control Pilot. Über diesen PIN und PE erhält das Fahrzeug ein PWM-Signal, aus dessen Pulsbreite bzw. Tastverhältnis die zur Verfügung stehende Stromstärke der Ladeeinrichtung hervorgeht.
Gleichzeitig kann das Fahrzeug dieses Signal über Widerstände belasten, so dass Ladebereitschaft, Lade-Vorgang und Abbruch signalisiert werden können.

Bei DC-Laden wird auf CP und PE zusätzlich ein PLC- oder LIN-Signal zur digitalen Kommunikation aufmoduliert.

6 Arbeiten unter Spannung

Treten in einem Hybrid-, Brennstoffzellen- oder Elektrofahrzeug in der HV-Anlage mehr als ein Fehler auf, kommt es schnell zu der Situation, dass Bauteile wie HV-Batterie, Inverter, Klimakompressor oder Elektromotoren unter Spannung stehen können. Bei einem Fahrzeug, z. B. nach einem schwereren Unfall, bei dem solche Schäden nicht ausgeschlossen werden können, sollte von vorneherein mit Vorsicht und dem nötigen Respekt und persönlicher Schutzausrüstung an das Fahrzeug herangegangen werden und durch Messungen festgestellt werden, ob Fahrzeugteile unter Spannung stehen.

6.1 Auswirkung eines 2. Fehlers im IT-Netz der HV-Anlage des Fahrzeugs

Im folgenden Schema ist eine Fehlersituation aufgrund eines Unfalls dargestellt. Im Inverter ist ein Fehler durch Bruch einer HV-Stromschiene entstanden, die jetzt das Gehäuse berührt, sodass jetzt das HV-Pluspotenzial von z. B. 400 V DC an der Karosseriemasse liegt. Dieser Fehler alleine erzeugt kein Problem bzw. keine unter Spannung stehenden Bauteile im Fahrzeug. Bei noch funktionierenden Isowächter hätten die Schütze bei einer niederohmigen Verbindung schon geöffnet haben müssen. Annahme: die Schütze öffnen nicht.
Hinzu kommt ein 2. Fehler: Durch den Unfall wurden Baugruppen – wie in Kap. 2 beim Unfallfahrzeug Mitsubishi i-MiEV beschrieben – verschoben, sodass die HV-Minusleitung zerquetscht wurde und abgerissen ist. An der abgerissenen Quetschstelle berührt die Schirmung den HV-Innenleiter.

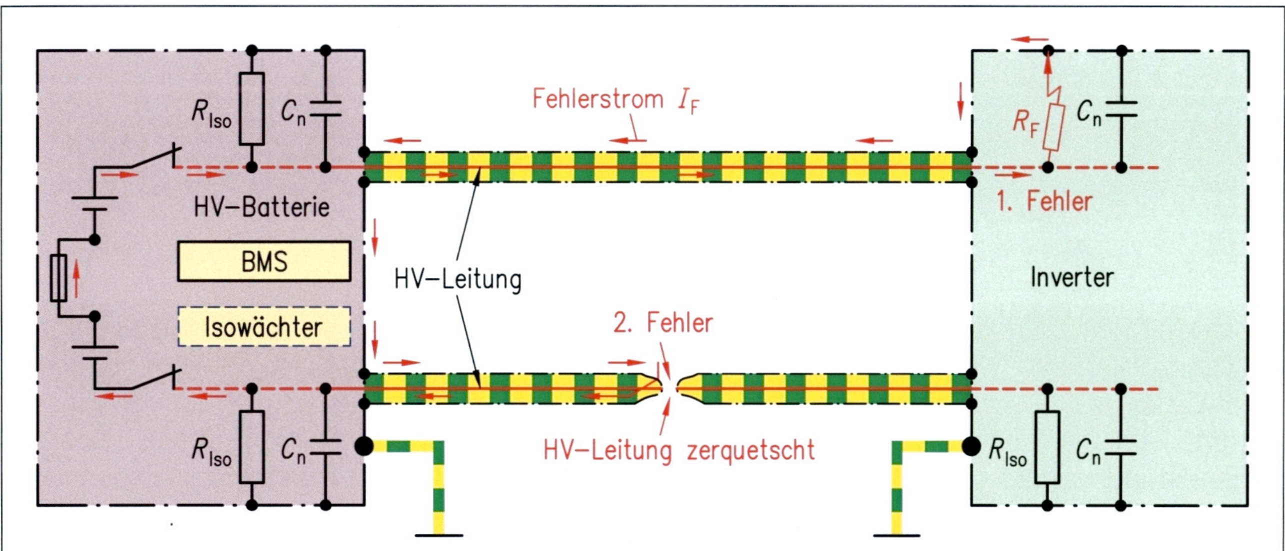

Bild 01: Gleichzeitiges Auftreten von zwei Fehlern infolge eines Unfalls. Der Fehlerstromkreis ist mit roten Pfeilen markiert. Anmerkung: Wenn der Isowächter nicht funktioniert oder die Schütze nicht öffnen, wie im Text angenommen, ist der eingezeichnete 2. Fehler eigentlich schon der 3. Fehler.

Welche Folge hat dieser 2. Fehler? Der HV-Stromkreis schließt sich von der HV-Plusleitung über das Invertergehäuse, die Massebänder und/oder über den zusätzlichen Potenzialausgleich der Schirmung über den HV-Minusleiter und den Servicestecker in der HV-Batterie.
Wie reagiert die Anlage bei sattem Körperschluss? Entweder verbrennt die Schirmung durch einen Lichtbogen an der Verbindungsstelle der abgerissenen HV-Minusleitung oder die HV-Sicherung im Service-Disconnect brennt durch und schaltet die Anlage ab.
Wie reagiert die Anlage bei leichtem höherohmigen Körperschluss? Es entsteht ein Lichtbogen an der Quetschstelle der HV-Minusleitung bis die Schirmung so weit weggebrannt ist, dass

der Lichtbogen erlischt. Die Sicherung spricht bei Strömen unter ca. 150 A nicht an. Danach steht das beschädigte Kabelende HV-Minus gegen die Schirmung und gegen die gesamte Karosserie unter der HV-Spannung des Fahrzeugs und ist damit sehr gefährlich.

Wie kann hier weiter vorgegangen werden unter der Annahme, dass die Schütze nicht öffnen können, weil weitere elektronische Fehler im Batteriemanagement vorliegen?

1. Wenn man trotz des Unfalls an den Freischaltstecker herankommt, kann man diesen unter Verwendung der persönlichen Schutzausrüstung ziehen. Achtung: Hierbei kann ein Störlichtbogen entstehen.
2. Man kann die freien Kabelenden der HV-Minusleitung isolieren und die HV-Plusleitung mit einer geeigneten Kabelschere kappen und damit das Fahrzeug „freischalten“. Auch diese abgetrennten Kabelenden müssen isoliert werden.

Eine andere Variation eines 1. elektrischen Fehlers in der HV-Anlage sind Übergangswiderstände an den Potenzial-Ausgleichsverbindungen:

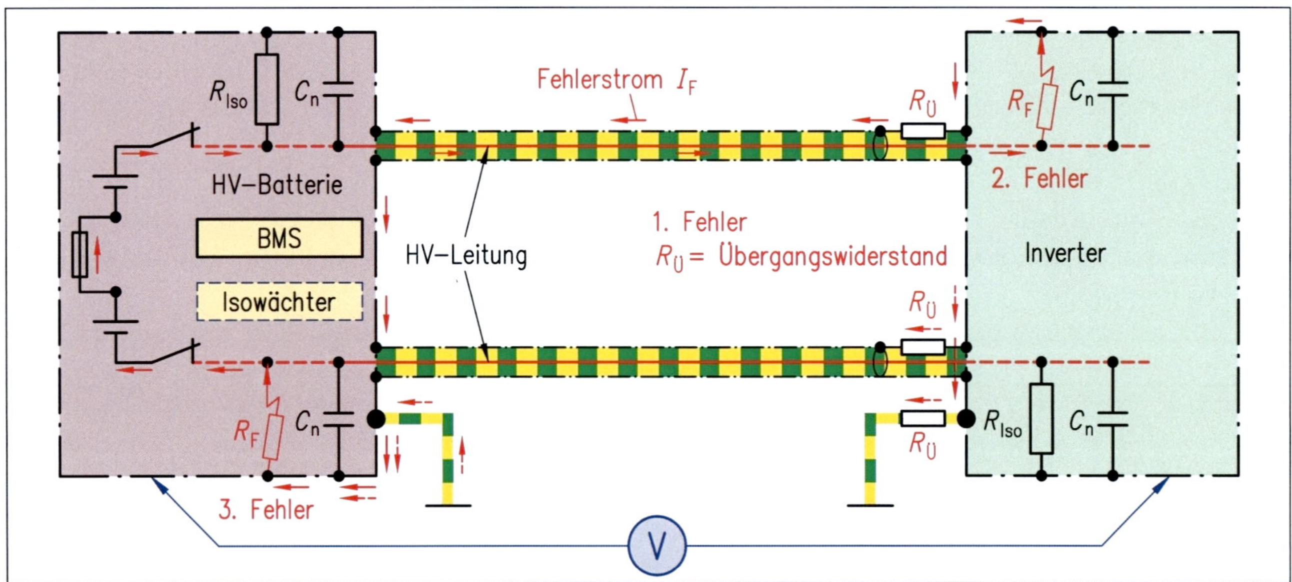

Bild 02: Fehler durch Übergangswiderstände an den Potenzial-Ausgleichsverbindungen

Fehlende Massebänder und schleichende Übergangswiderstände durch z. B. Korrosion über die Betriebsjahre hinweg kann der Isowächter nicht erkennen, da der „Isolationswiderstand“ für ihn eher größer als kleiner wird.

Kommt jetzt ein weiterer 2. Fehler in Form eines Körperschlusses hinzu, können Bauteile gegeneinander unter unterschiedlichen Spannungen stehen, da der Potenzialausgleich nicht mehr richtig funktioniert. Wenn jetzt ein Mensch ungeschützt (ohne Schutzausrüstung) die Karosserie und das unter Spannung stehende Bauteil berührt, bekommt er einen elektrischen Schlag, weil über ihn die Ausgleichsströme fließen. Diesen 2. Fehler muss der funktionierende Isowächter erkennen, meldet ihn per Kontrollleuchte, schaltet aber die HV-Anlage nicht ab, weil er den 1. Fehler durch Übergangswiderstände nicht erkannt hat.

Unter der Annahme, dass der Isowächter nicht funktioniert, wird es bei einem 3. Isolationsfehler z. B. an der HV-Minusleitung noch gefährlicher, weil jetzt die volle Spannungsdifferenz an den Bauteilen anliegen kann und hohe Ströme fließen können. Sind die drei Isolationsfehler zusammen so groß, dass die Auslösestromstärke der Sicherung nicht erreicht wird, liegt die hohe Berührungsspannung so lange an den Bauteilen an, bis sich die HV-Batterie entleert hat. Dieser Vorgang kann auch zu Bränden führen.

Im Bild ist der Fehlerstromkreis im Fall des 3. Fehlers mit roten Pfeilen eingezeichnet. (Rot gestrichelt sind Teilströme des Fehlerstroms über andere mögliche Stromwege dargestellt.)

6.2 „Spannungsfreischalten“ durch Abtrennen der HV-Leitungen

Lässt sich ein HV-Fahrzeug aufgrund von Unfall- oder anderen Schäden nicht auf dem normalen Weg freischalten, muss als Lösung auch das Freischalten durch Trennen der HV-Leitungen mittels Scheren in Betracht gezogen werden:

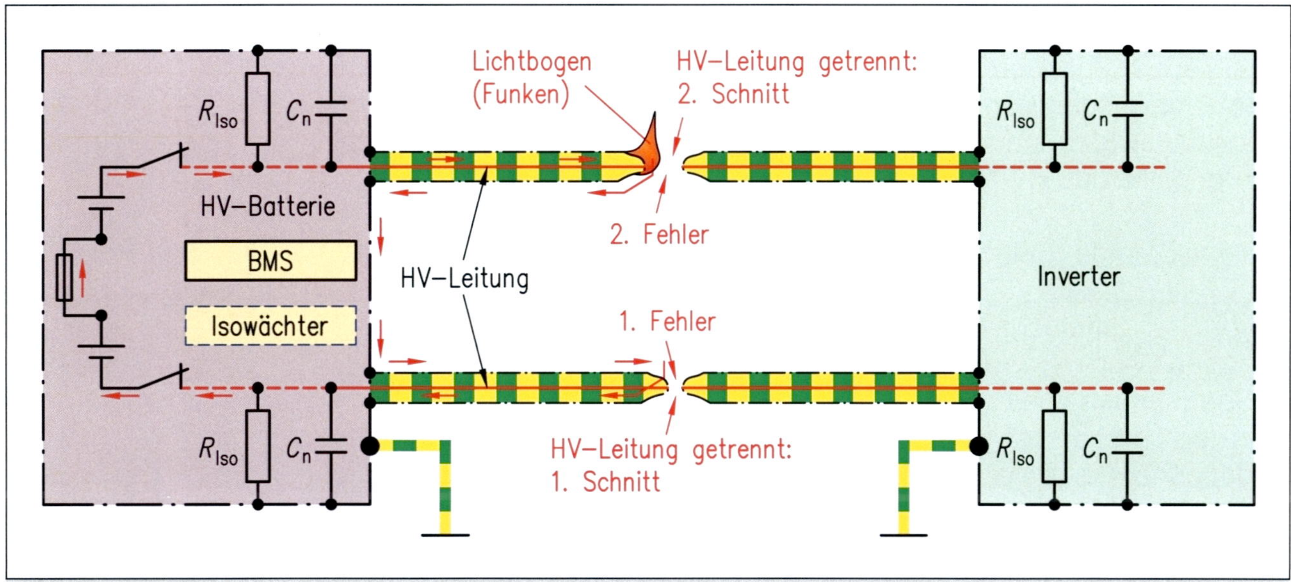

Bild 03: „Freischalten“ wenn nichts mehr geht: Gewaltsames Trennen der HV-Leitungen

Hier muss unbedingt mit voller persönlicher Schutzausrüstung und isoliertem Werkzeug gearbeitet werden. Auch eine isolierende Standfläche durch Gummimatten ist sinnvoll.

Der 1. Schnitt durch eine HV-Leitung, gleichgültig ob es sich um eine Gleichspannungsleitung oder um eine Phase der drei Drehstromleitungen handelt, ist problemlos, wenn es sich erst um den 1. Fehler im unter Spannung stehenden System handelt. Bei diesem Schnitt kommt es durch die Abscherwirkung zu einer elektrisch leitenden Verbindung zwischen Innenleiter und Schirmung. Diese Trennstelle sollte vor weiteren Arbeitsschritten mit Aufstecktüllen isoliert werden.

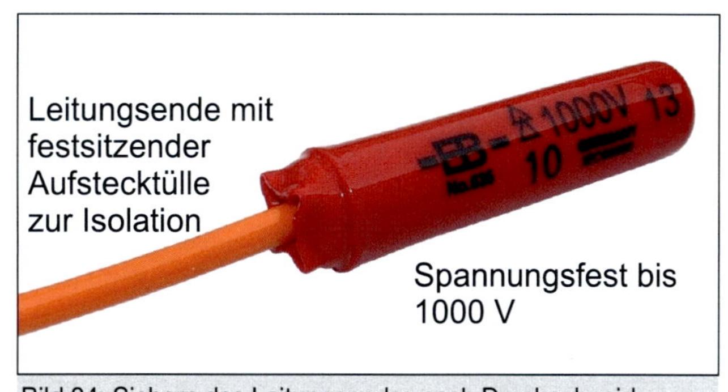

Bild 04: Sichern des Leitungsendes nach Durchschneiden

Liegt bereits ein Isolationsfehler in der HV-Anlage vor, gilt die Darstellung und Beschreibung von Seite 135 und es kann bereits zu einem Spannungsausgleich und Störlichtbögen kommen.

Der 2. Schnitt ist der problematischere und kostet innere Überwindung. Spätestens hier kommt es zu Störlichtbögen, Geräuschen und Spannungsausgleich über die nun 2. elektrisch leitende Verbindung und den damit hervorgerufenen Kurzschluss über den Potenzialausgleich der Abschirmung. Das kann auch die Zerstörung der Schneide der Kabelschere zur Folge haben.

Diese Prozedur sollte zur Überwindung der inneren Widerstände, zur Erzeugung des notwendigen Respekts vor der hohen elektrischen Spannung, an der hier gearbeitet wird und zur umsichtigen Durchführbarkeit dieser Arbeit z. B. an einem Modell geübt werden.

6.3 Messen unter Spannung

Bei Unsicherheit über die herrschenden Spannungsverhältnisse, auch bei HV-eigensicheren nicht beschädigten Fahrzeugen, insbesondere wenn sie zu älteren Baujahren gehören, sollte vor Berühren irgendwelcher Bauteile bei geöffnetem Motorraum oder im Batteriebereich durch Spannungsmessung geprüft werden, ob hier keine Potenzialunterschiede vorhanden sind. Das Bild auf Seite 136 zeigt das und die Problematik schleichend entstehender Potenzialunterschiede durch Übergangswiderstände. Wenn diese im 12-V-Bordnetz auftreten, warum sollte das HV-Netz davon ausgeschlossen bleiben?

Bild 05: Duspoltester

Ist trotz Befolgung der fünf Sicherheitsregeln

1. spannungsfreischalten
2. gegen Wiedereinschalten sichern
3. Spannungsfreiheit feststellen
4. erden und kurzschließen
5. benachbarte unter Spannung stehende Teile abdecken oder abschranken

eine Messung unter Spannung, z. B. bei der Fehlersuche notwendig, müssen auch hier die Regeln eingehalten werden:

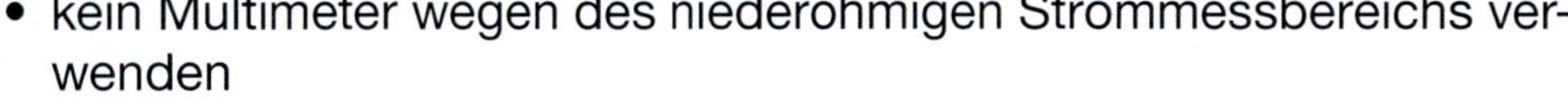

- kein Multimeter wegen des niederohmigen Strommessbereichs verwenden
- nur Duspoltester oder zugelassene Isolationsprüfgeräte verwenden
- persönliche Schutzausrüstung tragen
- situationsbedingt isolierende Standfläche herstellen
- Prüfgerät vor und nach der Messung an einer anderen Spannungsquelle auf korrekte Funktion überprüfen
- auf sicheren Stand am Fahrzeug achten, damit man nicht das Gleichgewicht verliert und in die offenen unter Spannung stehenden Bauteile fällt
- wegen möglicher Lichtbögen mit den Händen von sich weg arbeiten
- nicht über die Messstelle beugen, da sich Lichtbögen nach oben ausbreiten

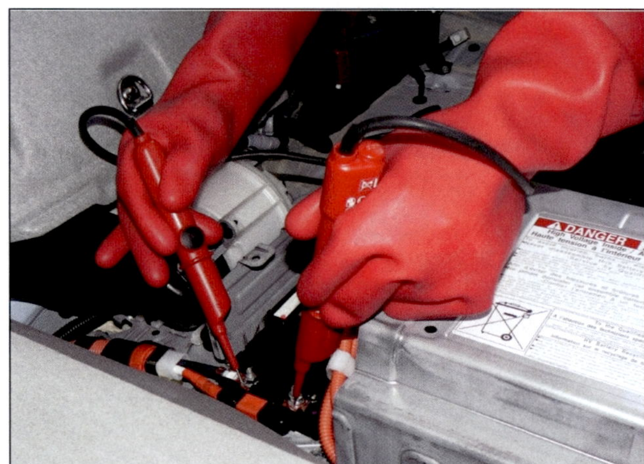

Bild 06: Feststellen der Spannungsfreiheit an einem Toyota Prius

6.4 Messung des Potenzialausgleichs

Den Schutz des Menschen durch den Potenzialausgleich und durch den zusätzlichen Potenzialausgleich sowie die Notwendigkeit für diesen Potenzialausgleich im IT-Netz des Fahrzeugs wurde in den Kapiteln 5.4 und 5.7 beschrieben. Wie prüft man aber die ordnungsgemäße Funktion dieses Potenzialausgleichs?

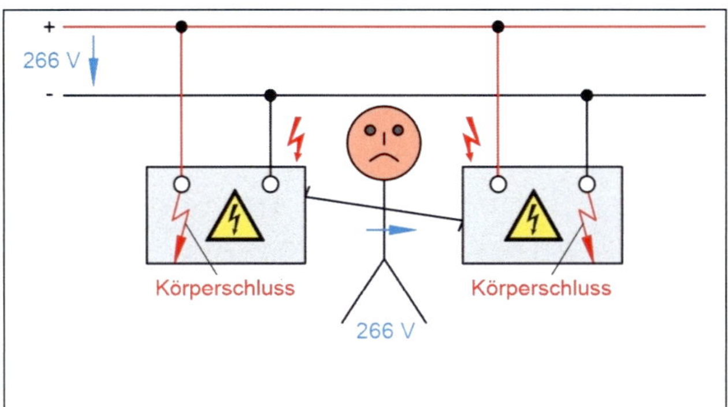

Bild 07: Potentialausgleich fehlerhaft

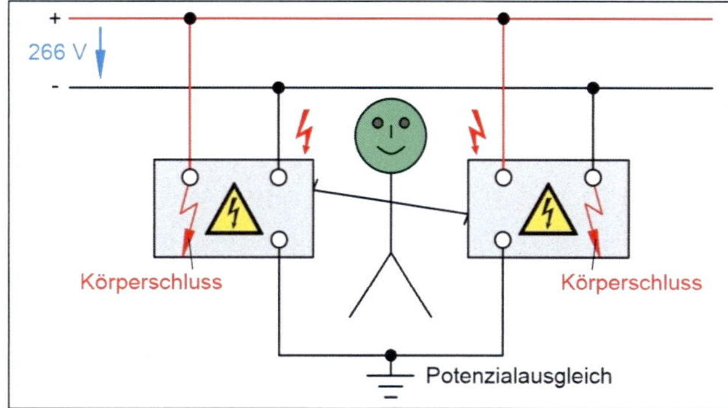

Bild 08: Potentialausgleich in Ordnung

Durch die Verwendung eines IT-Netzes im HV-Fahrzeug entsteht bei einem 1. Isolationsfehler keine Gefahr durch einen Stromschlag, weil durch die vollständige Trennung der HV-Leitungen von der restlichen elektrisch leitenden Anlage des Fahrzeugs kein geschlossener Stromkreis entstehen kann. Sollte ein Isolationsfehler vorliegen, wird der Fahrer gewarnt, nötigenfalls wird das Fahrzeug abgeschaltet. Funktioniert diese Abschaltung als 2. auftretender Fehler nicht und tritt eine 3. Funktionsstörung auf, sodass an einem anderen HV-Bauteil im Fahrzeug das entgegengesetzte Hochvoltpotenzial anliegt, so kann eine sehr gefährliche Spannungsdifferenz zwischen den Gerätegehäusen entstehen, die bei gleichzeitiger Berührung zu hohen Körperdurchströmungen führen kann. Funktioniert aber der sehr niederohmige Potenzialausgleich, dann entsteht ein Kurzschlussstrom zwischen den Gehäusen über den Potenzialausgleich und die HV-Sicherung würde ansprechen und die Anlage abschalten. Daher ist der korrekte Potenzialausgleich von hoher Sicherheitsbedeutung.
Die ECE-R 100-Regelung verlangt, dass der Potenzial-Ausgleichswiderstand zwischen zwei leitenden Gehäusen kleiner als 0,1 Ω sein muss. Auch der Prüfstrom bei dieser Überprüfung ist vorgeschrieben und liegt bei mindestens 0,2 A. Hohe Messströme garantieren bei Übergangswiderständen exaktere und verlässliche Messergebnisse.
Der Grenzwert von 0,1 Ω ist aber bereits relativ hoch angesetzt und ist damit ein Zeichen dafür, dass mit dem Potenzialausgleich nicht alles in Ordnung sein könnte und dass eine schlechte Verbindung zwischen den Gehäusen von Hochvoltkomponente und Masse vorliegen könnte. Das Unternehmen Opel schreibt z. B. für ihren Ampera vor, dass der Wert höchstens bei 0,01 Ω liegen darf.

Wie misst man nun solche „kleinen" Widerstandswerte?
Jeder Kfz-Mitarbeiter weiß, dass Multimeter bei niedrigen Ohmwerten nur sehr ungenau messen. Den Widerstandswert z. B. einer gebrauchten Glühkerze mit ca. 1 Ω zu messen, ist wegen Oxidschichten auf der Glühkerze, wegen Kontaktproblemen und Eigenwiderstand der Messleitungen fast ein hoffnungsloses Unterfangen.
Bei der Prüfung des Potenzialausgleichs soll aber weit unter 1 Ω im Milli- oder Mikroohm-Bereich zuverlässig und genau gemessen werden.

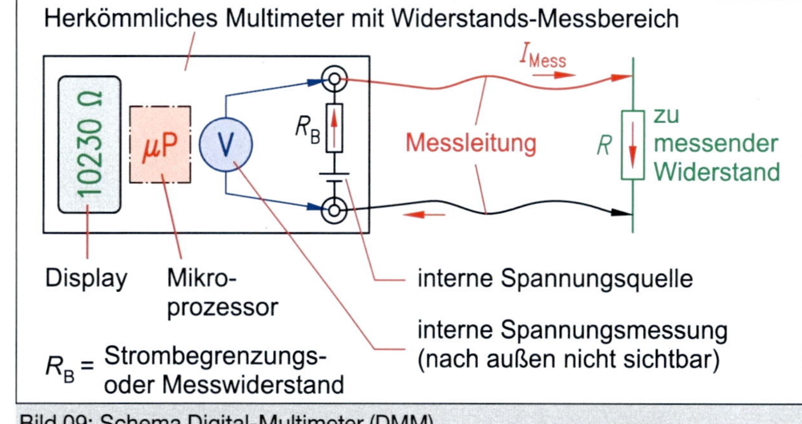

Bild 09: Schema Digital-Multimeter (DMM)

Bei einem normalen Digitalmultimeter (DMM) wird der Wider-

stand indirekt über die zwei Messleitungen gemessen, indem ein dem Messgerät bekannter Messstrom I_{Mess} im mA-Bereich über das zu prüfende Bauteil geschickt wird. Der Messstrom wird durch einen Messwiderstand R_B begrenzt. Dieser Strombegrenzungswiderstand und der zu messende Widerstand bilden einen Spannungsteiler, an dem dann der (Teil-)Spannungsfall im Messgerät an den Leitungsanschlüssen des geprüften Bauteils ermittelt wird. Der Rechner (µP) im DMM rechnet mithilfe des ohmschen Gesetzes den Widerstandswert aus, der dann auf dem Display angezeigt wird. Das funktioniert bei höheren Ohmwerten sehr gut, so lange der zu messende Widerstand wesentlich größer als der der Prüfklemmen und Leitungen ist. Je kleiner aber der zu messende Widerstand ist, desto größer wird der Fehler durch die Leitungen und den Übergangswiderstand der Prüfklemmen. Daher muss für diese kleinen Widerstände ein anderes, geeigneteres Messverfahren mit anderen Messgeräten eingesetzt werden, nämlich die:

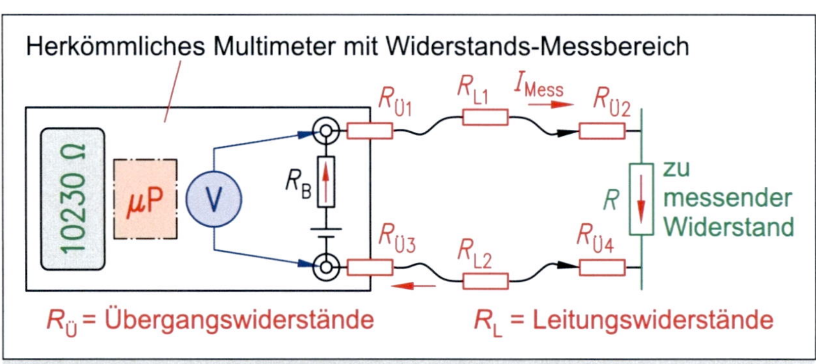

Bild 10: Schema Digital-Multimeter (DMM) mit $R_Ü$ und R_L

■ 4-Draht-Kelvin-Messung

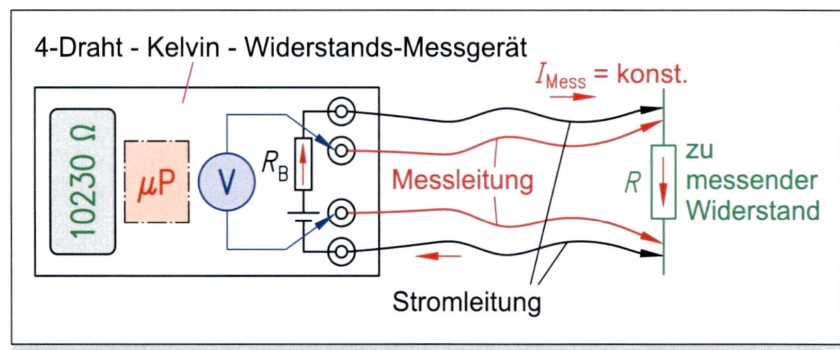

Bild 11: Prinzip 4-Draht-Kelvin-Messung

Hier wird in einem Leitungspaar (2 Drähte), dem äußeren in der Skizze und auch des dargestellten Messgerätes (die beiden schwarzen Mess-leitungen) der exakt konstant gehaltene Prüfstrom von mindestens 0,2 A auf das Messobjekt gegeben. Mit dem zweiten Leitungspaar, den inneren in der Skizze und auch am Messgerät (S- und S+, die beiden roten Stecker) wird so nah wie möglich an dem zu messenden Widerstand, an der Stelle, an der das Objekt mit Stromdurchfluss beaufschlagt wird, gemessen. Das bedeutet, die eine Seite der Krokodilklemmen ist jeweils der stromführende Teil, die andere Seite der messende Kontakt.

Wo liegt hier der Vorteil gegenüber herkömmlichen Multimetern?

Der relativ hohe Messstrom (bei dem dargestellten Messgerät MetraHit 27i beträgt der Prüfstrom sogar 1 A) verhindert im Zusammenspiel mit vergoldeten Prüfkontakten und definiertem Druck auf die Messstelle durch die Krokodilklemmen weitestgehend Übergangswiderstände.

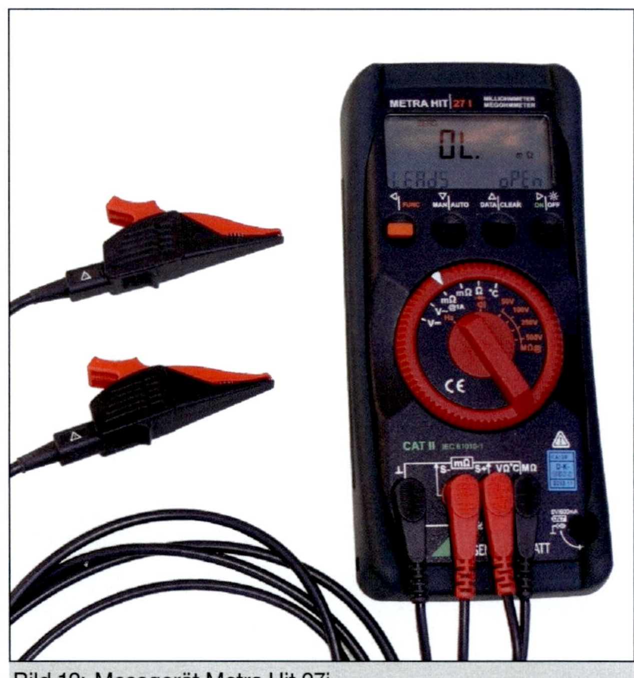

Bild 12: Messgerät Metra Hit 27i

Die Übergangswiderstände und die Leitungswiderstände der Stromleitungen wirken sich bei der Messung nicht aus, da

1. ein auf 1 A geregelter Strom direkt auf das Prüfobjekt aufgeprägt wird und
2. mit diesen gleichen Leitungen nicht gemessen wird, sondern
3. nur mit separaten Messleitungen „ohne Stromfluss“ der Spannungsfall direkt am Prüfobjekt abgetastet wird. Da in den Messleitungen kein Strom fließt, kann in/an den Messleitungen auch keine zusätzliche Spannung abfallen und das Messergebnis verfälschen.

Man bekommt mit dieser Messmethode ein im Bereich von Milli- und Mikroohm exaktes Messergebnis.

Bild 13: Messung zwischen HV-Batterie und Massepunkt an Audi Q5 Hybrid, Ergebnis $R_{Ü}$ = 0,413 mΩ → in Ordnung, da kleiner als 0,01 Ω!

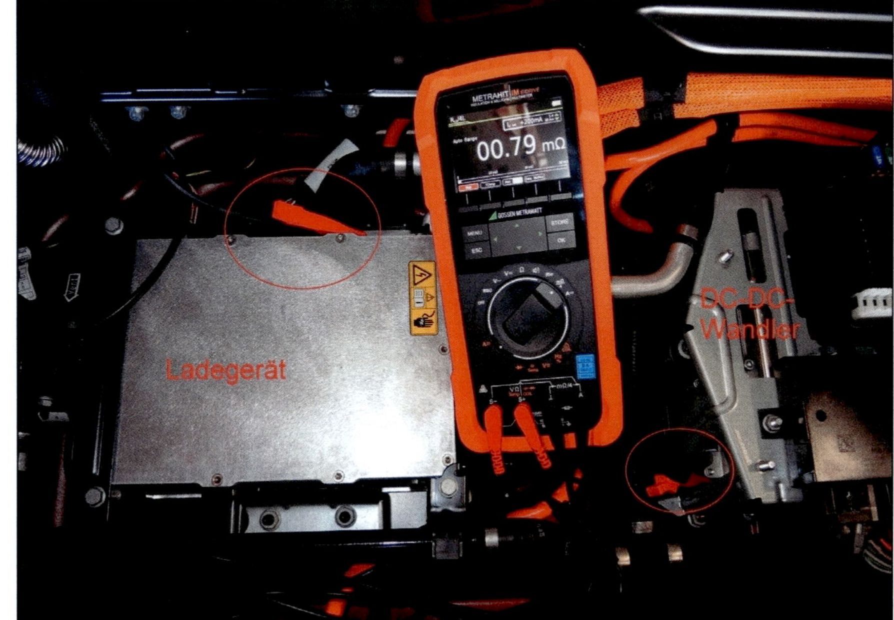

Bild 14: Ein besonders gutes Messgerät für die Überprüfung des Potenzialausgleichs ist das neue METRAHIT IM E-DRIVE, das speziell für E-Fahrzeuge entwickelt wurde. Das Beispiel zeigt die Prüfung an einem Mercedes GLC 350e Plug-In Hybrid. Die gemessenen Werte sind mit 0,79 mΩ hervorragend.

Im folgenden Schema wird dieses Messverfahren auf die Potenzial-Ausgleichsprüfung am Hochvoltfahrzeug übertragen und angewandt, um festzustellen, ob der Widerstand zwischen einzelnen Hochvoltbauteilen unter dem Grenzwert der ECE-R 100-Regel von 0,1 Ω, besser unter 0,01 Ω liegt. Wird der Grenzwert überschritten, muss nach der Ursache gesucht werden:

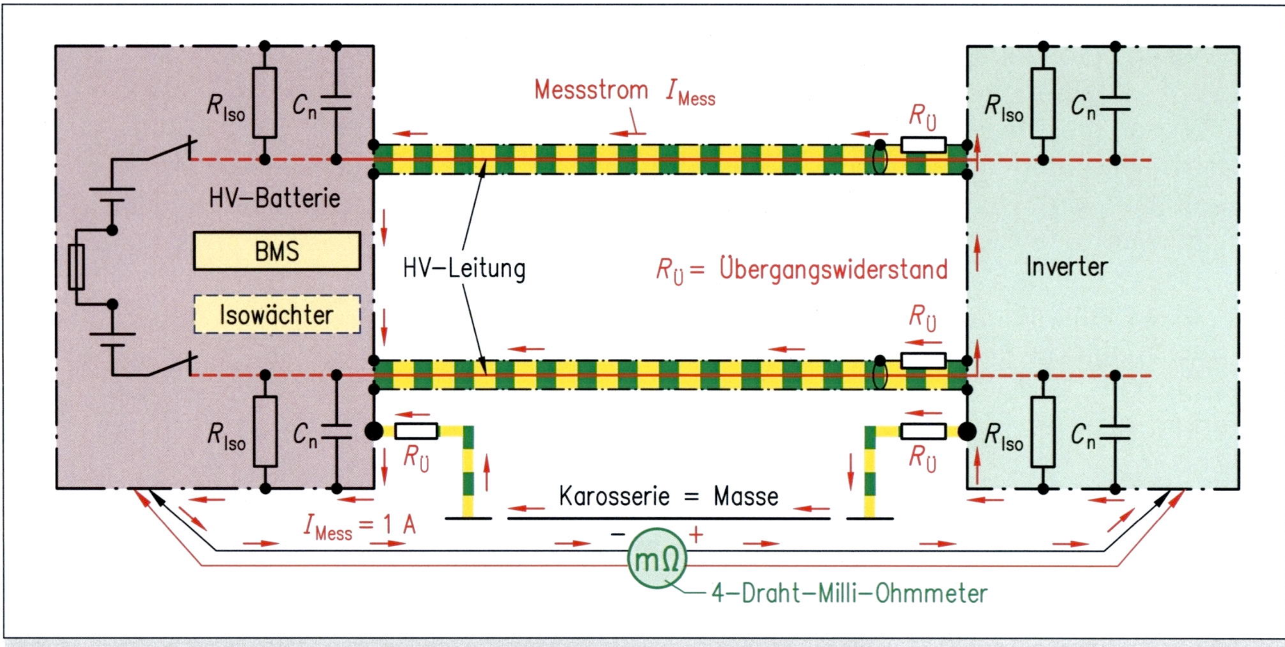

Bild 15: Messung des Potenzialausgleichs zwischen HV-Bauteilen

Wie wird die Überprüfung des Potenzialausgleichs in der Entwicklung in einem Industrieunternehmen gehandhabt?

Als positives Beispiel soll hier das Unternehmen ZF Friedrichshafen im Bereich der Hybridentwicklung dienen. Auch hier wird mit der 4-Leiter-Messmethode gearbeitet. Das folgende Bild zeigt einen Prüfbericht hierzu, in dem Messmethode, Soll- und Istwerte festgehalten sind:

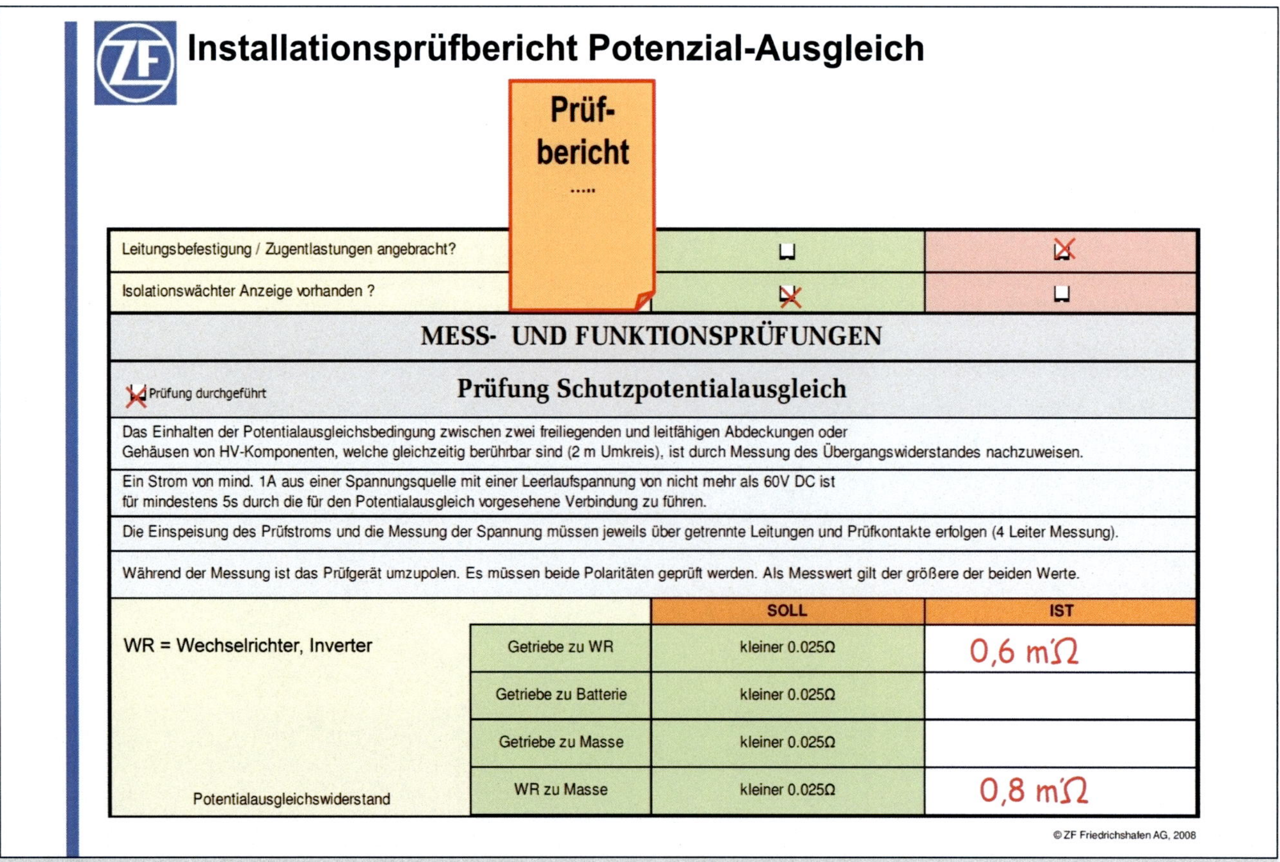

ZF **Installationsprüfbericht Potenzial-Ausgleich**

Prüfbericht .....

Leitungsbefestigung / Zugentlastungen angebracht?	☐	☒
Isolationswächter Anzeige vorhanden ?	☒	☐

MESS- UND FUNKTIONSPRÜFUNGEN

☒ Prüfung durchgeführt

Prüfung Schutzpotentialausgleich

Das Einhalten der Potentialausgleichsbedingung zwischen zwei freiliegenden und leitfähigen Abdeckungen oder Gehäusen von HV-Komponenten, welche gleichzeitig berührbar sind (2 m Umkreis), ist durch Messung des Übergangswiderstandes nachzuweisen.

Ein Strom von mind. 1A aus einer Spannungsquelle mit einer Leerlaufspannung von nicht mehr als 60V DC ist für mindestens 5s durch die für den Potentialausgleich vorgesehene Verbindung zu führen.

Die Einspeisung des Prüfstroms und die Messung der Spannung müssen jeweils über getrennte Leitungen und Prüfkontakte erfolgen (4 Leiter Messung).

Während der Messung ist das Prüfgerät umzupolen. Es müssen beide Polaritäten geprüft werden. Als Messwert gilt der größere der beiden Werte.

		SOLL	IST
WR = Wechselrichter, Inverter	Getriebe zu WR	kleiner 0.025Ω	0,6 mΩ
	Getriebe zu Batterie	kleiner 0.025Ω	
	Getriebe zu Masse	kleiner 0.025Ω	
Potentialausgleichswiderstand	WR zu Masse	kleiner 0.025Ω	0,8 mΩ

Bild 16: Exemplarischer Prüfbericht, ZF Friedrichshafen

Das bedeutet, hier wird zur Sicherheit der Mitarbeiter für jeden Versuchsaufbau, für jede Änderung in einem HV-Fahrzeug in der Entwicklung ein Prüfbericht erstellt und zur eventuellen Beweisführung als Dokument in der entsprechenden Akte aufgehoben.

Diese Vorgehensweise zeigt auch, welcher Wichtigkeit dieser Potenzial-Ausgleichsprüfung beigemessen wird.

6.5 Isolationswiderstand prüfen

Für die Isolationsprüfung an neuen Fahrzeugen der E-Mobilität hat Bosch ein neues Testgerät entwickelt, das als Stand-Alone-Gerät arbeitet oder mit Funk an den Werkstatttester (FSA 500 oder FSA 720/740/760) angebunden werden kann. Das hat den besonderen Vorteil, dass die Messergebnisse dokumentiert werden können.
Zusätzlich kann das Gerät für die Hochvoltprüfung zur Feststellung der Spannungsfreiheit benutzt werden.
Weitere Prüfmöglichkeiten sind die Widerstands- und Kapazitätsmessung.

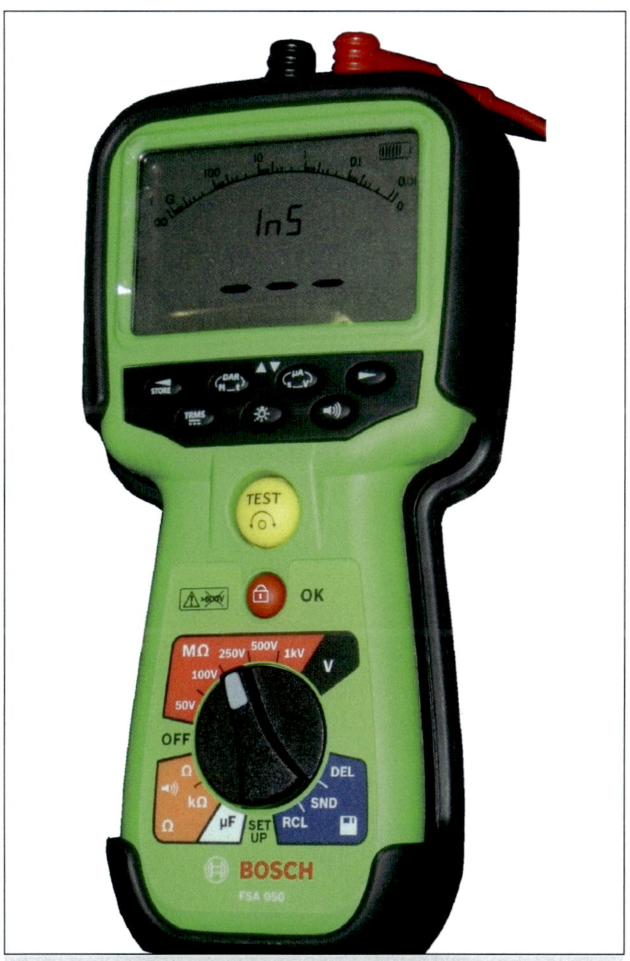

Bild 17: Isolations-Tester FSA 050 von Bosch

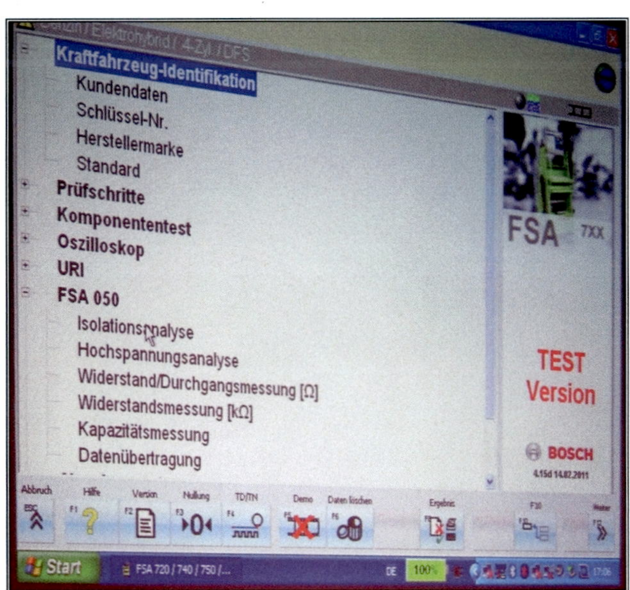

Bild 18: Testerbildschirm

Nach der vorgeschriebenen Freischaltprozedur kann man bei dem Prius mit der notwendigen Schutzausrüstung die Batterieabdeckung öffnen.
Ist das Handheld-Gerät mit dem Werkstatttester über Funk (Bluetooth) verbunden und die Fahrzeugindentifikation durchgeführt, sieht man obiges Menü auf dem Testerbildschirm. Nachdem man z. B. Isolationsanalyse aufgerufen hat, muss der FSA 050 im Fahrzeug entsprechend Bild 19 angeschlossen werden (z. B. rot an den HV-Anschluss und schwarz an das Gehäuse/Masse).
Man stellt den vom Hersteller vorgegeben Spannungswert ein und drückt die gelbe Test-(Start-)Taste. Jetzt läuft der Test alleine über eine vorgewählte Zeitspanne ab und der Isolationsprüfer legt auf das Bauteil die eingestellte Spannung.
Hierbei wird der Leckstrom in µA gemessen, aus dem sich dann der Isolationswiderstand

ergibt. Beispielsrechnung passend Bild 20 der Prüfdokumentation auf dem Bildschirm des Werkstatttesters:

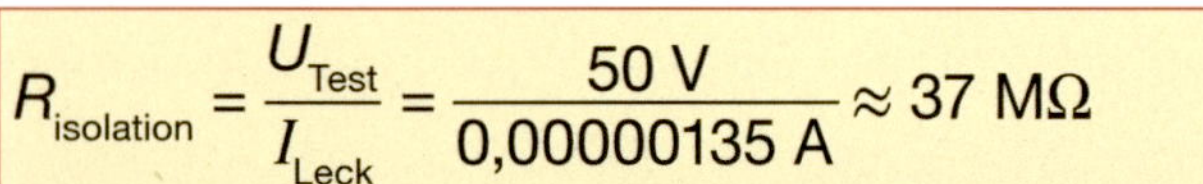

$$R_{\text{isolation}} = \frac{U_{\text{Test}}}{I_{\text{Leck}}} = \frac{50\ \text{V}}{0{,}00000135\ \text{A}} \approx 37\ \text{M}\Omega$$

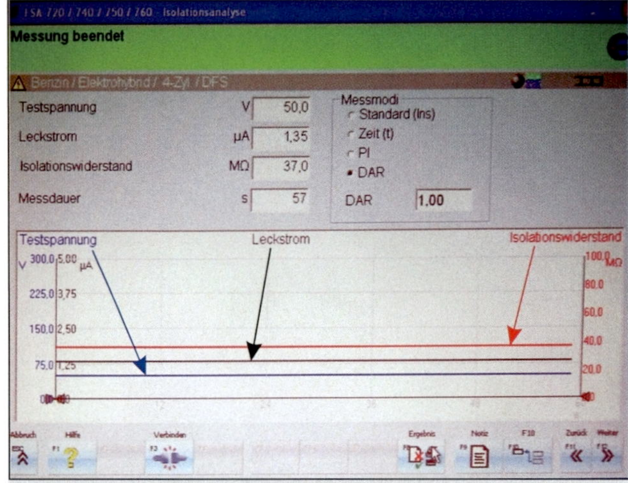

Bild 20: Anzeige des Isolationswiderstands auf Bildschirm des Werkstatt-Testers

Bild 19: Messung mit dem Bosch-Tester (stand alone-Version)

Diese Prüfung kann man natürlich an allen anderen HV-Bauteilen ebenfalls durchführen.

Zur Isolationsprüfung gibt es auch einfachere, nicht so komfortable Geräte ohne Dokumentationsmöglichkeit, die dann auch kostengünstiger ausfallen. Ein solches Gerät ist hier gezeigt.

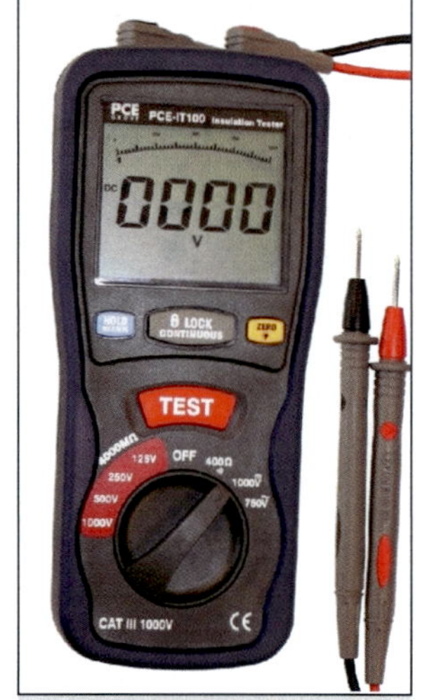

Bild 21: Einfacher Isolationsprüfer

Das österreichische Unternehmen AVL bietet ein Testgerät an, dass den Nutzer durch alle im HV-Bereich durchzuführenden Messungen per PC-Software führt und am Ende der Messungen diese als Protokoll zusammenfasst und damit dokumentiert: Das AVL DITEST HV Safety 2000 ermöglicht als erstes „all in one"-Gerät die Messung entsprechend UNECE R100. Es unterstützt die Anforderung der Potenzialausgleichs-Messung mit 1 Ampere und das ausschließlich über den Standard USB 2.0 Anschluss, ohne zusätzliche Stromversorgung oder Batterien. Das Gerät ist ein USB-Interface mit Messleitungen, das an jeden Laptop angeschlossen werden kann. Das Interface ist praktisch identisch mit dem VAS 6558, das VW mit seinem Werkstatt-Tester benutzt. Dazu gehört eine Software, die auf jedem Laptop installiert werden kann. Die Identifi-

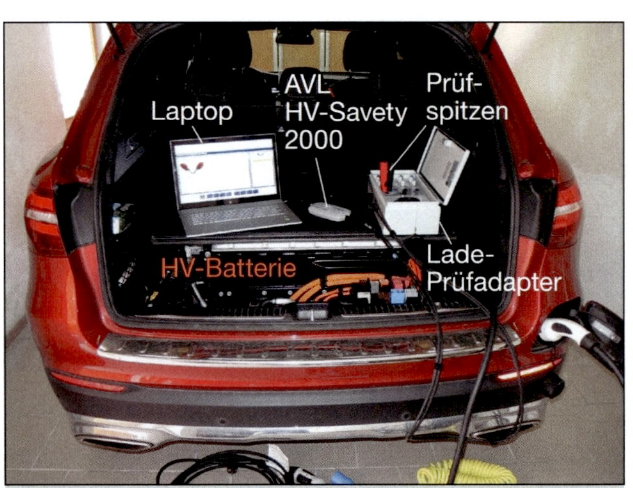

Bild 22: Messaufbau zur Isolationsprüfung mit AVL-DITEST HV Safety 2000 am Ladestecker eines Mercedes GLC 350e Plug-In Hybrids

zierung des Besitzers bzw. die Lizensierung läuft über einen Dongle, der auf einen USB-Steckplatz des Laptops gesteckt werden muss. Der besondere Vorteil dieses Gerätes ist daher:

Menügeführte Messungen mit durchgehender Dokumentation.

Das Gerät wird in der Werkstatt eingesetzt, um eine sichere Messung an HV Systemen von Elektro- und Hybridfahrzeugen durchführen zu können. Das Besondere für den Anwender ist, dass er verschiedenste Messungen mit einem Gerät durchführen kann:

- Spannungsfreiheit in DC-Kreisen,
- Isolationswiderstand (Prüfspannung: 250 V bis 1000 V einstellbar in 16 Stufen Nenn-Prüfstrom: 1 mA),
  - Potentialausgleichsmessung (Messströme 100 … 1000 mA),
  - Die Betriebsart „**Gesamtmessung**" vereint die folgenden Messungen in einem benutzergeführten Ablauf:

1. Fahrzeug für die Messung vorbereiten,
2. Überprüfung der Spannungsfreiheit mit (Bild 37):
   2.1 Messung HV+ gegen HV–
   2.2 Messung HV+ gegen Chassis (Masse)
   2.3 Messung HV– gegen Chassis
3. HV Isolationsmessung am spannungsfreien System mit:
   3.1 Messung HV+ gegen Chassis
   3.2 Messung HV– gegen Chassis
4. SAE J1766 Messung am spannungsführenden System mit:
   4.1 Messung der Batteriespannung HV+ gegen HV–
   4.2 Isolationsmessung HV+ gegen Chassis
   4.3 Isolationsmessung HV– gegen Chassis

Das in Bild 25 gezeigte AVL DiTEST HV Safety 2000 besteht aus folgenden Komponenten:

(1) AVL DITEST HV Safety-Messmodul
(2) LEDs, blau und rot/grün
(3) schwarze Schutzkappe zum Aufstecken auf die schwarze Prüfspitze
(4) schwarze Prüfspitze zum Aufstecken auf den schwarzen Prüfadapter

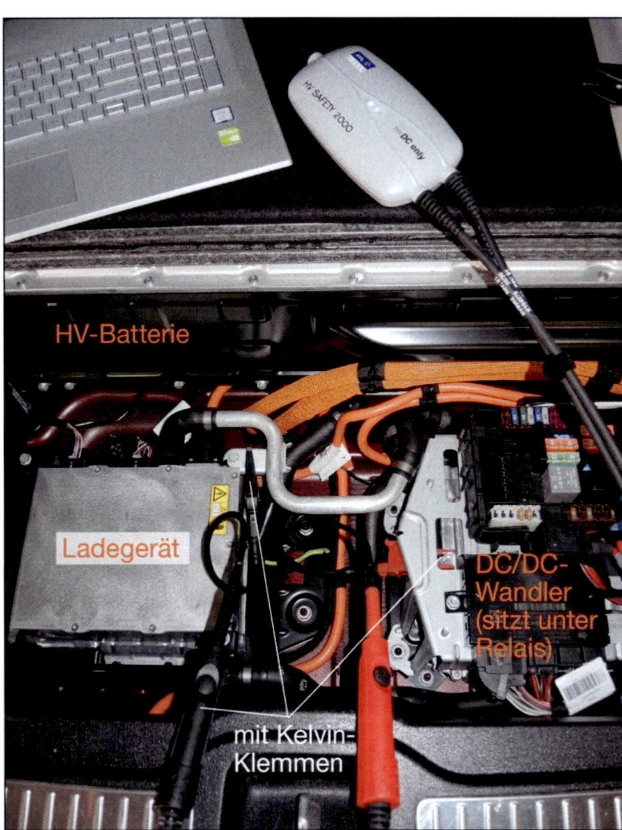

Bild 23: Messaufbau zur Potenzialausgleichsprüfung mit AVL-DITEST HV Safety 2000 zwischen Ladegerät und DC/DC-Wandler eines Mercedes GLC 350e Plug-In Hybrids

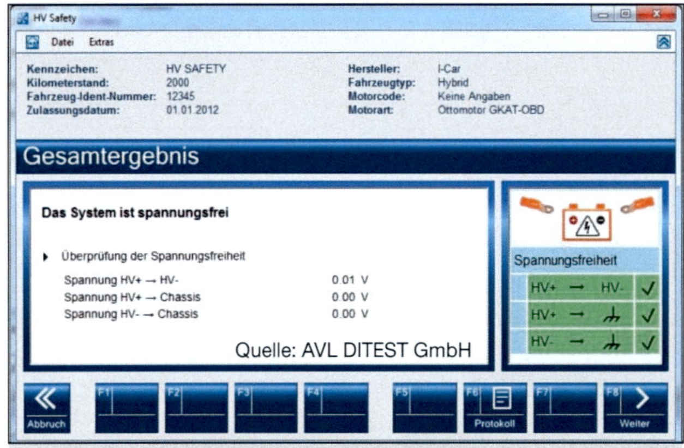

Bild 24: Beispiel „Spannungsfreiheit feststellen"

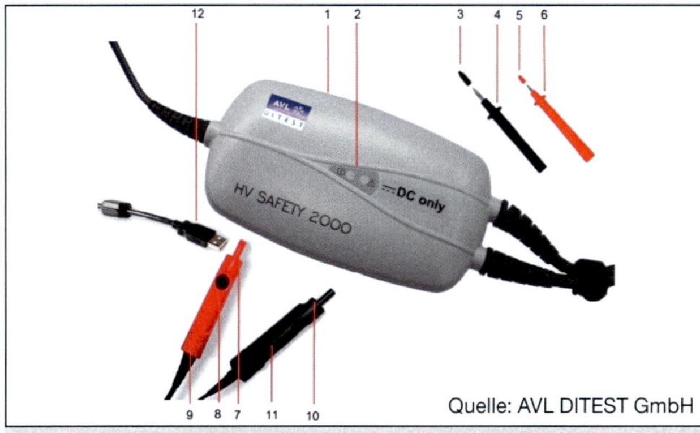

Bild 25: Beschreibung AVL DITEST HV-Savety 2000

(5) rote Schutzkappe zum Aufstecken auf die rote Prüfspitze
(6) rote Prüfspitze zum Aufstecken auf den roten Prüfadapter
(7) Berührungsschutz am Prüfadapter rot
(8) Taster an Prüfadapter rot
(9) Prüfadapter rot
(10) Berührungsschutz am Prüfadapter schwarz
(11) Prüfadapter schwarz
(12) USB-Stecker

Die Abbildungen Bild 26 bis Bild 29 zeigen die Messoberfläche der Software auf dem Bildschirm und ein Ergebnisprotokoll.

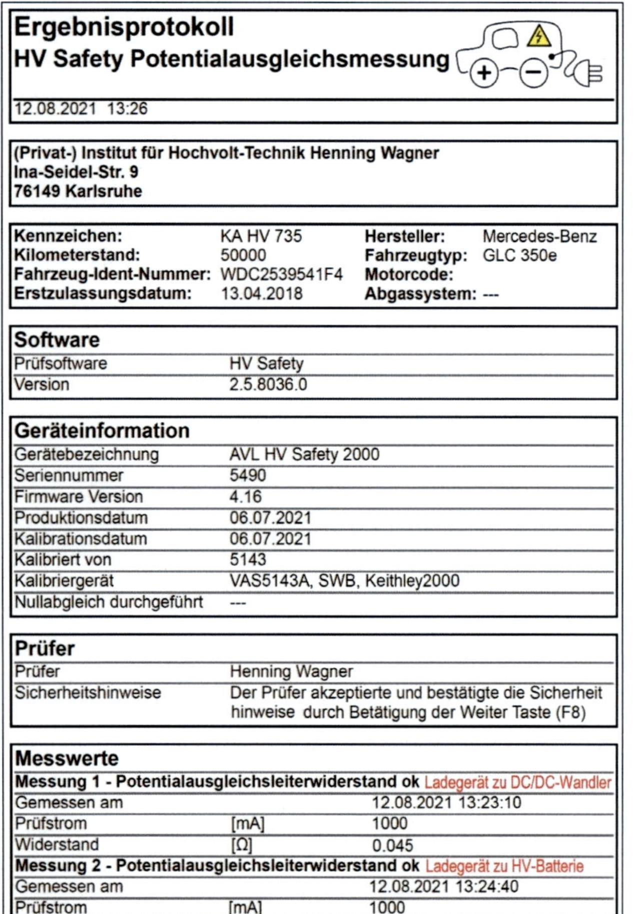

Ergebnisprotokoll
HV Safety Potentialausgleichsmessung

12.08.2021 13:26

(Privat-) Institut für Hochvolt-Technik Henning Wagner
Ina-Seidel-Str. 9
76149 Karlsruhe

Kennzeichen:	KA HV 735	**Hersteller:**	Mercedes-Benz
Kilometerstand:	50000	**Fahrzeugtyp:**	GLC 350e
Fahrzeug-Ident-Nummer:	WDC2539541F4	**Motorcode:**	
Erstzulassungsdatum:	13.04.2018	**Abgassystem:**	---

Software

Prüfsoftware	HV Safety
Version	2.5.8036.0

Geräteinformation

Gerätebezeichnung	AVL HV Safety 2000
Seriennummer	5490
Firmware Version	4.16
Produktionsdatum	06.07.2021
Kalibrationsdatum	06.07.2021
Kalibriert von	5143
Kalibriergerät	VAS5143A, SWB, Keithley2000
Nullabgleich durchgeführt	---

Prüfer

Prüfer	Henning Wagner
Sicherheitshinweise	Der Prüfer akzeptierte und bestätigte die Sicherheit hinweise durch Betätigung der Weiter Taste (F8)

Messwerte

Messung 1 - Potentialausgleichsleiterwiderstand ok Ladegerät zu DC/DC-Wandler

Gemessen am		12.08.2021 13:23:10
Prüfstrom	[mA]	1000
Widerstand	[Ω]	0.045

Messung 2 - Potentialausgleichsleiterwiderstand ok Ladegerät zu HV-Batterie

Gemessen am		12.08.2021 13:24:40
Prüfstrom	[mA]	1000
Widerstand	[Ω]	0.050

Bild 29: Beispiel eines Protokolls für die Potenzialausgleichs-Messung mit dem AVL-DITEST HV Safety 2000 zwischen Ladegerät und DC/DC-Wandler eines Mercedes GLC Plug-In

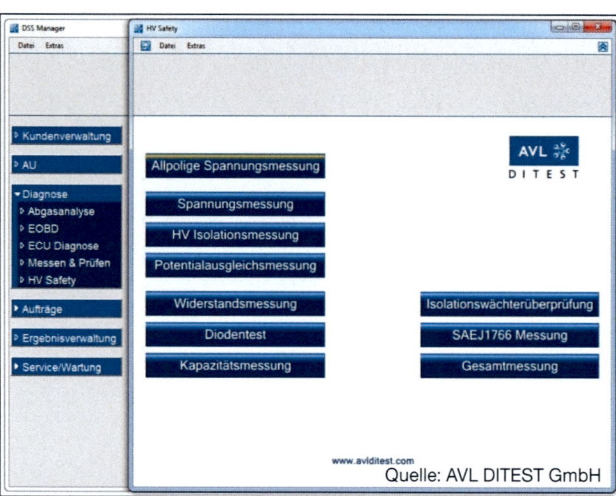

Quelle: AVL DITEST GmbH

Bild 26: Das zur Verfügung stehende Auswahlmenü des AVL DITEST HV-Savety 2000

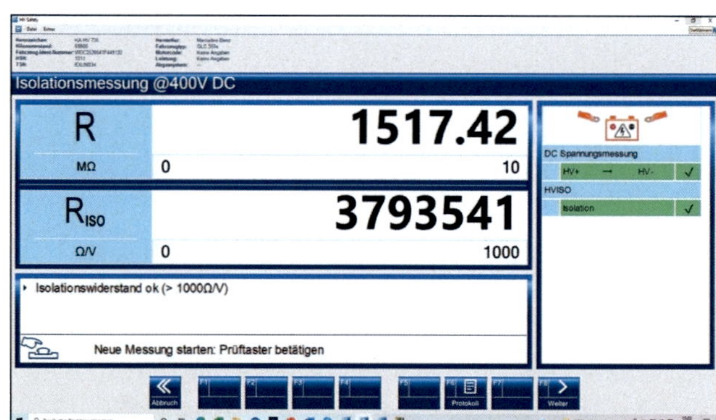

Bild 27: Isolationsprüfung zur Situation in Bild 22: L1 gegen Chassis bzw. PE an Ladestecker des GLC Plug-In

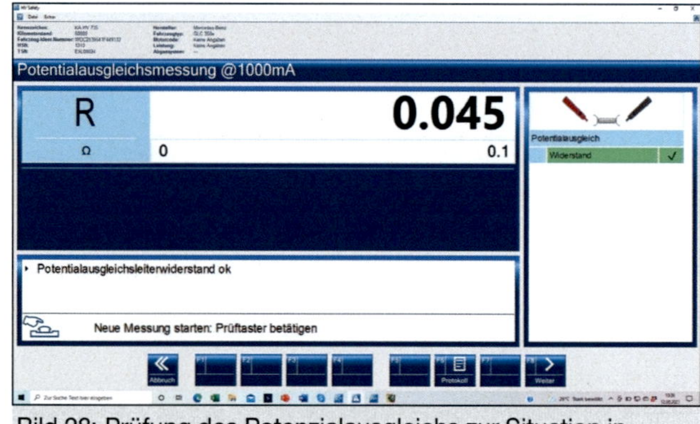

Bild 28: Prüfung des Potenzialausgleichs zur Situation in Bild 23

6.6 Werkzeuge zum Arbeiten unter Spannung

Zur Isolation von HV-Leitungsenden gibt es spezielle isolierende Kabelaufstecktüllen, die so geschaffen sind, dass sie fest auf dem Leitungsende sitzen, ohne wieder abzurutschen. Zusätzlich kann bei solchen Arbeiten mit isolierenden Gummiabdecktüchern gearbeitet werden. Größere Matten können auch als isolierende Standfläche genutzt werden.
Diese bis 1000 V AC zugelassenen Hilfsmittel und Werkzeuge sind mit einen Doppeldreieck gekennzeichnet.

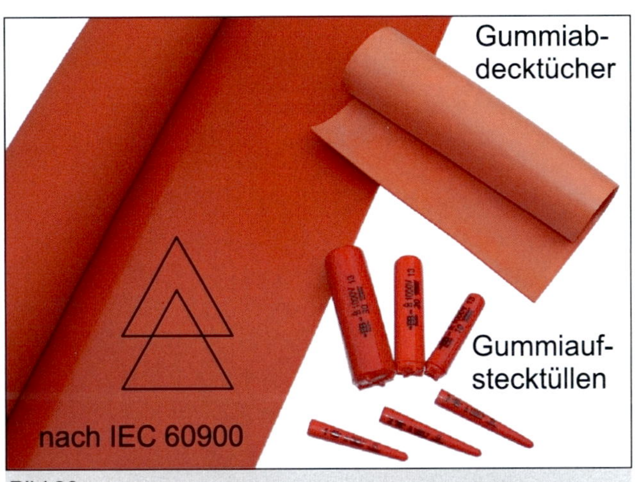

Bild 30:

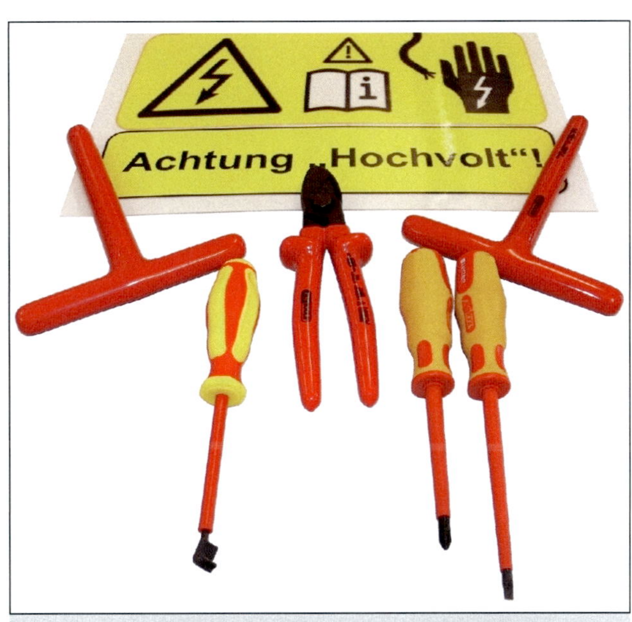

Bild 31: bis 1000 V isoliertes Werkzeug nach IEC 60900

Bild 32: Isoliertes Werkzeug für die Arbeit an HV-Fahrzeugen

6.7 Persönliche Schutzausrüstung (PSA) zum Arbeiten unter Spannung

Die Ausführung der persönlichen Schutzausrüstung ist in der DIN EN 60903 geregelt.
Auch hier erfolgt die Kennzeichnung durch die Doppeldreiecke und der Aufschrift 1000 V AC.

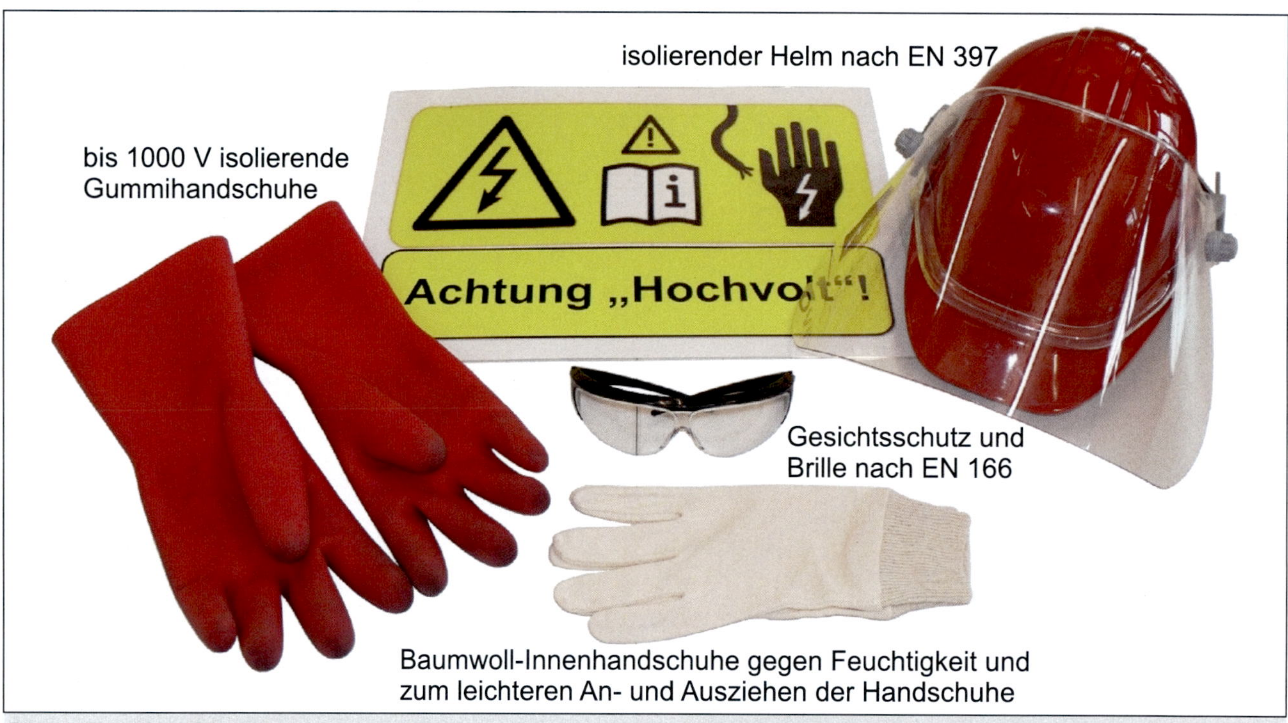

Bild 33: Teile der PSA: isolierende Handschuhe, Schutzbrille und Kopf- und Gesichtsschutz

Die Handschuhe müssen vor jeder Nutzung auf Dichtigkeit geprüft werden, weil sie sonst keinen Schutz gegen einen elektrischen Schlag bilden.

Die Bekleidung wie Hose und Jacke dürfen nicht aus Kunststoff sein wegen des Schmelzens bei Störlichtbögen, sondern müssen aus Baumwolle bestehen.

Die Arbeitsschuhe der Kategorie S1 bzw. S3 müssen Stahlkappen für den Zehenschutz, durchtretsicher und isolierend sein.

Bild 35: Hinweisschild für frei zugängliche Notfall-PSA

Bild 34: Isolierende Schuhe und lichtbogenfeste Kleidung für Arbeiten unter Spannung

Frei zugängliche Schutzausrüstungen für den Notfall, z. B. zur Verwendung bei Rettungs- oder Hilfemaßnahmen können mit diesem Zeichen in der Werkstatt gekennzeichnet werden.

Nach neueren Erkenntnissen sollten nicht nur normale Elektriker-Schutzhandschuhe isolierend bis 1000 V getragen werden, sondern man sollte Störlichtbogen geprüfte Handschuhe bis 7 kA (0,5 s) der Klasse 0, rot EN 60903, geprüft in Anlehnung an IEC 61482, bei Arbeiten unter Spannung am Fahrzeug getragen werden, da von Unfallforschern die Gefahr von auftretenden Lichtbögen höher als die der elektrischen Durchströmung angenommen wird.
Auch ist das Tragen eines Schutzhelmes mit Visier bei Arbeiten am Fahrzeug sehr ungeschickt, weil man mit ihm im Inneren des Fahrzeugs anstößt, er dabei vom Kopf fällt, …
Auch bietet er bei Störlicht keinen Schutz im Halsbereich. Daher wird von Fachleuten empfohlen, eine mit Spezialmittel getränkte lichtbogenfeste Gesichtschutzhaube nach DIN EN 166 wie in nebenstehenden Bildern anstatt eines Helmes zu tragen (wie auch getränkte lichtbogenfeste Jacken und Hosen oder Mäntel nach IEC 61482-2).

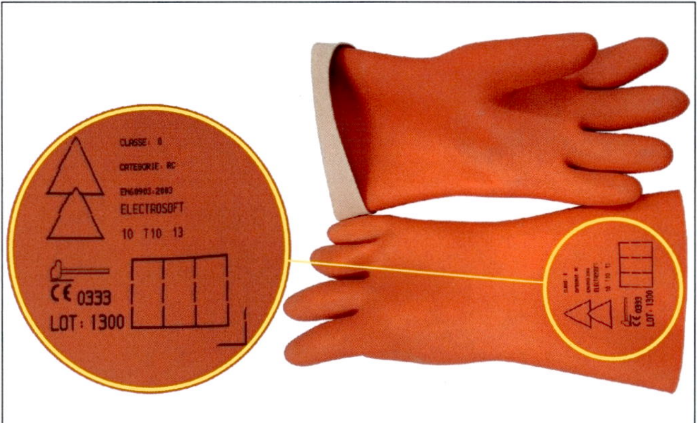

Bild 36: Störlichtbogen geprüfte Handschuhe nach IEC 61482

Bild 37: AuS an einer Hochvolt-Batterie in der Entwicklung

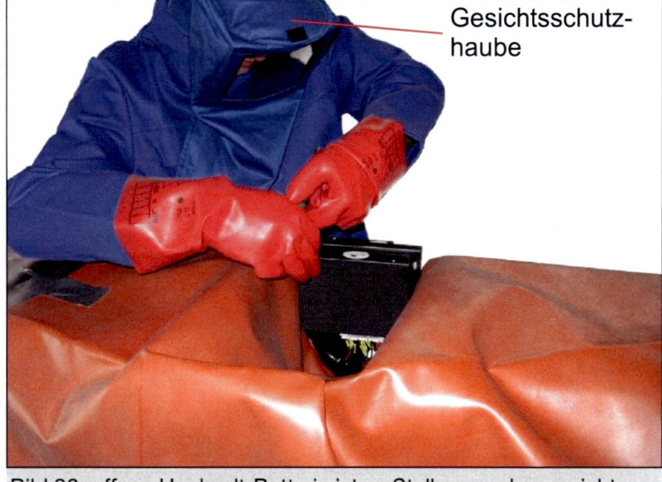

Bild 38: offene Hochvolt-Batterie ist an Stellen, an denen nicht gearbeitet wird, abgedeckt

Ausrüstung	Normen
Handschuhe	DIN EN 60903 (VDE 0682-311)
Helm	DIN EN 397 (DIN 4840)
Gesichtsschutz	DIN EN 166
Isolierende Schuhe	DIN EN 50321 (VDE 0682-331)
Isolierende Schutzkleidung	DIN EN 50321 (VDE 0682-301)
Störlichtbogen-Schutz	IEC 61482-2
Isolierende Abdeckungen (Tücher)	DIN EN 61112 (VDE 0682-512)
Standort-Isolierung (Matten)	DIN EN 61111 (VDE 0682-511)
Isoliertes Werkzeug	DIN EN 60900 (VDE 0682-201)
Spannungsprüfer (1000 V AC)	DIN EN 61243-3 (VDE 0682-201)

Oben sind die wichtigsten Normen für Schutz- und Hilfsmittel für elektrotechnische Arbeiten aufgelistet.

Bildquellenverzeichnis

Wir danken den folgenden Unternehmen für ihre großzügige Unterstützung in Form von Informationen, Pressefotos und Schemata, die die Veranschaulichung in diesem Buch vervollständigt haben.

ADAC e.V., Passive Sicherheit, Otto-Lilienthal-Straße 2, 86899 Landsberg am Lech

AKASOL AG, Press, Kleyerstraße 20, 64295 Darmstadt

Audi AG, Auto-Union-Straße 1, 85057 Ingolstadt

Bender GmbH & Co. KG, Londorfer Str. 65, 35305 Grünberg

CS-Electronic GmbH, Gewerbestr. 11, 86562 Pliening

Daimler AG = **Mercedes-Benz Group AG** über https://group-media.mercedes-benz.com/marsMediaSite/de

Daimler Truck AG über https://media.daimlertruck.com/marsMediaSite/de

Denios Direct GmbH, Dehmer Straße 66, 32549 Bad Oeynhausen zusammen mit
Voltavision GmbH, Lise-Meitner-Allee 19, 44801 Bochum

Deutsche Gesetzliche Unfallversicherung e. V. (DGUV), DGUV I 209-093, Glinkastr. 40, 10117 Berlin **KIT Karlsruher Institut für Technologie**, Institut für Prozessdatenverarbeitung und Elektronik IPE, Hermann-von-Helmholtz-Platz 1, Geb. 242, 76344 Eggenstein-Leopoldshafen

Deutz AG, www.deutz.com, Ottostrasse 1, 51149 Köln

Erlos GmbH, Reichenbacher Str. 67, 08056 Zwickau

Feuerwehr Wiesbaden, Feuerwehr, – 3704 Technik –, Kurt-Schumacher-Ring 16, 65197 Wiesbaden

Genius Technologie GmbH, Am Theresenhof 2, 15834 Rangsdorf

LUK GmbH & Co. KG, Systemhaus eMobilität, Bussmatten 1, 77815 Bühl

Mennekes Elektrotechnik GmbH & Co. KG, Aloys-Mennekes-Str. 1, 57399 Kirchhunden

Mitsubishi Motors Deutschland GmbH, Stahlstr. 42-44, 65428 Rüsselsheim

PSA Media Pressemappe, https://de-media.groupe-psa.com

Opel Automobile GmbH, Visual Communications, Media Bureau, IPC D5-03, 65423 Rüsselsheim
Opel Rüsselsheim, Media Stellantis.com

Rosar, Andreas, Fotoagentur Stuttgart, Steinhaldenstr. 169, 70378 Stuttgart

RWTH Aachen, Lehrstuhl Production Engineering of E-Mobility Components

Tesla Motors, Blumenstr. 17, 80331 München

Varta, Johnson Controls Autobatterie GmbH, Am Leineufer 51, 30419 Hannover

VDE Renewables, Dr. Jochen Mähliß, Siemensstrasse 30, 63755 Alzenau

Volkswagen AG, After Sales Qualifizierung, Service Training VSQ-1, Brieffach 1995, 38436 Wolfsburg

Volvo Car Group, Corporate Communications, SE-405 31 Göteborg über https://www.media.volvocars.com/global/en-gb/media/pressreleases
VW AG, Presse-Zentrum

ZF Friedrichshafen AG, Graf-von-Soden-Platz 1, 88046 Friedrichshafen

Stichwortverzeichnis